东营凹陷断拗转换期构造演化与油气成藏

曲志鹏　张伟忠　吴胜和　张天骄
郝陈琛　张琳璞　蔡　攀　于景强　著

中国石化出版社
·北京·

图书在版编目(CIP)数据

东营凹陷断拗转换期构造演化与油气成藏／曲志鹏等著. -- 北京：中国石化出版社，2024. 11. -- ISBN 978 - 7 - 5114 - 7721 - 7

Ⅰ. P618. 130. 2

中国国家版本馆 CIP 数据核字第 2024UA6708 号

中国石化出版社出版发行

地址:北京市东城区安定门外大街 58 号

邮编:100011　电话:(010)57512500

发行部电话:(010)57512575

http://www. sinopec-press. com

E-mail:press@ sinopec. com

北京艾普海德印刷有限公司印刷

全国各地新华书店经销

*

710 毫米×1000 毫米　16 开本　13. 25 印张　彩插 8 页　239 千字

2024 年 11 月第 1 版　2024 年 11 月第 1 次印刷

定价:78. 00 元

序

东营凹陷近年来的勘探实践表明隐蔽油藏将是今后储量和产量增加的主要对象。岩性油藏和地层油藏是隐蔽油藏的重要组成类型，东营凹陷的断陷期和坳陷期是岩性油藏分布的主要时期。在断拗转换期形成了大型不整合遮挡圈闭和地层超覆圈闭，为以大型地层为主控因素的油藏的形成创造了有利条件。因此通过对济阳坳陷断拗转型期基本特征的解剖，为寻找隐蔽油气藏提供了理论依据并为勘探工作的可持续性发展奠定了基础。本书以东营凹陷断拗转换期扭张构造为研究对象，在充分吸收消化前人研究成果的基础上，综合地质、测井、地震等多种资料，运用平衡剖面、数值模拟、物理模拟等手段，深入分析断拗转换期构造迁移规律和断裂生长过程，构建扭张构造生长－连接－离散全周期演化模式；从地质评价和地震评价两个方面入手，分析了断拗转换期断层封堵性机制，并从多个方面研究了断拗转换期构造－沉积耦合关系和控藏特征，形成了断拗转换期构造控藏模式。

东营凹陷断拗转换期应力由单纯的伸展环境转变为伸展－走滑叠加的环境，在盆地内部形成了王家岗、八面河、高青、青西、郝现等八个扭张构造带。构造样式在盆地北部、中部更复杂，平面上中、北部以帚状、侧接式为主，剖面上呈复杂半花状、半花状、包心菜式；南部平面以雁列状为主，多呈简单半花状；扭张构造具有北强南弱的特点。其形成于先存构造影响下多向伸展的断陷盆地背景，分为边界型、斜坡型、洼陷型三类，经历了初始分段生长、分段生长扩大、分段连接、扭张离散四个阶段。边界型雁列扭张构造形成于多期多向伸展。随着边界断层走向与伸展方向夹角的增大，边界断层走滑变形减弱、伸展变形增强，洼陷内变形增强；斜坡型雁列扭张构造形成于先期走滑后期伸展。随着基底断层走向与伸展方向夹角的增大，盖层走滑变形减弱，伸展变形增强；盖层次级断层呈面状分布，非里德尔剪切的带状分布；洼陷型雁列扭张构造形成于斜向伸展。随着基底断层走向与伸展方向夹角的增大，断层平面雁列组合逐渐向平行组合转变，剖面组合由半花状向阶梯状转变。

断层封堵性可从地质评价和地震评价两种思路评价。从地质评价方向开展断层静态要素分析，断层倾角、地层倾角、断层泥比例、断层生长指数在表征断层封闭性能时较敏感，小地层倾角、小断层倾角、高断层泥比例、小断层生长指数、成藏时间的断层，封堵性较好；反之，断层的封堵性较差。从地震评价方向，振幅属性、速度属性和频率属性能够较直观地反映地层岩性变化的属性，其中振幅差与含油气高度之间具有很高的相关性，断层上下两盘振幅属性差异明显，两侧对接岩性不一致，封堵效果较好；断层上下两盘振幅属性差异不明显，两侧对接岩性一致，封堵效果较差。

受构造样式控制，断拗转换期扭张构造可分为陡坡带和缓坡带两种类型成藏模式。陡坡带是典型的帚状扭张构造带，帚状构造样式在发散端与收敛端具有不同的成藏模式。发散端一般为较缓的斜坡带，储层发育，次级断层垂向连通性好，与砂体配置形成有效的油气运移通道，若上倾方向断层形成侧向封堵，则会形成多个断块油气聚集带；收敛端部位应力场特征以扭动为主，断面紧闭易形成断层侧向封堵，下倾方向往往紧邻生油凹陷，有利于来源于下倾方向的油气聚集。帚状发散端以输导为主，油气侧向运移距离远；收敛端以封闭为主，油气近源聚集。缓坡带是典型的雁列状断裂带，以先存主断裂自深部向浅层输导为主，运移至浅层时，油气开始沿砂体和被切割的东西向断层进行输导，在砂体和断层的控制下形成构造–岩性油藏。

前　言

东营凹陷在新生代的发育史可分为古近纪断陷期和新近纪坳陷期两大阶段，其中断陷期又可划分为断陷初始期(孔店组沉积时期)、断陷发展期(沙四段沉积时期)、断陷鼎盛期(沙三段至沙二段下部沉积时期)及断陷萎缩期(沙二段上部至东营组沉积时期)四个阶段，坳陷期又可划分为坳陷初始期(馆陶组下部沉积时期)和坳陷稳定期(馆陶组上部至第四系沉积时期)。断陷萎缩期是东营凹陷古近纪断陷期的最后阶段，坳陷初始期是其新近纪坳陷期的早期阶段，分别位于东营凹陷第三系内部构造转型期的前后，为一特殊地质历史时期的产物，从构造样式、火成岩发育、盆地充填方式等方面分析，两者又具有较多的共性，将其界定为断拗转换期。断拗转换期是东营凹陷演化过程中的一个承上启下的地质阶段，是一个构造转型期，在此期间，盆地结构、主控断裂、沉积环境、充填方式及岩浆活动等都发生了明显的转化。

胜利油田东部探区在沙二上至馆下段属于高钻遇、低认识层系，剩余资源量大，勘探效益高，是增储稳产的重点层系。沙二上至馆下段时期，东营凹陷构造活动趋于平稳，断陷作用减弱，凸显了郯庐断裂带右旋走滑作用的影响。在走滑作用的控制下，构造特征上多表现为雁列式组合特征，与储层匹配形成一系列构造岩性和构造圈闭。同时断拗转换期沉积体系发育复杂，纵向上变化快；从沙二段上部的远距离推进三角洲，到沙一段的滩坝体系，再到东营组的近源扇体沉积，目前尚未形成系统的构造控砂模式和控藏模式。

针对以上问题，以东营凹陷断拗转换期构造为研究对象，以地震–地质精细解释、测井、录井等资料为基础，建立东营凹陷断拗转换期构造发育特征，利用平衡剖面、应力场数值模拟等技术，重塑东营凹陷断拗转换期构造演化过程；运用构造物理模拟实验、人工智能评价、地震响应特征等技术，建立断层封堵性地质和地震评价方法；解析构造–沉积耦合关系，以东营凹陷断拗转换期构造演化特征及构造–沉积匹配体系研究为基础，建立断拗转换期控砂模式；聚焦洼陷内构造–岩性和盆缘地层两类油藏类型，深化圈闭类型及分布规律研究，建立断拗转换期油气成藏模式。落实剩余储量规模，优选区带，推动浅层高效勘探，对我国东部盆地断拗转换期油气成藏特征研究具有较大意义。

目　　录

第一章　断拗转换期研究现状

第一节　构造发育特征研究现状

刘建国等(2007)对济阳坳陷断拗转换期的基本特征进行了研究，认为济阳坳陷沙二晚期至东营期属于古近纪断陷末期，馆陶早期属于新近纪坳陷初期，两者具有较多的共性，将二者界定为断拗转换期。在基本特征上，断拗转换期盆地结构由不对称半地堑向近对称性转化，主控断裂由 NW 向 NE 及 NEE 向转化，沉积环境由稳定浅湖相向河流相转化，盆地充填方式由快速充填向缓慢超覆转化，岩浆活动以喷发为主、强度中等。断拗转换期，发育稳定优质储集岩，具有大型断裂和不整合面的输导体系，形成了地层不整合遮挡圈闭和地层超覆圈闭，为油气聚集成藏提供了良好的条件。

平贵东(2014)研究认为断拗转换阶段是断陷经历了长期继承性或间断性断裂活动后，随着断裂活动的减弱，只有少部位断裂强烈活动，盆地进入坳陷阶段的过渡期。该阶段断陷普遍接受稳定沉积，地层厚度大，形成了断陷盆地晚期的构造格局。该阶段，断陷持续沉降，边界断裂活动性减弱，盆地边界断裂对地层沉积作用控制不明显。该时期发育典型的走滑双重构造，表明走滑作用增强，对活动断层进行标定并统计其走向，从统计结果来看，该时期活动断裂主要为东西向，这些断裂与下部先存断层连接性差，为新生断裂，主要为盆地右旋走滑变形派生的 SN 向拉张应力的作用的结果，先前形成的 NE 向断裂斜拉扭动，形成花状构造，该时期断裂变形表现为张扭走滑性质。

谢通等(2015)通过研究霸县凹陷进入断拗转换期发现该时期以发育张性正断层为主，断裂活动速率逐渐减弱。在 NW－SE 向伸展应力场上叠加右旋张扭应力场，使得伸展方向顺时针偏移为 NNW－SSE 向，与之对应垂直拉张方向的正断层为 NEE 向，而斜交拉张方向的雁列正断层为 NE 向，在此构造应力作用下，在同沉积期平面上主要发育了帚状断裂组合、近平行断裂组合、雁列式断层组合、羽状断裂组合四种断裂体系。

韩立国(2009)对济阳坳陷构造体制转换的原因进行了探讨，认为中、新生代盆地演化主要受控于欧亚构造域的板块拼接挤压以及滨太平洋构造域和郯庐断裂带的活动两种动力学背景，郯庐断裂在中生代末－新生代初由左旋到右旋的转变是济阳坳陷中、新生代构造体制转换的最直接的原因。

Serck 和 Braathen(2019)利用三维地震资料对西南 Barents Sea 的 Fingerdjupet Subbasin 具有公里尺度断层断距的多期断陷盆地进行了研究，并将断裂的生长连接过程及其所控制的褶皱、沉积体系联系起来，通过追踪褶皱枢纽构建了横向的褶皱轨迹以表示最大、最小可容空间和潜在沉积物的供应。其轨迹的长度和形态与断层断距、断裂活动时间、盆地充填时间、断裂连接过程和应力局部化过程有关。同时指出，在考虑了波长、振幅和潜在的穹隆状形态的情况下，伸展的褶皱系统可以作为油气勘探的有利目标。

总体来看，国外的研究更多地强调裂谷盆地、断陷作用、断裂发育过程及其对沉积体系的控制作用，而对于断拗转换过程及断陷－坳陷的匹配关系关注程度有限。在发展趋势上，国外的研究呈现出向 4D 演化、构造－沉积空间匹配的趋势发展。

一、伸展构造和走滑构造

伸展构造是指岩石圈在拉伸及减薄作用下形成的特殊构造组合系统，而伸展断层系则是该系统中以正断活动为主的断层。20 世纪 80 年代，马杏垣等(1982，1984)在研究中国东部大陆动力学时提出伸展构造和裂陷作用；Wernicke(1989)提出了由地壳甚至地幔内存在的低角度正断层引发表层正断层发育的模式；Davis(1988)通过研究美国西部盆岭区构造特征，发现了低角度正断层，建立了大型伸展构造，提出了变质核杂岩构造的概念。随后，众多学者对伸展构造的类型进行了划分，如朱志澄(1999)归纳出地堑和地垒、断陷盆地、裂谷、变质核杂岩、岩墙群五类；对于伸展构造模式，马杏垣(1982)和 Eaton(1984)提出了地壳结构分层模式，Stephen(1989)和 Davis(1988)提出了变质核杂岩的双层模式，Carmignani 等(1990)在研究北亚平宁陆壳的伸展体制时提出了上地壳单剪－下地壳纯剪的模式等。

1988 年新西兰地震和 1906 年美国旧金山地震后，走滑断层从地表上水平错断的构造现象中逐渐被认知。20 世纪 40 年代到 80 年代，Kennedy(1946)定义了平移断层，Moody(1956)研究了 San Andreas 断层并建立了其成因模式，Wilson(1965)解释了洋中脊转换断层的成因模式，Freud(1974)提出了张扭和压扭的概念，Dokka R K（1983）和 Sylvester（1988）对走滑断层进行了分类并成为经典文献。中国对走滑断层的研究集中于 20 世纪 80 年代之后，研究对象主要为郯庐断裂带、红河－哀牢山断层、阿尔金走滑断层等。

在正断层和走滑断层共同发育的变形场内，两者存在主次关系，即变形场的应变机制存在纯剪和单剪两种。本研究区位于郯庐断裂带西侧的伸展断陷区，内部发育大量正断层和走滑断层。

陈海云等（2005）根据构造形态特征及其成因，将济阳坳陷内的构造样式划分为翘倾断块、滑动断阶、潜山披覆、重力背形、底辟等五大类 14 小类，并对每一构造样式举例详尽说明。吴智平（2011）根据断层所在的陡坡带、洼陷带、中央隆起带等二级构造带位置，划分出了伸展构造样式、反转构造样式、伸展走滑构造样式等。戴俊生等（1998）根据正断层的“板式→铲式→坡坪式”演化序列，将渤海湾盆地的正断层划分为旋转地堑、旋转复式地堑、非旋转地堑、非旋转复式地堑和走滑地堑五类。张鹏等（2006）采用断层落差的方法，按断层走向对各个凹陷内主要断层的活动性进行定量分析。衣学磊等（2002）采用断层生长指数法定量计算断层活动性，推断济阳坳陷中生代断层活动以 NW 向为主，新生代则兼有 NW 向、NE 向和近 EW 向的断层。郑德顺等（2005）采用断层活动强度的方法，定量分析了济阳坳陷内主要的一级、二级断层活动性，并从剖面和平面上总结了断层组合样式。

济阳坳陷内走滑断层主要分布在坳陷东部（白桥断层位于西部惠民凹陷内），以平面雁列式、剖面花状的构造样式为特征。主要有东营凹陷的八面河断层，沾化凹陷的垦东断层，济阳坳陷与渤中坳陷交界处的孤东断层、长堤断层、埕东断层。

此外，在济阳坳陷南斜坡上还存在大量小规模、相互平行的走滑断层。在东营凹陷南斜坡上，走滑断层以负花状构造为主要特征，近直立的主断裂带从基底向上分叉、撒开，在盖层中形成一系列倾角变小的分支断层，而这些分支断层在平面上则以雁列式组合为特征。主断裂从中生界向下切穿到太古宇，而向上过 Tr 界面后断距逐渐减小，在沙三段－东营组地层中则表现为狭窄的向斜，表明其活动主要发生在中生代时期，在古近纪有微弱的活动，而在新近纪以后停止活动。贾红义等（2012）利用三维地震资料和水平切片研究惠民凹陷南斜坡断层发育时发现，类似走滑断层与 NE 向正断层近乎垂直相切割，形成一系列棋盘式断块。

济阳坳陷内的走滑断层不都是孤立的，大多与南部鲁西隆起上的放射状走滑断层相联系。文祖断层与惠民凹陷的白桥断层直接相连；磁村断层与东营凹陷新生代不活动的惠东断层相连；淄川断层与东营凹陷的八面河断层、沾化凹陷的垦东断层展布呈雁列式；上五井断层直接延伸进入羊角沟凹陷，与郯庐断裂锐角相交。同时，这些断层都紧邻郯庐断裂，其发育演化受郯庐断裂影响明显。因此，济阳坳陷内的走滑断层研究与鲁西隆起上的走滑断层研究应该作为整体进行分析，以探寻其发育规律。

二、斜滑断层和雁列扭张构造

不同盆地的构造演化过程可能存在差异，但大多数盆地在演化过程中都会发育不同性质、不同期次、不同走向的断裂构造，或者盆内持续发育的同一条断层在盆地演化的不同阶段呈现出不同的滑动特征。一些裂陷盆地内继承性发育的正断层走向与后期伸展断陷方向斜交（如沙四－孔店时期石村断层），或后期发育平行于盆地整体走向的走滑正断层或张扭断层（如沙三期以后的临邑断层），盆地的这种裂陷过程称为斜向裂陷作用。断层两盘在断面上通常不会完全顺着倾向或走向滑动，而是斜交断面走向滑动，从而产生斜滑断层。

印支期，济阳坳陷遭受 NS 或 NNE 方向挤压，在鲁西隆起上产生了大量 EW 或 NWW 向褶皱，而在济阳坳陷内则产生了 NE、NW 向两组共 7 条大型逆冲构造带，分别为宁南－滋镇－林南逆冲断裂带、石村逆冲断裂带、陈南逆冲断裂带、无南－阳信逆冲断裂带、义南－罗西逆冲断裂带、孤西－埕南逆冲断裂带、五号桩－埕北逆冲断裂带。这些逆冲断裂带的 NW 或 NE 段都具有斜断作用，或逆斜滑特征。在之后的构造应力场转变中，当区域伸展或挤压方向与断层走向斜交时，继承性断层会沿着先期断层面形成的软弱面活动而产生斜滑作用。而且，这种应力场的转变在晚中生代以来可归纳为三次：晚侏罗世－早白垩世以 NE 向伸展为主，古新世－早始新世以 SN 向伸展为主，始新世晚期以来以 NW 向伸展为主。此外，各阶段还发育受控于一级断层斜滑活动而产生的二级走滑正断层。因此，斜滑断层在济阳坳陷内以平面帚状、剖面马尾状的构造样式为主要特征，广泛分布于整个坳陷内，尤其是 NE、NW 向控凹、控洼断层。

惠民凹陷中，斜滑断层发育最明显的是临邑断层和夏口断层，而前者的帚状断层组合有别于后者的帚状断层组合。前者从始新世中期开始与主断层同时发育，未受基底断层影响，末端的分支断层平面上呈弧状与主干断层相切，且常具有走滑分量，推测其可能是张扭断层。而夏口断层从燕山期，甚至可能从印支期就开始发育，在新生界内后期发育的次级断层呈锯齿状与主干断层相交，推测其可能是扭张断层。

斜滑断层在沉积上也有相应的地质响应。对于正－走滑断层而言，物源区提供的沉积物会穿过走滑断层沿冲沟搬运到盆地中。由于持续的走滑活动，导致盆地中的沉积扇体相对于冲沟发生错位，在剖面或平面上形成沉积叠瓦。而对于走滑－正断层，由于断层的斜滑作用，沉积扇体会在空间内进行斜向叠加，形似“阶梯”，其迁移路径反映断层活动的旋向、走滑分量大小等断层运动学信息。

第二节 构造演化研究现状

一、构造演化史分析

张锡明等(2007)综合沉积记录、岩浆活动和构造变形过程，将鲁西地块中生代构造演化历史划分为六个阶段：晚三叠世挤压变形，早、中侏罗世弱伸展作用，中、晚侏罗世挤压变形与地壳增厚作用，早白垩世大陆裂谷与地壳伸展作用，早白垩世末期挤压变形与盆地反转事件和晚白垩世区域隆升。李三忠等(2005)认为鲁西地区印支运动表现为差异升降和宽缓褶皱作用；早侏罗世，鲁西地块发生向西南方向的挤出逃逸并上升隆起，刚性地块破裂，NW 或 EW 向断层的张性活动形成了一些单断凹陷，凹陷内沉积的最老的地层是下侏罗统坊子组，形成箕状断陷构造格局；中侏罗世末期，NW、EW 向箕状断陷的边缘断层均正断活动，受其东侧的沂沭断裂的东盘向 NW 方向挤压，鲁西地块挤出、拱升；晚侏罗世至早白垩世初，鲁西受 SN 向的拉伸作用，开始第一次大规模的伸展作用，沿早期 NW－NEE 向断裂面下滑、掀斜，形成近 EW 向的地堑和半地堑盆地，接受上侏罗统的粗碎屑岩夹泥岩的沉积；晚白垩世，整个鲁西块体再度发生挤出运动和压隆。李理(2006)、唐智博(2010)通过磷灰石裂变径迹模拟泰山抬升史，并结合新生代泰山抬升与济阳坳陷沉降的隆坳耦合，分析认为 44Ma～37Ma 的泰山抬升将鲁西隆起与济阳坳陷的构造演化分离开来，之后进入各自的隆、坳阶段。王振兰(2008)利用磷灰石裂变径迹研究鲁西隆起与济阳坳陷箕状断陷形成时代，认为鲁西隆起和济阳坳陷箕状断陷的形成时代一致，其地质年龄均为距今 42Ma～24.6Ma，在此之前鲁西隆起和济阳坳陷联合在一起，是一个早新生代的大盆地。

吴智平等(2003)、李伟等(2005)、郑德顺等(2005)将济阳坳陷中新生代盆地演化划分为大型内陆沉积盆地阶段(早、中三叠世)、挤压褶皱与逆冲阶段(晚三叠世)、截凸填坳的均夷化阶段(早、中侏罗世)、构造反转 NW 向断层控坳阶段(晚侏罗世－白垩纪)、NE 向断层控坳阶段(古近纪)、整体坳陷阶段(新近纪－第四纪)六个阶段。李丕龙等(2003)将包括济阳坳陷在内的中国东部断陷盆地的构造演化分为裂陷期构造演化(中侏罗世－白垩纪)、断陷期构造演化(古新世－渐新世)、坳陷期构造演化(中新世－第四纪)三个阶段。宗国洪等(1998, 1999)结合郯庐断裂的发育演化，将济阳坳陷中新生代盆地演化划分为三叠纪逆冲造山运动(NW 向压性构造)、晚侏罗世至早始新世负反转盆地、中始新世至渐新世右旋扭张盆地、中新世至全新世主动裂谷四个阶段。谭明友等(1996)、陈洁等(1999)根据负反转构造的形成和演化，将济阳坳陷中新生代盆地演化划分为六个序次：褶皱、逆断层形成(三叠纪早中期)；剥蚀夷平，局部缺失和残丘(三叠纪末期)；初始负反转，NW 向张裂(中侏罗世早期)；持续负反转，张裂(中侏罗世末期)；挤压，正反转(白垩纪末期)；主要成盆期(古近纪－新近纪)，长期负反转，张裂，末期盆地消亡。任建业等(2009)通过济阳坳陷深层构造的研究，详细地揭示了华北东部中、新生代构造体制转折过程：印支期、燕山主期、晚燕山期、燕山末期、喜马拉雅早期(济阳期)、喜马拉雅晚期(东营期)六个大的构造变革时期。

综上所述，济阳坳陷的构造演化可以简单划分为三个阶段：特提斯构造域阶段(三叠纪－中侏罗世)，主要指印支期发生的挤压构造运动，产生一系列的褶皱、逆断层；滨太平洋构造域阶段(晚侏罗世－沙四期)，受 Izanaqi 板块的俯冲作用以及郯庐断裂左旋走滑活动的影响，产生了大量的 NW 向控凹的盆地；印度板块远程效应和太平洋俯冲共同作用阶段(沙三期以后)，郯庐断裂由左旋走滑彻底变为右旋走滑活动，且该阶段隆坳分离，各自进入独立但耦合的演化系统。

二、构造物理模拟实验

构造模拟实验是研究和模拟自然界地质构造现象变形特征、成因机制和动力学过程的一种物理实验方法。目前，构造物理模拟实验已被广泛应用于构造地质学和石油构造地质学研究领域以及石油勘探研究领域，是油气勘探研究由定性描述跨入半定量分析乃至定量分析的有效途径。

在实验室条件下，根据实际地质条件或背景，构造物理模拟实验能够再现某一构造的形成和演化过程，论证实验与实际地质体互为相似的物系中(包括几何相似系数法、时间相似系数法和实验材料力学参数的相似系数法等)，变形特征与各物理参量之间的控制作用或效应，从实验上阐述所研究构造的成因机制，以及提供构造变形特征与岩石材料性质、边界条件、力的作用形式和速率、温度等物理参量之间因果关系的实验证据。

王颖等(2004)通过采用几何相似和实验材料力学参数相似的方法对桩西潜山的形成过程进行了模拟。整个实验过程主要采用挤压叠加伸展的方式进行，共分为四个阶段：第一阶段采用匀速增压(0.5→0.7MPa)的方式模拟褶皱和逆断层的形成；第二阶段继续增压(0.7→0.8MPa)，并人工模拟了地层受剥蚀的状态，将顶部的地层剥掉；第三阶段开始匀速减压拉伸(0.8→0.5MPa)，并在砂层上覆盖2cm的新材料，代表中生代沉积的地层，且实验在新地层中出现正断活动，老地层中前期逆断层负反转活动；第四阶段以0.5MPa的压力拉伸，并覆盖代表新生代沉积的2cm新材料，使得第一阶段出现逆断层完全负反转，完成与桩西潜山相吻合的几何相似。

李理等(2012)通过采用几何相似、地层厚度相似、地质历史与实验时间相似的方法对鲁西隆起－济阳坳陷晚中生代以来伸展构造演化进行了构造物理模拟实验。实验结果表明，侏罗世伸展作用最早出现在鲁西隆起和济阳坳陷南部，之后以齐广断层为界，断层依次向北发育，而岩浆作用主要集中在隆起区，且南早北晚、由南向北逐渐扩大；与此同时，半地堑由非旋转式渐变为旋转式，(∈－O)/Ar和(C－P)/(∈－O)之间的缓倾斜滑脱构造可能发育，且隆起区半地堑规模小，坳陷区半地堑规模大；至始新世，坳陷区半地堑继续扩大，特别坳陷区南部出现了洼陷带和中央隆起带，泰山附近岩浆活动仍较强烈，形成泰山雏形；渐新世末期(约23Ma)，鲁西隆起区伸展构造体系基本形成，相对处于隆升阶段，如模型对应的泰山处有强烈岩浆活动，伸展作用迁移至济阳坳陷区。模拟结果表明，在伸展＋塑性物质上涌的动力学机制下，隆起区和坳陷区正断层均由南向北活动。

第三节　断层封堵性研究现状

一、断层封堵性地质评价方法

断层封闭性的研究是基于Hubbert(1953)的圈闭理论发展起来的，早期主要侧重于理论探讨和形成机理方面的研究。

Perkins在1961年最早发现“砂－砂”对接封堵油气现象，认为泥岩在滑动过程中注入砂岩里，形成了不渗透的物质，导致断层封闭。Smith D A早在1966年就系统论述了断层的封闭性，从分析断层封闭性的本质入手，建立了断层两盘岩性对接封闭的理论模型，其基本含义为：目的盘岩层中的排替压力小于与之对置的断层另一盘地层排替压力时断层封闭，所以陆相盆地目的层砂岩与对盘泥岩层对置，断层是封闭的。1980 年又提出了封闭性断层与非封闭性断层的判别模式，利用油田实例论证了该模型的正确性。虽然 Smith 建立的断层封闭性的经典模型具有一定的局限性，但为后来的学者在这一领域的研究奠定了坚实基础。Engelder J T 研究了断裂带的破碎作用与断层泥的关系，详细描述了断裂破碎带物质的组成，并分别通过野外、镜下和实验观察了断裂带中石英的生成与变形特点。Weber 等明确指出了泥岩涂抹对断层封闭的重要性，但未给予定量描述。而利用一种环形剪切实验装置模拟断层泥的形成，证实了在剪应力作用下的塑性地层可以形成断层泥，对所产生的断层泥进行封闭性能测试，确认断层泥可以对流体起遮挡作用。一般在塑性地层段断层的初次活动形成泥岩涂抹。Watts N L 研究了单相烃柱与两相烃柱的断层封闭问题，提出了压力 - 深度图的分析方法。Allan U S 通过对圈闭内被断层面连接的地层构造产状的作图以研究断层封闭性，从油气运移的角度提出了断面剖面分析法，并将其在断层封闭性研究中应用。Bouvier J D 提出用"泥岩沾污潜力(CSP)"判断断层的相对封闭程度，其中泥岩沾污潜力主要与泥岩层厚度和断距有关。

Sole L D 等研究了断层作用对断层带物性影响及其形成的空间几何形态和变形结构。Gibson R G 认为断层封闭性主要取决于断层带内封闭性。Cowie P A 和 Aydin 认为断裂的封闭取决于断裂带内物质的孔隙度和渗透率，指出断裂的活动可使得断裂破碎带具有较低的孔隙度和渗透率。在断层封闭性研究过程中提出了碎裂岩封闭和层状硅酸盐/框架断层岩封闭。碎裂岩封闭作用形成于纯的黏土含量低的砂岩中，起因于破裂作用，颗粒摩擦滑动以及伴随有粒径减小的伴生空隙的崩塌，一般形成于大套的砂砾岩层段。层状硅酸盐/框架断层岩是一种重要的断层岩类型，是由具有一定层状硅酸盐含量的不纯砂岩的变形而形成的。这些互相联结的微观泥质带可能具有与黏土封堵相似的特性，其封闭性是受变形层状硅酸盐的连续性和结构控制，并不一定像泥岩涂抹要求厚而且塑性较强的黏土地层单元，一般在砂泥岩薄互层段均发育此类型封闭。基于以上的研究，Knipe 总结出了简易岩性并置图的制作及应用技术。Lindsay N G 等提出了泥岩涂抹因子的计算方法，与源岩层的厚度、层数成反比，而与断距成正比。Berg R R 等提出了泥岩剪切带的概念，认为泥质剪切带能较好地封堵本盘的油气。Yielding 等提出了断层泥比率法，通过涂抹因子的求取与计算，为断层封闭性的定量预测做出了较大贡献。综上可以看出，早期断层封闭性研究多集中在理论方面，近期的工作则侧重于断层封闭性的预测。

陈发景在前人研究的基础上又进一步研究了断层封闭机理，建立了断层差异排替压力封闭能力判断模型。曹瑞成等提出了利用逻辑信息技术判断断层封闭性的方法，建立起勘探初期的断层封闭性的判别、预测模式；张树林等利用断面剖面分析技术和差异聚集模式研究了断层封闭性；赵永祺等以枣北孔一段为实例，研究了原始条件下断层封闭性和注水开发后断层封闭性的变化；杨克明等探讨了塔里木盆地断裂的疏导性和封闭性，并认为该区断裂的封闭性是因断裂系统及断层的几何学和运动学特征存在差异造成的；吕延防等通过断层两盘砂泥对接概率的模拟，研究断层的侧向封闭程度，利用断面压力研究断层的垂向封闭程度，并应用非线性映射分析法和概率模拟分析法将两个分析结果组合判断断层的综合封闭能力，此方法把断层封闭性的研究向半定量化-定量化发展；王志欣等从孔隙压力和有效应力原理出发，提出了断层封闭性评价的新见解，值得进一步探索；李亚辉等通过沉积埋藏史、构造演化史、应力场演化史的研究，提出了通过计算地史时期断面所承受的正应力以研究断层封闭演化史的方法，丰富了断层封闭性的研究。付广等在 Lindsay 等提出泥岩涂抹因子的基础上，结合我国断层发育特点，提出了一套适合我国断层泥岩涂抹因子的求取方法，并对断层垂、侧向封闭机理进行了深入研究；鲁兵等研究了不同类型、不同形态的断层封闭性特点；2002 年，付广等提出根据断裂带填充物中泥质含量判断断层封闭性的标准和方法；刘志宏等根据断层封闭性影响因素的分析，选取断层的活动性、断层两盘地层的对置关系、断层断面图、断移地层的砂泥比、涂抹因子、断层面的压力与砂泥比的关系等六个参数作为断层封闭性研究的综合评价指标；吴元燕等通过对标准对象(典型的已知封闭性的断层)影响因素的逻辑运算，筛选出主要地质参数，建立了断层封闭性判别模型。2004 年，沈传波等利用 MARC 有限单元分析软件，探索了断层封闭性的三维构造数值模拟方法；高先志等在焉耆盆地侏罗系油气成藏机制研究中应用断层涂抹指数和断面正应力指数分析了主要断裂的封闭历史，取得较好效果。

可见，国内外许多地质工作者都曾研究和探索过断层封闭性的问题，并取得了一系列的进展和可喜成果。从研究内容上看，多数侧重于断层的几何学、形态学或断层面的物质涂抹研究；从研究思路上看，从以单一学科和单一手段研究断层封堵性逐步向多学科、多角度研究断层封堵性方面发展。

二、断层封堵性地震评价方法

断层封堵性地震评价方法研究现状如下。

1. 基于地震层速度的断层封堵性评价

异常高压下构成压力封存箱系统，这些压力封存箱往往被一些断层切割，如果断层构成封堵，则压力封存箱系统应保持完好。反之，断层具输导性，会造成不同压力系统的沟通，导致压力封存箱的完全或部分破坏。因此分析断层周边一定范围的压实特征所反映的压力系统变化特征，就能推断断层的整体封堵性。剩余孔隙度本质上反映的是地层压实情况，因此评价断层附近剩余孔隙度发育特征，能够表征断层封堵能力。从地震层速度出发，获得断层附近的剩余孔隙度剖面，以及等时切片(即断层附近一定范围内剩余孔隙度等时平面展布图)。据此划分压实级别，分析其压实特征所反映的压力系统展布规律，从而判断断层的封堵与开启。

利用地震层速度进行断层封堵性判断，实质是从断层对其周边地层物性的影响着手，分析其所反映的压力系统变化特征，从而把握断层的宏观特性。但需注意两个问题：①正常压实曲线的回归数据必须有代表性，能够反映研究区域的整体特征；②压实级别的划分应遵循一定的原则，统一标定正常压实曲线的回归数据必须有代表性，能够反映研究区域的整体特征。

2. 地质统计学反演方法评价断层封堵性

利用地质统计学反演方法在声波曲线与井旁地震道及其属性道之间建立关系后，可以统计计算出全区的声波测井曲线，进一步得到地震声波时差数据体，在此基础上选定截止值以划分砂、泥岩，就可以推断断层两侧的封堵情况。

在民丰断裂带开展地质统计学反演，研究其断层封堵性。用已知井的声波时差对该反演数据体进行岩性标定，找出实际地层与反演数据体之间的对应关系，即高频声波时差负值代表砂岩，正值代表泥岩。在构造落实的基础上，选择有利圈闭，对其控油断层进行封堵性分析，即逐条剖面分析断层两侧砂泥对接关系，低部位砂层对应高部位泥层则为封堵，反之不封堵，或砂层对接者不封堵。封堵处用追踪线作标志，标志线一直画到封堵点。在平面图上用色标显示出追踪标志层，用圆滑线勾画出边界，即断层对该层该断块的封堵边界。将边界线标在相应解释层位上，建立封堵线与构造等高线、断层线之间的关系，就能确定出有效圈闭的范围和面积。

用民丰断裂带南部的Y12开发区资料作了验证，在没有利用老井资料的情况下，参照T4时间构造图及断裂组合关系，在该区用地质统计反演出五个有利封堵条带，累计面积3.2km^2。再将实际老井坐标输入数据库，发现地质统计反演的范围同实际开发区范围几乎一致。在证实了这种方法的有效性后，对全区进行了封堵分析，在Y26东部和东北部分别找到两个约0.3km^{2}的封堵带。

3. 拟声波约束反演求取地层泥质含量评价断层封闭性

计算SGR值所需的参数包括断距、地层厚度及地层泥质含量。断距和地层厚度可通过地震资料获取，而泥质含量通常是由断层两盘的钻井资料获取。在断层两盘未钻井或钻井很少情况下，断层对接盘泥质含量甚至两盘岩性难以确定，严重影响断裂带SGR值的求取及断层侧向封闭性定量评价的精度，制约断层相关圈闭的精细勘探。

在井资料较少情况下，一般利用拟声波约束反演方法，但是单纯利用稀疏脉冲反演存在两个问题：一是得到的声波时差三维体的垂向分辨率较低；二是受高电阻率的围岩或井壁垮塌等因素影响，声波时差曲线不能够很好地反映岩性差异。利用拟声波曲线进行地震反演能够较好地解决以上两个问题，同时，利用拟声波约束反演结果提取虚拟井的拟声波曲线可以较准确地计算出虚拟井的泥质含量曲线。利用该方法一方面可以增加断层断面SGR值计算的数据点，提高断层侧向封闭性评价的准确性，提高少井地区断层侧向封闭性定量评价的精度；另一方面也可以解决无井地区断层侧向封闭性无法评价的问题。王伟等(2017)在渤海湾盆地饶阳凹陷留楚地区开展了拟声波约束反演技术研究，重点分析了楚18斜断层圈闭的侧向封闭性，为了提高SGR值计算精度，在主干断层设计了多口虚拟井，提取虚拟井拟声波曲线计算泥质含量，为准确计算断面SGR值提供了保证。利用该方法获取的泥质含量曲线对断层侧向封闭性评价的结果符合实际的勘探情况。

第四节　控藏作用研究现状

一、构造－沉积耦合关系

鄢继华等(2007)分析沾化凹陷古近纪沙二上－东营组沉积期处于断拗转换期。综合分析认为可将其划分为三个长期旋回和六个中期旋回，发育冲积扇、河流、三角洲、辫状河三角洲、扇三角洲、滨浅湖、滩坝、半深湖－深湖和湖底扇等各种沉积相类型。其中有利储集砂体的分布主要集中在 C1、C2 及 C4 旋回。沉积体系的分布受基底沉降、断层活动、物源区特征以及气候等因素的综合影响。

聂春林(2014)以层序地层学、沉积学理论为指导，综合应用岩芯、录井、测井、地震资料，通过研究层序界面的成因特征、识别标志、发育规模等，在联井对比地震追踪的基础上，建立了松辽盆地北部断拗转化时期层序地层格架；总结了断拗转化时期的层序地层模式具有垂向上断陷向坳陷转化，平面上层层超覆，沉积充填上由粗碎屑冲积扇向河流三角洲沉积转化的特点。运用物源形成过程－响应原理，开展重矿物组合、砂砾/地比、砂砾厚、岩性或粒级或组分平面分布、古地貌、平面相序、地震反射与属性特征等综合分析，进行层序格架控制下的物源与沉积体系综合识别。建立了断拗转化时期的层序沉积充填演化模式表现为近、多源冲积扇—扇三角洲粗粒沉积体系→中、多源冲积扇—辫状河—辫状河三角洲体系→远、主源冲积扇—辫状河—曲流河—湖泛三角洲体系，并结合构造、气候、湖平面等方面，研究了沉积充填机制。

李邦勇等(2016)分析了霸县凹陷断拗转换期物源特征及其控制因素。在古构造和古气候双重因素控制下形成了霸县洼陷断拗转换期独特的物源特征，表现为以凹陷边缘凸起为主的近物源慢速堆积特征为主，而东西构造差异控制着沉积特征，使得凹陷东西两侧具有各自的物源特征，表现为西部陡坡带碎屑物向盆地进积速度快，主要发育扇三角洲，而东部缓坡带碎屑物向盆地进积速度慢，主要发育浅水三角洲。

张晓庆等(2019)认为构造－沉积耦合关系主要体现在断层分段复活控制地层差异分布、断层演化控制沉积砂体展布和凹陷演化控制沉积体系三方面：因断层分段的差异演化，使凹陷内北、南两洼古近系各组段的地层厚度、展布面积和最大埋深均存在差异；因断层分段的不同连接区及 NE/NEE 向断层在古近纪不同时期活动强度存在差异，对凹陷陡坡的沉积相类型、缓坡的沉积相展布具有差异控制作用；各构造演化阶段湖盆范围与主要沉积相类型存在差异。

李易隆等(2014)对松辽盆地长岭断陷早白垩世断拗转换期沉积体系特征及演化过程进行了研究，结果表明，在断拗转换前后沉积体系发生了明显的变化，登娄库组沉积早期，发育多个被低凸起分隔的次断凹，在断拗陡坡带发育扇三角洲，缓坡带发育辫状河—辫状河三角洲沉积体系，沉积体系分散于各断凹内，且互不影响；登娄库组沉积后期，长岭断陷性质由断陷向坳陷转换，断坳相互连通，沉积中心趋于一致，来自多个物源的辫状河—辫状河三角洲沉积体系，向沉积中心推进。

Garcia 等(2009)通过研究西班牙盆地地层堆积样式和沉降速率导致的可容空间变化发现正断层活动引起的高沉降速率阶段沉积了吉尔伯特三角洲的退积单元，随后由犁式断层活动造成的低沉降速率阶段沉积了浅水三角洲的加积单元，最后无沉降阶段和可容空间减小阶段沉积了三角洲的进积序列，总结了伸展构造活动对三角洲发育和堆积样式的影响。

Khalil 和 McClay(2009)在研究红海边缘裂谷的古水系网络、沉积物分散样式和三角洲的位置时发现沉积物入口主要受构造和地形的联合控制，多位于正断层段相互作用的传递带、转换断层，或者是前寒武基底的再活动形成的构造带，翘倾断层的上翘方向。

Maynard(2006)研究了得克萨斯裂谷正断层产生的滚动背斜的生长对发育在翼部的河道的影响，指出滚动背斜的生长致使背斜翼部坡度变陡，可容空间减小，翼部的河流频繁地决口以达到新坡度下的平衡。结果表明滚动背斜的不断生长导致了翼部河道从初始的一个低弯曲度的河道不断演化成高弯曲度的，捕获多个其他水系的水系网络。

二、断裂控藏作用

范振峰(2005)认为断拗转换期有其特有的成藏特点，油气成藏符合“T－S”油气运聚模式，即以“T”形为主的油气输导体系和以“ S”形为主的油气成藏体系。不整合面作为油气输导体系的一部分起到举足轻重的作用。要加强构造背景分析，鼻状构造的前方及侧缘仍是寻找较大规模的地层超覆油藏的首选部位。

付晓飞等(2012)从油气成藏过程入手，结合断裂与烃源岩、圈闭、运移路径等成藏要素匹配关系，可以将断裂系统划分为通道断裂和遮挡断裂两种类型。其中通道断裂又分为三种类型：①油源断裂，指连接烃源岩和储层，在油气成藏关键时刻活动，并具有一定顶封能力的断裂；②变层断裂，指不在源岩区内，但是在油气成藏关键时刻活动，能够将侧向运移的油气垂向调整至其他层位的断裂，其控制下的油气往往具有“阶梯式”分布特征；③调整断裂，指在油气聚集成藏之后活动，破坏原有油气藏并运移其中的油气，形成次生油气藏。遮挡断裂也可以分为三种类型：①聚集断裂，具有很强封闭能力的断裂，在油气成藏期不活动，能够为垂向和侧向运移的油气提供遮挡条件的断裂；②变径断裂，不在烃源岩分布范围内，具有一定的封闭能力，但不能聚集油气，油气运移过程中遇此类断裂表现为绕断裂运移特征；③穿越断裂，与变径断裂的区别在于该类断裂无封闭能力，油气可穿越此类断裂继续运移。

平贵东等(2014)认为断拗转换期二级断裂活动地层快速沉降促进烃源岩熟化。该时期断陷带的沉降对烃源岩的成熟产生了重要促进作用，主要体现在两个方面：一是断拗转换期大套泥岩的沉积，对早期热流体温度起到较好的封存作用；二是该时期盆地快速沉降，地层埋深迅速增加，地温梯度最高，加速了烃源岩演化，为烃源岩生烃提供了有利条件。

谢通等(2015)认为断裂的多种组合样式受控于构造应力场，不同的断裂组合样式控制形成的古地貌使得砂体和沉积微相在空间上具有不同的展布样式。在构造转换期主要存在三种构造控砂模式，即帚状同沉积断层控砂模式、雁列式断裂组合控砂模式、平行断层转换带控砂模式。同沉积断裂控制砂体分布，同时也控制油气藏分布。

总体来看，国内对断拗转换带的构造发育特征、沉积体系展布及控藏作用等方面具有一定的研究，出现了多手段精细刻画构造、沉积、成藏特征并恢复演化过程的发展趋势。国外对于断裂控藏作用的研究则主要集中在成藏动力与断层在油气运聚中的作用。

第二章　区域地质概况

第一节　区域构造特征

东营凹陷位于渤海湾盆地济阳坳陷南部，东部为青坨子凸起，西部毗邻青城凸起，南部抵达鲁西隆起和广饶凸起，北部与陈家庄－滨县凸起临界（图2－1），总体呈NE走向，面积约5800km^{2}的东营凹陷是在古生界基岩背景上经构造运动发育起来的断陷－坳陷湖盆，具有北断南超、北深南浅的特点，是中国东部陆相箕状断陷湖盆的典型代表。凹陷内部主要发育利津洼陷、牛庄洼陷、博兴洼陷、民丰洼陷以及北部陡坡带、中央背斜带、南部缓坡带等二级构造单元。

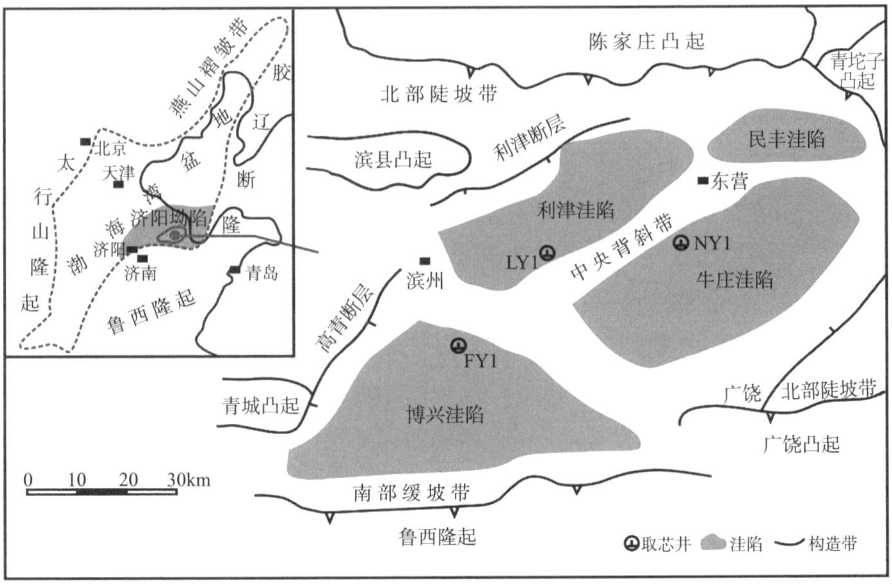

图2－1　东营凹陷区域构造图

根据盆地构造特征、地层填充特征及火山活动，东营凹陷的构造演化可以划分为古近纪裂陷期和新近纪坳陷期两大阶段，喜山运动的幕式活动特征使盆地经历了初始裂陷、强烈裂陷、裂陷萎缩的演化过程，控制了盆地古近纪多幕裂陷充填。

裂陷Ⅰ幕和裂陷Ⅱ幕即初始裂陷期(孔店组－沙四下亚段)，裂陷作用使中生代断层发生继承性活动，部分断层位移增大成为东营凹陷主边界断层，盆地充填主要受控于NW向断裂活动。孔店组与沙四段沉积时期均存在两个沉降中心，分别位于陈南断裂南侧和石村断裂，形成了东营北部洼陷和博兴洼陷两个相对独立的单元。这一时期气候条件较干旱，湖盆水体盐度较大，主要发育滨浅湖相、冲积相、盐湖相等沉积。

裂陷Ⅲ幕即强烈裂陷期(沙四上亚段－沙二下亚段)，此时盆地主断层已进入发育的高峰期，断陷作用和扩张作用开始发育，活动强烈的北东向断裂带控制了盆地的充填作用，博兴洼陷和东营北部洼陷合为一体。同时，一系列的裂陷作用使盆地出现多个沉降中心，使得博兴洼陷、牛庄洼陷、民丰洼陷、利津洼陷共存的格局得以形成。该阶段总体气候湿润，物源充足，主要发育半深湖－深湖、河流－三角洲等沉积相。

裂陷Ⅳ幕为裂陷萎缩期(沙一段－东营组)，断裂活动进入末期，凹陷基本维持前期的构造特征，盆地逐渐萎缩，加之气候相对干旱，湖盆水体变浅，以辫状河、浅湖、三角洲沉积为主。

到新近纪时期，断层的垂向活动不断减弱，盆地转入坳陷期，主要发育河流相沉积。

第二节　扭张构造带构造样式发育规律

构造样式是指在剖面形态、平面展布、排列和应力机制上有着密切联系的相关构造的总体特征。表达了一种特定的形变机制及变形图像，是了解特定构造变形条件下所产生的一系列构造变形的总体概貌，具有与地球动力学背景一致的特点。

构造样式研究一直是油气田构造研究中重要的基础内容之一，Harding T P等(1985)最早给出了构造样式的定义，认为构造样式是同一构造变形作用或同一应力作用下所产生的构造形迹的总和。不仅涉及对含油气盆地性质、类型及其动力学的分析与认识，构造变形特征及其时空演化的判识和分析，而且直接关系到油气藏的圈闭类型、成藏条件及勘探目标评价。

研究构造样式的意义在于以下三个方面：一是总结不同应力场下形成的经典样式特征及圈闭分布位置；二是为了在低勘探程度盆地中借鉴条件相似的盆地以预测构造样式及相应的圈闭形成及分布特点；三是构造样式决定了沉积充填特征，影响烃源岩的分布及有机质类型，进而制约有利构造岩相带的分布及油气运移方向。因此，构造样式分析是盆地分析的重要内容。对构造样式系统的总结，对于认识油气富集规律、油气藏形成特点和提高钻探成功率等方面均有重要的意义。

一、构造样式的分类

Harding T P 等(1985)给出了构造样式的经典分类，如表 2 –1 所示。

表 2 –1　Harding T P 和 Lowell J D(1985)经典分类方案

类型	构造样式
基底卷入	扭性断层组合、压性断块与基底逆冲、张性断块和翘曲
盖层滑脱	滑脱逆冲 – 褶皱组合、滑脱正断层、盐底辟构造和泥底辟构造

这种分类方案对后人的研究影响很大，长时间统治着人们的思想。但是，随着研究的不断深入，很多学者对这种分类方案提出了疑问，汤良杰(1996)指出 Harding 的这种分类的优点是将板块构造的分析与油气勘探紧密结合，明确提出了各种构造样式在板块构造中主要发育部位以及鉴别准则，并阐述了影响构造样式形态和产状变化的因素，但也同样存在不足，这种分类将不同力学性质的构造归为一个大类，难以概括一个盆地或地区总的构造性质，也难以直接揭示构造的几何学和运动学特征，而且有些构造样式与基底卷入和盖层滑脱均无直接联系。

因此，国内的很多学者都给出了自己不同的分类方案，目前经典分类方案是刘和甫给出的，如表 2 –2 所示。

表 2 –2　刘和甫(1993)构造样式分类方案

划分	基底卷入程度
伸展构造样式	基底卷入
	盖层滑脱
压缩构造样式	基底卷入
	盖层滑脱
走滑构造样式	基底卷入
	盖层滑脱

这种分类方案以地球动力学背景为基础，强调构造样式与形成盆地的动力学具有一致性。这种分类方案对中国构造样式的研究有着非常重要的影响，以至后续的研究基本上以这种方案作为蓝本。

林舸等提出按照断裂的基本类型并结合大地构造环境的控制作用，将沉积盆地分为伸展盆地、走滑盆地和克拉通盆地三种主要类型，伸展盆地有以下构造样式：张性堑垒型盆岭构造、犁式断层和掀斜断块构造、生长断层、滚动背斜和底辟褶皱；走滑盆地的构造样式有上冲断裂构造、冲断层—褶皱带构造和同心褶皱；克拉通盆地常见的构造样式为大型基底鼻状隆起、不整合面、正断层等。由单一因素控制的构造样式并不多见，大部分构造变形往往受不止一种构造因素，或不止一个方向的应力场所制约，具有复合变形的特征。

陆克政在研究渤海湾地区新生代构造样式时，在划分了地堑与地垒、多米诺式掀斜半地堑系、滚动半地堑系、复式半地堑系四种基本的伸展构造样式以及主干走滑位移带和外部伴生构造两种基本走滑构造样式之外，还提出了重力滑动构造和底辟构造样式，这些均是区域伸展或走滑作用在特定的局部构造环境中的产物。

陈海云等通过对济阳坳陷几何学和一系列钻井和地震资料的综合分析，认为盆区存在伸展式、走滑式、反转式等三种基本构造样式，按几何学和成因学特征，可进一步分为翘倾断块式、滑动断阶式、潜山披覆式、重力背形式、底辟五种次级构造样式。

姚永坚等研究认为南黄海不同构造层内发育各具特色及多类型的构造样式，主要表现有压缩、伸展和反转构造样式，分别对应基底卷入型的压性断块和冲断构造、挤压背斜构造、潜山构造、穹隆构造、张性断块构造以及断层扩展反转褶皱构造、盖层滑脱型褶皱反转构造、单条冲断系负反转构造等，认为这些构造样式是地壳挤压、伸展和走滑联合作用的结果。

在东营凹陷断拗转换期，受区域应力环境转变的影响，构造样式也由单一的伸展构造样式转变为走滑相关扭动构造样式，基于详细的识别东营凹陷构造样式类型，将其分为伸展构造样式和走滑相关构造样式两类。

二、构造样式及分布规律

1. 平面构造样式

东营凹陷断拗转换期平面构造样式有伸展构造样式和走滑相关构造样式两

类，其中伸展构造样式包括平行式、斜交式、梳状等，走滑相关的构造样式包括侧接式、马尾状、雁列状等几种(图 2－2)。

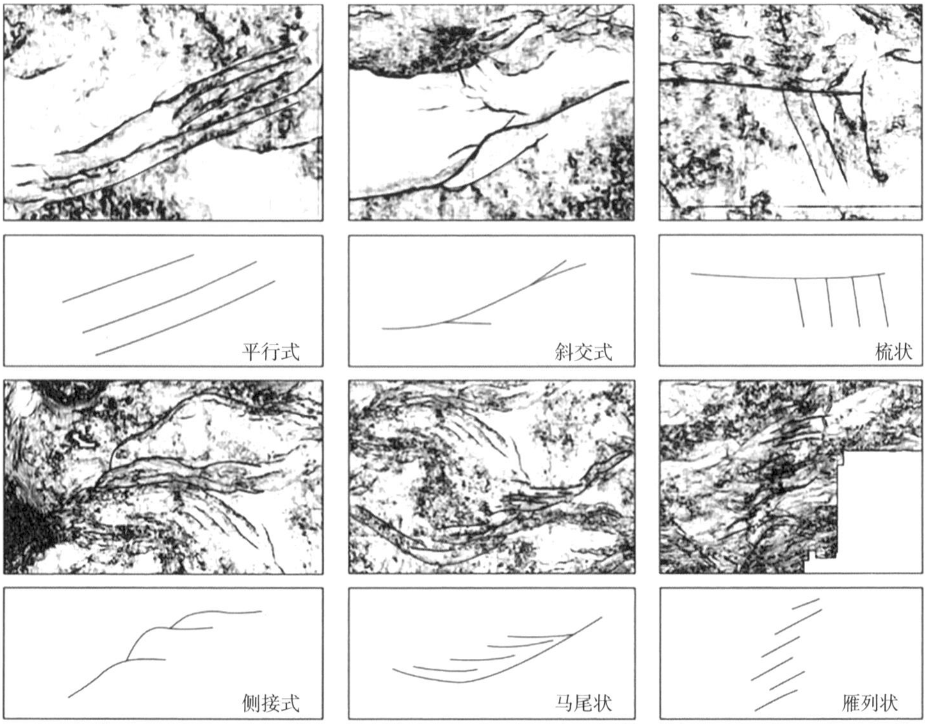

图 2－2 东营凹陷断拗转换期平面构造组合样式

2. 剖面构造样式

剖面上，东营凹陷断拗转换期构造样式也可以分为伸展构造样式和走滑相关构造样式两类，其中伸展构造样式包括堑垒构造、多级断阶、铲式正断裂及滚动背斜等，走滑相关构造样式包括半花状、包心菜式、复杂花状等类型(图 2－3)。

在平面构造样式分布上，平面构造样式在东营凹陷北部、中部更复杂，平面上中、北部以帚状、侧接式为主，剖面上呈复杂花状、半花状、包心菜式；南部平面以雁列状为主，多呈简单半花状，整体显示出扭张构造作用北强南弱的构造样式分布规律(图 2－4)。

在剖面构造样式分布上，东营凹陷北部呈西强、东弱，由复杂花状变为包心菜式，切割深度变浅；中部扭张作用最强；南部扭张作用变弱，由西向东呈现较强－弱－强的扭张作用趋势[图 2－5(附彩图)]。

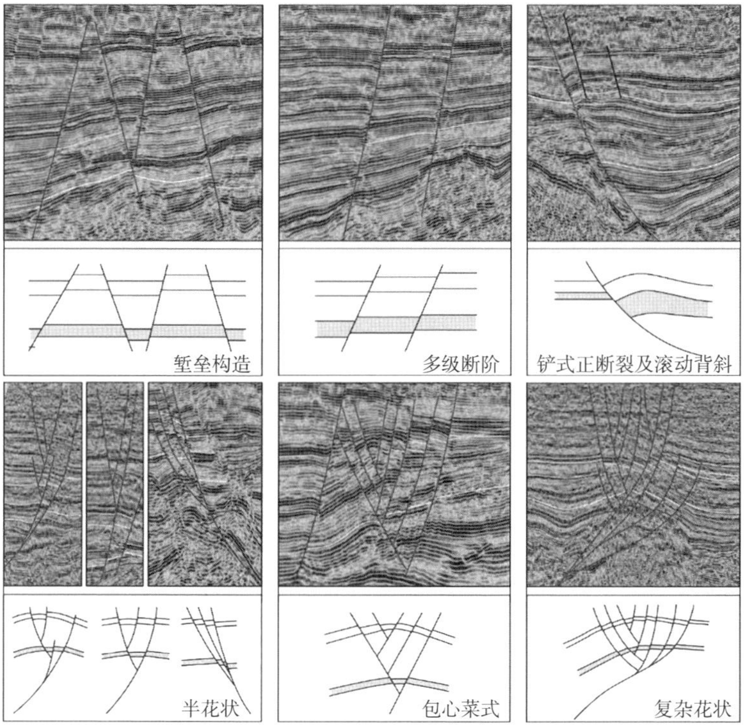

图 2－3　东营凹陷断拗转换期剖面构造组合样式

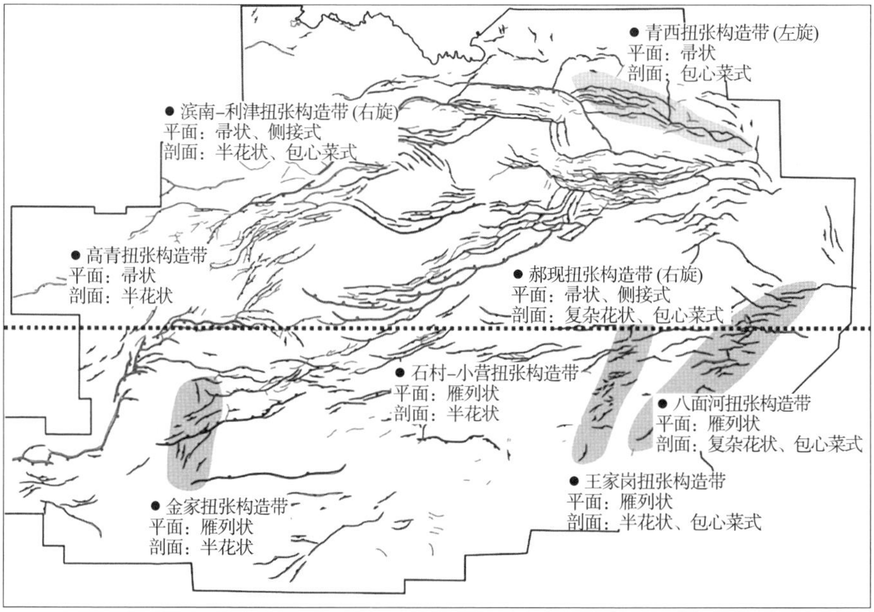

图 2－4　东营凹陷 T1 反射层构造样式分布规律图

第三节 主要扭张构造带发育特征

东营凹陷断拗转换期，受区域构造应力场的影响，在伸展与走滑的共同作用下，形成了NW、NE、NEE多组扭张断裂带，与现存伸展断裂体系共同构成了复杂的断裂体系(图2-6)。

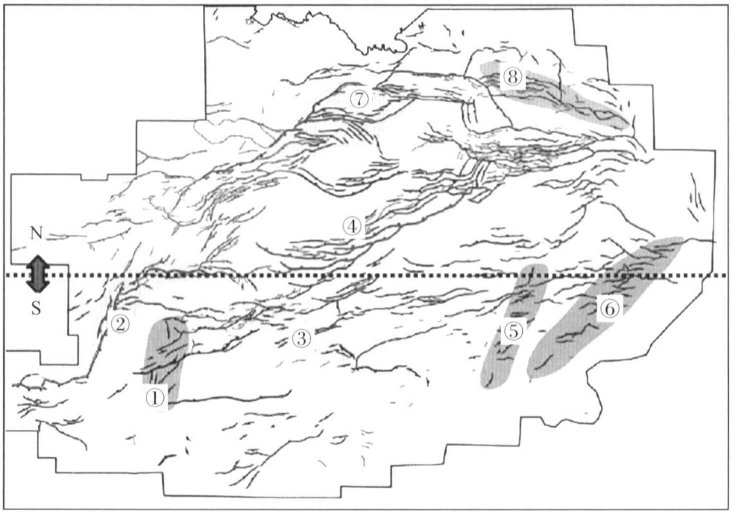

图2-6 东营凹陷断拗转换期平面断裂组合样式

①—金家扭张构造带；②—高青扭张构造带；③—石村-小营扭张构造带；④—郝现扭张构造带；⑤—王家岗扭张构造带；⑥—八面河扭张构造带；⑦—滨南-利津扭张构造带；⑧—青西扭张构造带

一、金家扭张构造带

金家扭张构造带位于东营凹陷南部斜坡[图2-7(附彩图)]，延伸距离较短，在5km左右，整体走向呈NEE，平面上由数条断裂组成为雁列状，剖面上呈半花状，该扭张构造带也为斜坡背景发育，中部较复杂，平面断裂变化快，剖面组合样式较简单。

剖面上金家断层倾向北西，断面倾角较大，在55°~65°之间。整体上具有由浅层到深层、由北部到南部断层倾角逐渐加大的特点。垂向断距在50~100m之间，局部地区垂向断距不明显。剖面组合样式由N向S逐渐从负花状到单条直立断层过渡。浅层负花状构造较为明显，深层表现为直立断层，断层倾向正西，也有倾向变化的现象。金家走滑-拉张断裂带两侧地层厚度差异较小，沙三段沉积以后局部有地层加厚现象，整体来看，金家走滑-拉张断裂带对沉积的控制作用不明显。

研究结果表明，在金家走滑－拉张构造演化早期，发育了 NE 走向的一条走滑断层，断面陡直，倾角 70°～80°之间，向北终止于博兴断层。结合断层活动性分析认为，金家走滑－拉张构造带在孔店期表现为一条连续的走滑断层，切割了 EW 向次级断层，形成了以扭应力为主的构造格局。随着盆地进入整体断陷的阶段，金家走滑－拉张构造在沙三－沙四期由单挑连续走滑断层演化为雁列式组合断层，由一系列 NEE 走向的分支断层构成，向北由一条分支断层与博兴断层搭接。结合此时的活动性分析结果认为，此时的扭应力逐渐减小，张应力增大，但整体上还是以扭应力为主，对沉积地层的控制作用有限。随着东营凹陷整体进入新近纪弱扭动演化阶段，金家走滑－拉张构造在馆陶期也表现为雁列式组合特征，次级断层的分布，组合特征与沙三期基本一致。

二、高青扭张构造带

高青扭张构造是典型的右旋帚状扭张构造，主动盘在构造带的右侧主要为新生代沉积。主断层 NE 走向，呈向 WN 凸出的圆弧状，次级断层主要位于主动盘，与主断层匹配形成帚状构造，向 WS 收敛、NE 发散。高青扭张构造带分段性明显，自南向北可划分为花沟段（近 EW 向）、高青段（NNE 向）和平南段（近 EW 向）。孔店－沙四期高青扭张构造带呈 NE 向的“帚状”，花沟段和高青段南部相对收敛，发育一条主断裂，次级断裂基本不发育，高青段北部及平南段较发散，发育一系列与主断层相交的次级断层。到沙一及馆陶期高青扭张构造逐渐由一条连续的断层转向断续分布的次级断层组成的马尾状组合（图 2－8）。

剖面上，帚状扭张构造发育 1～2 条先存断裂，先存断裂一侧次级断裂较发育，且次级断裂与先存断裂依次相交，组成典型的半花状构造。断层组合样式在纵向上具有明显的成带性。沙四期之前，剖面特征主要表现为倾角较缓的铲式正断层，到构造带终止的平南段变成马尾状，主要受应力场发散的影响。沙三－沙一期剖面上受主断层活动的影响，由于高青地区主动盘一侧为新生代地层，塑性强，形成了一些次级的生长断层，与主断层匹配形成了断阶或多级“Y”组合样式。新近纪应力场以弱走滑为主，因此断层组合在剖面上基本以负花状为主。

三、石村－小营扭张构造带

石村－小营扭张构造带位于东营凹陷南部斜坡［图 2－9（附彩图）］，延伸范围在数千米内，整体走向呈 NEE，规模较小，在平面上数条断层呈雁列状排列，延伸有限，剖面上呈半花状构造，断层产状相对。该扭张断裂带同样在斜坡背景发育，平面上断裂变化较快，剖面组合样式较简单，向深部主要影响至沙二段。

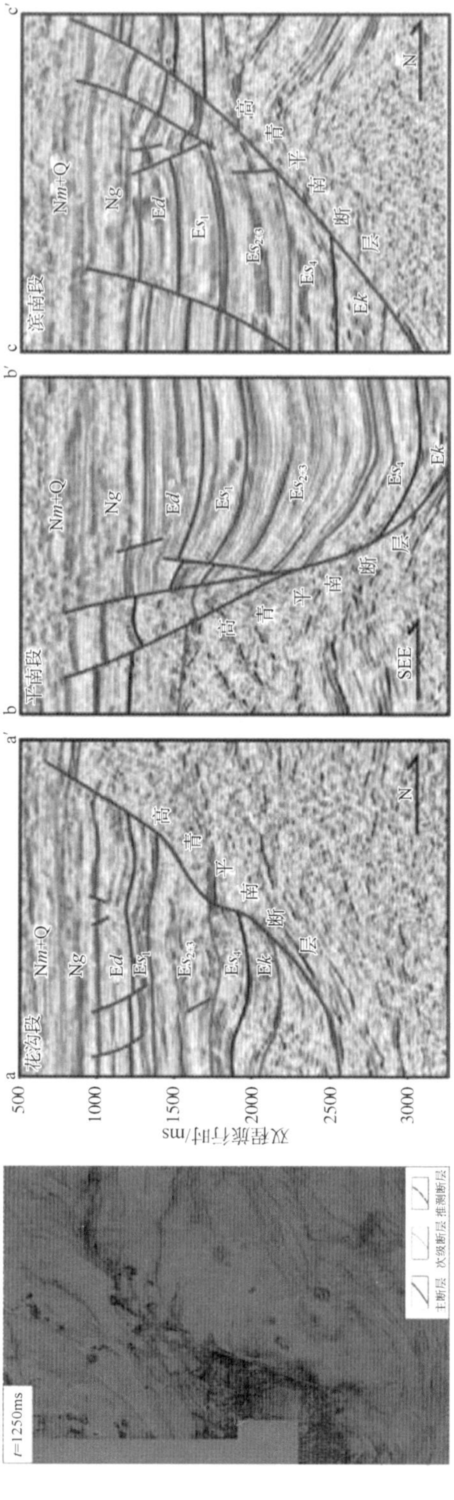

图2－8　高青扭张构造带剖面解释图

四、郝现扭张构造带

郝现扭张构造带位于东营凹陷中部，呈 NEE 走向，该扭张构造带延伸 30km 左右，规模较大[图 2－10(附彩图)]。平面上，郝现扭张构造带呈双扭张构造带平行排列，呈侧接式、帚状构造样式，分支断裂延伸短，展布长度有限。剖面上，郝现扭张构造带呈明显的包心菜式、半花状构造样式。整体来看，扭张构造规模大，滚动背斜背景上发育，东侧比西侧更复杂，向深部多影响至沙四段。

五、王家岗扭张构造带

王家岗扭张构造带位于东营凹陷南部斜坡[图 2－11(附彩图)]，呈 NNE 走向，延伸距离在 10km 左右，平面上呈明显的雁列状，剖面上为复杂花状、包心菜式，分支断裂产状相对。整体上，该扭张构造带在斜坡背景发育，向深部可以影响至孔店组，自南西向北东复杂程度变强。

雁列式扭张构造主要发育于东营凹陷缓坡带金家、柳桥、王家岗、八面河等地区。平面上，规模相同、性质相同、走向大体一致的断裂平面上呈雁列式展布；剖面上板式断层组合呈“Y”字形或多级“Y”字形。王家岗和八面河地区为典型的雁列式扭张构造。

大型的扭张构造带中的主位移带往往在平面上是线性延伸的，所形成的扭张构造组合均分布在主位移带附近有限的区域内，使整个扭张构造在平面上具有平移断点，多呈直线延伸，两侧同期构造及断裂呈雁列带展布。但不同的沉积时期又各具特征，孔店组沉积前断裂走向主要为 NNE 和 NE 向，发育扭张谷形成的负向构造；孔店组沉积时期断裂走向主要为 NE 和 EW 走向，叠加改造明显，发育雁列构造；沙四－沙三时期断裂主要为 NE 走向，发育羽状构造，到沙三期次生断裂减少；沙二－沙一断裂走向主要为 NE 向，断层延伸长度减小，断层与断层之间的调谐断层基本不发育。

从不同时期断层平面发布特征来看，王家岗地区发育三类断层，近 NNE 向直线型走滑断层，近 EW、NE 向的羽状、雁列状伴生断层，以及一系列 NNE 或者 SN 向的次生调谐小断层。由早到晚，NNE 向直线型走滑破碎带逐渐变弱，沙四到沙二早期较强，沙二中晚期之后不明显；羽状断层走向由近 EW 向逐渐变为 NE 向，沙四到沙二早期为近 EW 向羽状断层，沙二中晚期之后主要为近 NE 向雁列式断层为主；早期发育次生调谐小断层，晚期发育较少。

六、八面河扭张构造带

八面河扭张构造带发育在东营凹陷南部斜坡区[图2－12(附彩图)]，整体走向呈NNE，延伸距离在十几千米。八面河扭张构造带在平面上呈典型的雁列状发育特征，剖面上呈复杂花状、包心菜式构造组合样式，部分剖面显示出明显的地层弯曲变形(剖面1、剖面4)。总体上，该扭张构造带是在斜坡背景上发育起来的，向深部可以影响至孔店组，自SW向NE复杂程度变弱。

七、滨南－利津扭张构造带

滨南－利津扭张构造带位于东营凹陷东北部，该扭张构造带展布范围可达20km，规模较大[图2－13(附彩图)]。平面上，滨南－利津扭张构造带呈现明显的帚状、侧接式发育特征，分支断裂多且杂，单条分支断裂展布范围短，平面变化较快。剖面上，扭张构造带由多条断裂组成，呈包心菜式、半花状构造组合，扭张构造带断裂组合变化快，呈现出不同位置具有不同构造组合样式的特点。在发育上，扭张构造带在T1反射层表现明显，向深部多影响至沙三段(T3－T6)，是重要的构造分层位置，自NW向SE构造复杂程度减弱。

八、青西扭张构造带

青西扭张构造带位于东营凹陷东北部[图2－14(附彩图)]，呈NW走向，延伸距离近20km，扭张构造带发育的位置为铲式正断裂上盘近断裂处，距离滚动背斜位置稍远，地层弯曲变形不明显。平面上，青西扭张构造带呈帚状、平行式，断裂在平面上变化较快，且扭张构造带中间部位更复杂；剖面上呈包心菜式，分支断裂倾向相对。总体上，该扭张断裂带影响至T1反射层，但向上延伸有限，向深部影响至沙三下亚段。

第四节　地层发育特征

东营凹陷位于济阳坳陷中南部，属于晋冀鲁豫地层区华北平原地层分区，根据以往研究资料的揭示和证实，研究区从老到新包含的地层有：太古界泰山群，下古生物界寒武系和奥陶系；上古生界石炭系和二叠系，中生界侏罗系和白垩系，以及新生界第三系及其上覆的第四系。目的层段为沙二上－馆下段(表2－3)。

断拗转换期地层发育段特征描述如下。

1. 沙二段（Es_2）

为河流沼泽相沉积，上部为灰色泥岩、砂质泥岩与中厚层状浅灰色灰质砂岩、含砾砂岩互层，下部为紫红及灰色泥岩、砂质泥岩夹浅灰色粉砂岩、泥质粉砂岩，主要特点是发育紫红色泥岩。古生物化石主要有拱星介、椭圆拱星介、直似玻璃介。地层厚度100～300m，分布不稳定，向边缘凸起和隆起逐渐缺失，局部有火成岩侵入。自然电位曲线为指形、漏斗形、箱形、钟形和低幅齿形。

2. 沙一段（Es_1）

中上部为灰至浅灰色厚层块状粉砂岩、中—细砂岩，夹中薄层灰色生物灰岩、灰绿色泥岩及灰质粉砂岩，块状灰岩多集中在中上部，底部灰绿色泥岩夹中厚层状细粉砂岩、灰质砂岩及白云质灰岩。古生物化石有惠民小豆介、光滑西营介、辛镇广北介、兴隆台田螺、恒河螺等。电阻很高，有4～5个明显的尖峰。地层厚度100～300m。

3. 东营组（Ed）

上部为灰绿色及浅灰色泥岩、砂质泥岩与中厚层状棕黄、浅灰色粉砂岩、泥质粉砂岩及薄层状灰质砂岩的互层。下部以棕黄、灰黄色厚层块状粉细砂岩为主，夹薄层浅灰绿色泥岩及砂质泥岩。古生物化石有偏脊东营介、指纹瓜星介、双球脊东营介、孢粉化石，特征是榆属含量高于栎属，藻类化石常见光面轮藻、轮面球藻等。上部电阻曲线有两组尖峰，自然电位曲线呈指状，下部电阻曲线低平。地层厚度300～500m，与上第三系的馆陶组间呈不整合接触。

4. 馆陶组（Ng）

上段为紫红色、灰绿色泥岩与粉砂岩互层；下段为厚层灰白色砾岩、含砾砂岩、砾岩夹灰绿色、紫红色泥岩，为辫状河、曲流河沉积，地层厚度60～300m。

表2－3　东营凹陷地层发育特征

地层		厚度/m	主要沉积相	构造活动阶段
第四系		100～200	洪积、冲积相	后裂陷阶段
新近系	明化镇组	1000～2500	洪积、冲积相	
	馆陶组	1000～2000	洪积、冲积相	

续表

地层				厚度/m	主要沉积相	构造活动阶段
古近系	渐新统	东营组	东一段	200～600	洪积、冲积相	裂陷伸展Ⅲ期
			东二段	500～1000	河流、三角洲半深湖、深湖	
			东三段	300～700		
	始新统	沙河街组	沙一段	200～1000	河流、三角洲半深湖、深湖	
			沙二段	200～1000		裂陷伸展Ⅱ期
			沙三段	1000～3500	深淡水湖泊	
			沙四段	100～1000	河流、盐湖	
	古新统	孔店组	孔一段	300～1500	干盐湖、闭塞湖盆、湖泊、河流	裂陷伸展Ⅰ期
			孔二段	500～1500		
			孔三段	400～1000	洪积、冲积相	
前新生代						

第三章　断拗转换期构造演化过程重塑

第一节　构造应力场特征

一、区域构造环境

济阳坳陷位于郯庐断裂带西侧，以伸展变形为主，叠加走滑应力的影响，发育大量扭张断裂[图3－1(a)]。东营凹陷位于济阳坳陷东南部，是位于济阳坳陷内的一个次级构造单元；东西长约90km，南北宽约65km，是济阳坳陷最富油气资源的一个凹陷。东营凹陷东临郯庐断裂带中段的沂沭断裂；南边以齐广断层为界，与鲁西隆起相邻；西连惠民凹陷，以青城凸起相隔；北以陈南断层为界，与沾化凹陷相间，以陈家庄凸起为界，具有北断南超特点的典型半地堑特征。东营凹陷紧靠郯庐断裂带，雁列扭张构造十分发育[图3－1(b)]。

勘探实践证实，形成于东营凹陷断拗转换期的扭张构造带对油气的平面分布有明显的控制作用。目前已在八面河扭张构造带探明储量1.62×10^8t；沿金家走滑断裂带已发现金家、正理庄、大芦湖等多个油气田，并证实很多油藏与扭张构造有关。沿着扭张断裂带，油气藏多具有多层叠合复式成藏特征，展示出扭张构造控制下的油气勘探区具有非常广阔的勘探前景。

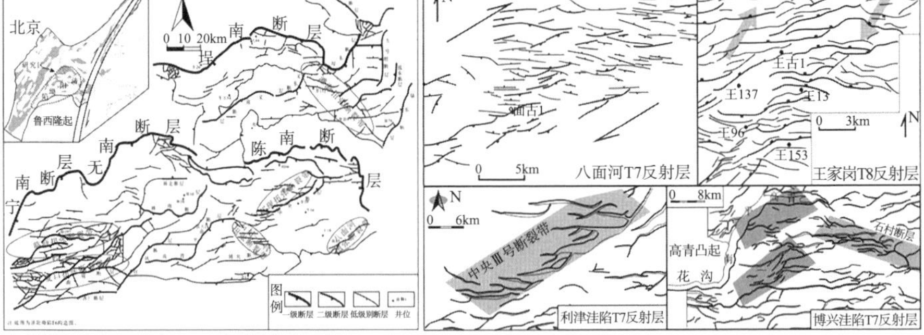

(a)济阳坳陷部分扭张断裂带分布　　(b)东营坳陷部分扭张断裂带分布

图3－1　济阳坳陷及东营凹陷内雁列扭张构造分布

二、区域应力场演化

新生代以来，随着太平洋板块向欧亚板块碰撞俯冲速度的减弱，导致产生俯冲后撤，引起华北地块东部地区构造应力场的运动方向发生转变，这也控制着渤海湾盆地和东营凹陷构造应力场的变化。晚中生代沉积时期，华北板块持续受到东侧洋壳近SN向的高速俯冲，使华北克拉通东部发育成为大陆内裂陷盆地。随着进入新生代，太平洋板块对欧亚板块的俯冲速度的放缓，改变为俯冲后撤。渤海湾盆地从NE向伸展转变为NWSE向伸展。新近纪开始，凹陷整体活动速率降低，整体演化进入坳陷阶段。这样就有一个问题：若只有北西南东向伸展，无法系统地解释整个东营凹陷的构造现象，尤其是东营组及之后广泛发育的近EW向断层的分布特征，走滑作用成因模式对凹陷内发育近EW向断裂的解释，只能局限于走滑断裂带附近发育控制的近EW向断层，而郯庐断裂带走滑作用对整个东营凹陷近EW向断裂的影响作用不及前期先存断裂对后期近EW向断裂发展作用明显，如果郯庐断裂自始新世以来的走滑作用对东营凹陷有拉分作用，但是并不能解释凹陷沙三段地层NE向分布的断裂所形成的铲式正断层原因，况且东营凹陷东部并没有大规模右行走滑活动的证据。由凹陷上下地层沉降、沉积中心发育情况以及断裂在不同演化期次响应特征的研究得出，判定东营凹陷从始新世开始经历两期斜向伸展叠加的构造作用，即前期NW－SE向伸展和后期SN向伸展模式。

弄清区域应力场演化历史，是明确不同时期构造体系特征及成因解释的重要前提。根据区域资料，总结了三叠纪至第四纪华北板块区域构造背景与应力场演化过程，特征分述如下。

1. 早－中三叠世

早－中三叠世(251Ma～228Ma)，华北板块北缘与西伯利亚板块及其间微地块的碰撞拼接，形成康保－赤峰－开源构造带；华北板块东南部与扬子板块碰撞拼接，发育苏鲁造山带。在此构造背景下，华北板块地势北高南低，发育大型内陆盆地。

2. 晚三叠世

晚三叠世(228Ma～199.6Ma)，华北板块与扬子板块自东向西剪刀式全面陆陆拼接。苏鲁造山带向北推移，郯庐断裂雏形发育；受边界几何条件和隆起控制，徐淮弧构造带地区发育自东向西的冲断；大别山地区发育成周缘前陆盆地，合肥盆地发育逆冲楔顶部带。在此构造背景下，华北板块东缘区域应力为 SSW - NNE 向的挤压，使得鲁西隆起 - 济阳坳陷发育近 EW 向逆断层、褶皱、指北弧形构造，渤海湾盆地其他区域亦发育类似构造[图 3 - 2(a)]。受此影响，华北板块东部整体隆升剥蚀，仅局部残余中、下三叠统。

3. 早、中侏罗世

早、中侏罗世(199.6Ma ~ 161.2Ma)，华北板块北部蒙古 - 鄂霍次克大洋关闭，形成 NW - SE 向挤压；华北板块南缘大别山 - 苏鲁造山带演化成陆内前陆构造背景，形成 NNE - SSW 向挤压。在此构造背景下，苏鲁造山带继续向北运移，郯庐断裂继承性左行发育，徐淮弧构造带继承性发育并基本定型，合肥盆地发育前陆盆地系统前渊带。鲁西隆起在区域 NW - SE 向挤压作用下，发育 NE - SW 向褶皱 - 冲断构造；同时，受郯庐断裂左行影响，发育一系列 NW - SE 走向断层及其断陷盆地。济阳坳陷继承前期构造特征，在地势低洼向斜和逆冲断层下盘沉积中下侏罗统。渤海湾盆地西北部在 NW - SE 向挤压作用下，发育 NE - SW 向褶皱 - 冲断构造。

4. 晚侏罗世 - 早白垩世

晚侏罗世 - 早白垩世(161.2Ma ~ 99.6Ma)，渤海湾盆地形成大量负反转构造。

晚侏罗世，合肥盆地和渤海湾盆地西北部继承性发育挤压构造，沉积红色粗碎屑地层。伊邪那歧板块 SN 向俯冲造成郯庐断裂强烈左行活动，使得鲁西隆起 NW - SE 走向张扭断层强烈活动，济阳坳陷内 NW - SE 走向逆断层负反转并形成断陷盆地[图 3 - 2(b)]。

早白垩世，伊邪那歧板块 NW 向俯冲，在华北板块东部形成 NW - SE 向区域伸展。鲁西隆起 - 济阳坳陷继承性张扭断陷，渤海湾盆地 NE - SW 向逆冲断层发生负反转。此时，叠加大别山造山带进入造山后深部塌陷 - 浅层断陷阶段，合肥盆地双向伸展。

5. 晚白垩世 - 古新世早期

晚白垩世 - 古新世早期(99.6Ma ~ 60Ma)，是中生代到新生代的构造转型期。晚白垩世，伊邪那歧板块 NNW 向俯冲，华北板块东部由 NW - SE 向弧后伸展调整为近 SN 挤压。受此影响，华北板块东部整体隆升剥蚀，仅深断陷的局部沉积。但是，合肥盆地和胶莱盆地发育近 SN 伸展断陷，推测机制可能是郯庐断裂右行张扭或大别山－苏鲁造山带继承性塌陷。

6. 古近纪

古近纪(60Ma～23Ma)，太平洋板块取代伊邪那歧板块俯冲于欧亚板块之下，俯冲速度放缓且洋壳后撤，华北板块东部再次处于弧后伸展构造背景；郯庐断裂活动减弱，并由左行转变为右行；印度板块俯冲产生的“压泵效应”，以及太平洋板块与伊邪那歧板块之间洋中脊形成的“板片窗”，造成软流圈地幔上涌，产生水平伸展[图3－2(c)]。受三种应力叠合影响，区域伸展方向由古新世－早始新世的近SN向转变为晚始新世－渐新世的NW－SE向。在此构造背景下，渤海湾盆地内各坳陷形成近EW和NE走向断层，鲁西隆起构造变形继承性发育并隆升，鲁西隆起与济阳坳陷开始隆坳耦合；合肥盆地断陷活动继承性发育，但NWW－SEE走向断层控盆作用明显增强。

7. 新近纪－第四纪

新近纪－第四纪(23Ma～0Ma)，太平洋板块NWW俯冲，由此产生的弧后伸展迁移至日本海－东海一线，对华北板块东部影响减小；郯庐断裂右行走滑，影响范围仅限于济阳坳陷东北部、渤中坳陷、下辽河坳陷等；软流圈地幔上涌作用减弱，并逐渐迁移至渤中坳陷地区。在此构造背景下，渤海湾盆地整体坳陷，仅渤中坳陷及其附近有断层活动；徐淮弧构造带、合肥盆地整体抬升，鲁西隆起则快速隆升剥蚀。

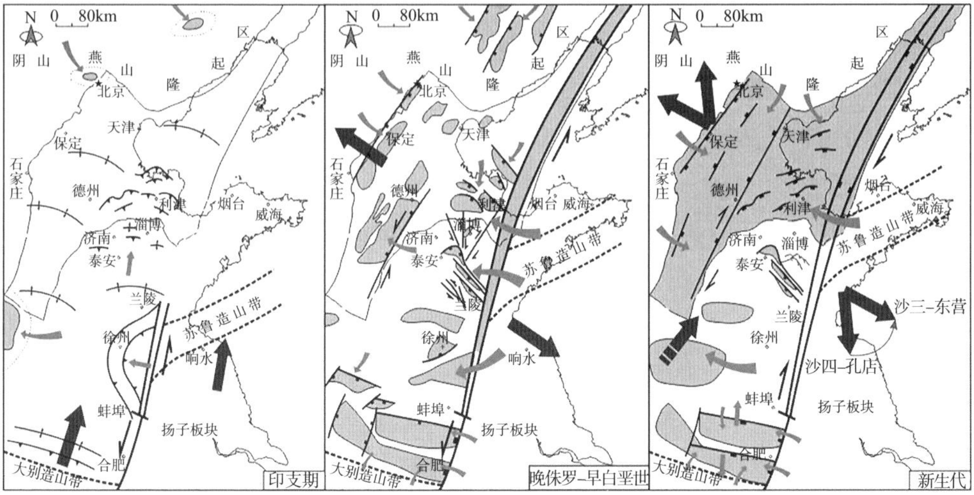

(a) (b) (c)

图3－2 华北板块中生代以来区域构造演化

第二节　构造演化期次与演化特征

一、平衡剖面恢复技术

目前分析研究盆地内部构造演化常用的方法为平衡剖面法。平衡剖面指的是遵循层长或面积变形前后不变的原则，可以恢复到原始沉积地层状态的变形剖面，或从沉积地层依据变形原理得到的变形剖面。

平衡剖面技术是现代地学领域的一项重大成就，在构造地质、石油地质与勘探以及盆地模拟应用方面，已被国内外地质学家和勘探学家作为一种模型解释的重要工具，在地质和石油勘探中，剖面的平衡与否已成为检测其地质构造解释是否正确合理、研究构造演化的重要方法。

平衡只是其中一种模式，平衡了的剖面并不一定代表地层沉积和变形的真实过程，但与未平衡的剖面相比，平衡剖面满足了大量合理的限制条件，因此，更接近正确。对于一条现今剖面，正确的解释方案一定是能使剖面平衡的方案，而平衡的剖面未必是正确的解释；相反，一条不能平衡的剖面，其解释方案一定是错的。

1. 平衡剖面的编制原则

(1)面积(体积)不变原则：变形前后地层所占的面积(二维空间)或体积(三维空间)不变，由于多数构造褶皱是在沉积后发生的，地层在变形前就已经受成岩压实作用，故成岩压实作用造成的面积(体积)损失不予考虑。对比变形与未变形区域的同一种岩石，若密度(或孔隙度)基本不变，计算中构造压实作用也可以忽略不计。

(2)岩层厚度不变原则：岩层发生褶皱时，不同岩层间仅存在顺层剪切，因此，以同心圆状褶皱方式变形，即变形前后岩层厚度不变。

(3)剖面中各标志层的长度一致原则：若岩层间没有不连续面，则其恢复后的原始长度在同一剖面中应一致，否则在长层与短层间必有不连续面。

(4)地层沿同一断层的位移量一致，否则可能由下列原因造成：①断层传播褶皱作用，沿断层的位移逐渐转换为褶皱，因长度守恒，造成各层间的缩短量不一致；②断层发生分叉，位移量分散到各个小断层上；③滑脱褶皱作用，其缩短机制与断层传播褶皱作用相同。

2. 剖面平衡的主要方法

(1)正演法：所谓正演法就是由原始未变形剖面演化至经构造变形后的剖面。正演计算采用的主要变量是断面的几何形态、地层厚度、断层数目及位移量。其优越性主要体现在可以快速建立若干个构造模式以检验一个地区可能存在的几种不同构造假说。在连续的模拟中，通过递增输入位移量，可以了解一个构造演化的几种过程和运动学特征，并对其进行检验。

(2)复原法(恢复法)：所谓复原就是由实际变形剖面复原至原始的、未经构造变形的剖面。复原中所用的数据取自变形剖面。根据平衡原则，用其中的长度和面积重建一条未变形的剖面，通过岩层的垂直位置，可以确定每一层的长度段，也是唯一长度。计算时，给出每一层的厚度，按一定的顺序，对每一地层均完成上述操作，然后连接各岩层段的端点，即可恢复出断层。面积平衡时要求指定所测量的每一个地区的边界。

刘玉萍等(2008)对面积平衡法的基本原理进行了简单阐述，指出当一个地区的岩层发生断层、褶皱和层间滑动等构造变形时，局部岩层将被推挤并超出相应的区域基准面，这些超出部分的体积称为多余体积，剖面上则显示为多余面积，或者一部分岩层将陷入其基准面以下的地方，凹陷部分的体积称为丢失体积，即剖面上显示的丢失面积。每一层多余或丢失面积同该层的深度以及底滑面上的位移(D)相关。底滑面以下的岩层处于稳定状态，基本不产生变形，保持原始产状，而底滑面以上的岩层则会有变形。一般而言，从底滑面到地表，变形程度逐渐加大，从微小的变形过渡到地表所见的构造。剖面上，每个层面的多余或丢失面积(S)与岩层深度(h)以及底滑面位移(D)之间呈线性关系。

(3)反演法：此处所指的反演法不同于一般所称的反演。平衡剖面技术中的反演法主要是为提供初始断层几何模型而提出的，即主要是用于反演断层。最先提出反演法的是 Verrall(1981)，利用断层上盘地层变形推测地下犁式断层发生时，上盘地层运动的水平分量保持不变，断层的落差和位移量随断层的倾角而变化，此法称作 Chervron 法。后来，Williams 等(1988)提出了滑线反演法，该法认为断层上盘物质运动时，运动轨迹为一系列与断层平行的曲线，在运动轨迹方向上位移量保持不变。

二、东营凹陷构造格架演化恢复

东营凹陷新生代主要经历了两次大的构造格局的变革，分别为孔店组至东营组沉积时期的伸展裂陷阶段和新近纪的扭张构造发育阶段(图 3－3)。

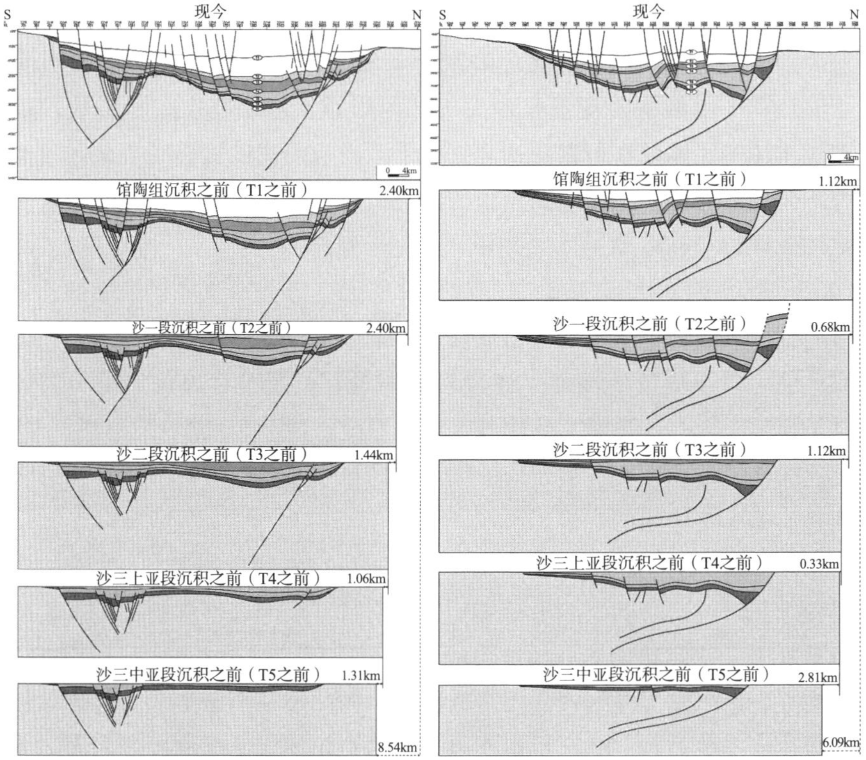

(a) Inline 2256　　(b) Inline 3256

图 3－3　东营凹陷测线构造演化

孔店组至东营组沉积时期，东营凹陷受边界大型铲式生长断裂强烈活动影响明显。孔店组－沙四下亚段沉积时期，盆地受北部边界控盆断裂影响，形成了大型箕状断陷，边界断裂主要呈铲式、坡坪式。此时，北部的陈南断裂活动性最强，是控制东营凹陷北断南超构造格局的主要因素，同时在南部斜坡带上发育一系列小型的倾向相反的板式、铲式断裂。沙四上亚段－东营组沉积时期，早期的控盆边界断裂活动性稍弱，断裂上盘进一步发育了次级控凹生长断裂，进一步控制了盆地的发育。盆地内部此时出现了大量的伸展断裂，断裂整体以 NE 向和近 EW 向为主，盆地沉积中心与早期相比有一定的变化，沉积中心主要位于利津洼陷一侧，地层西厚东薄，显示了构造调整导致的沉积中心迁移。

东营组沉积时期到馆陶组沉积时期是东营凹陷重要的构造转换时期，应力由单纯的伸展环境转变为伸展－走滑叠加的环境，在盆地内部形成了多个扭张构造带，扭张构造具有明显的继承性特点，是在早期伸展断裂体系之上发育起来的，大型铲式正断裂上盘滚动背斜、边界断裂、斜坡区等是扭张构造活跃的场所。

三、扭张构造演化史定量恢复

1. 构造变形面积－深度法

由于扭张构造断距小、构造活动性复杂，单纯的定性分析构造演化史不能满足精细化研究的需求，因此提出利用构造变形面积－深度法定量化研究扭张构造的活动演化史（图3－4）。

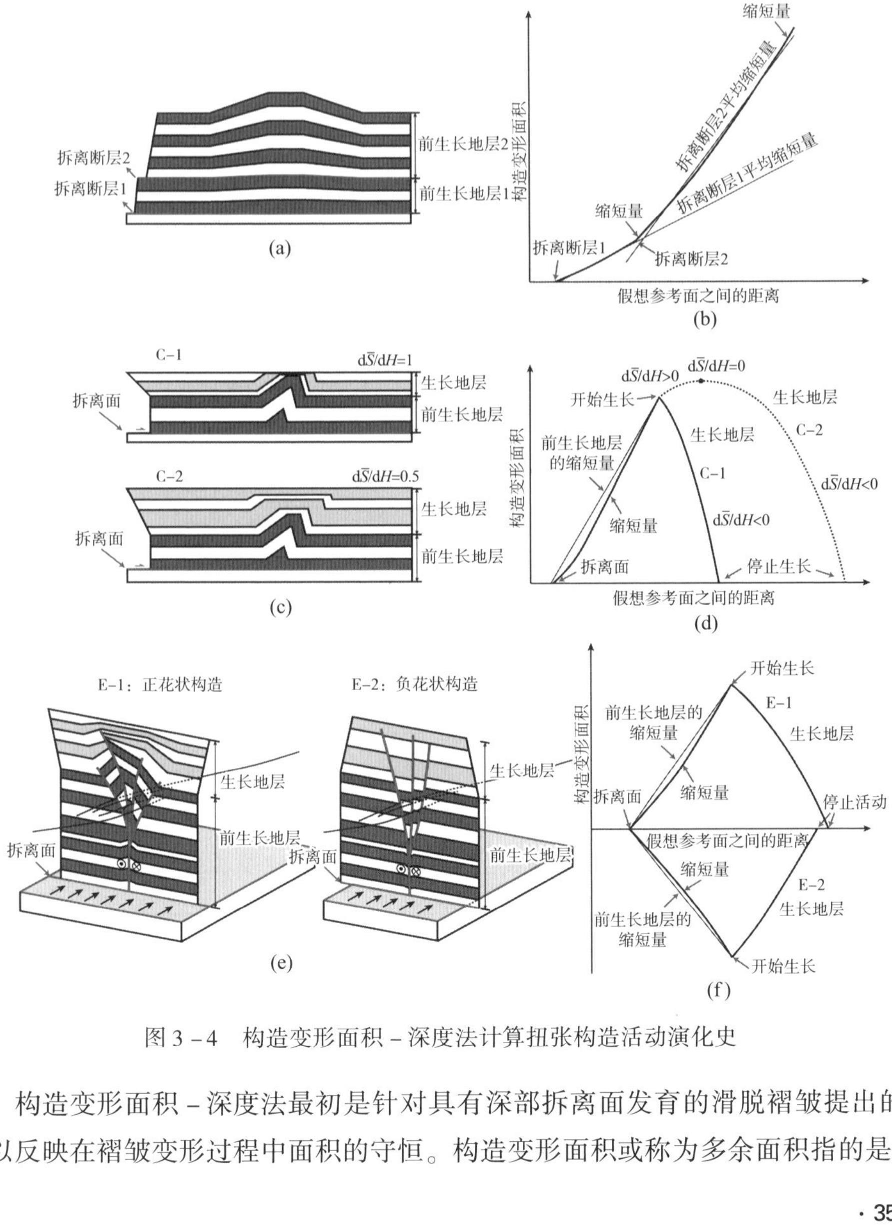

图3－4　构造变形面积－深度法计算扭张构造活动演化史

构造变形面积－深度法最初是针对具有深部拆离面发育的滑脱褶皱提出的，用以反映在褶皱变形过程中面积的守恒。构造变形面积或称为多余面积指的是地层初始沉积假想面之上的变形面积。该变形面积与距离深部拆离面或假想参考面之间的距离 H 之间呈比例关系。缩短量 S 进而可以利用变形面积除以距离拆离面的距离计算。

变形面积－深度法的优势是可以在曲线上定量化地区分前生长地层和生长地层，从而克服了定性判断构造活动史的不足。构建的关系图上，前生长地层与距离拆离面的深度之间存在线性关系，构建曲线的斜坡代表前生长地层的缩短量。如果多条拆离断层或参考面存在，那么缩短量会随着距离拆离面距离的不同而出现规律性的变化。

在生长地层中，构造变形面积－深度曲线呈现出逐渐降低的趋势，地层缩短速率与沉积速率的比值控制了生长地层在曲线上的形态；如果地层的缩短速率大于沉积速率，在曲线模型上表现为较剧烈降低的曲线形态，相对应地，如果地层的缩短速率小于沉积速率，那么构造变形面积－深度曲线会呈现出先升高、后降低的趋势。在生长地层结束变形时，曲线变为零。

通过对扭张构造的分析可以发现，这些扭张构造有的是在滚动背斜背景上发育起来的，有的则是在斜坡背景上发育起来的，这些构造共同的特点是具有长期的发育活动史，显示了对地层的沉积具有控制作用，因此可以利用该方法详细分析扭张构造的活动演化史。

2. 典型扭张构造带活动史定量评价

1）滨南－利津扭张构造带活动史

利用地震剖面精细测量，针对滨南－利津扭张构造带演化史进行了研究，地震剖面上显示，该扭张构造带具有明显的垂向分层现象（图 3－5）。T7 反射层上下，地震同相轴较均一，均发生变形为典型的前生长地层。在 T4 反射层之下，为一背斜，受边界铲式断裂控制，背斜自深部向浅部逐渐开阔，褶皱两翼倾角逐渐变小，显示为翼部旋转造成的生长地层。T4 反射层上下，地层变形基本停止。自 T3 反射层之上至 T1 反射层上部，扭张构造发育，地层具有微弱变形，呈小型背斜，受断裂控制，形成包心菜式构造，尤其是在 T1 反射界面附近，自下而上翼部地层倾角发生明显变化，显示为翼部旋转的生长地层，表明构造活动又一次开始控制沉积。

构造变形面积－深度剖面上，滨南－利津扭张构造带至少存在三期生长阶段，分别为沙四末－沙三中、沙二－馆陶早期、馆陶晚期－明化镇早期，扭张活动发生在第二、三期；沙三中－沙三晚期存在一次活动间歇期，与扭张构造分层相符；沙四末－沙三中活动期构造变形/沉积速率比值更大(图3－6)。

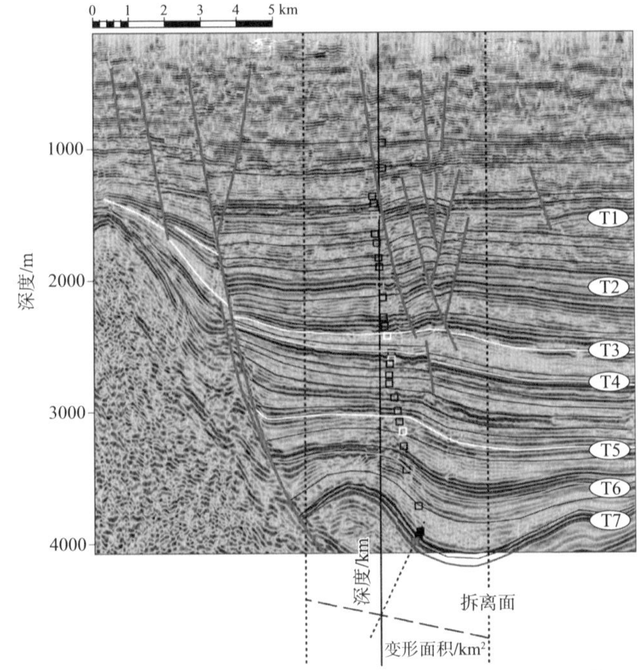

图3－5　滨南－利津扭张构造带构造变形面积－深度法测量地震剖面

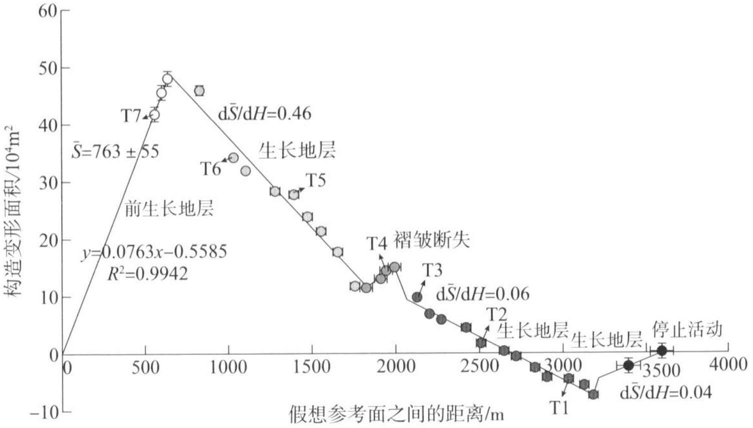

图3－6　滨南－利津扭张构造带构造变形面积－深度关系曲线

2)八面河扭张构造带活动史

针对八面河扭张构造带同样进行了构造变形史定量分析，从地震剖面上可以看出，八面河扭张构造带为一典型的半花状构造，地层变形明显，整体呈一小型背斜，受断裂切割，形成复杂的断裂、地层关系(图3－7)。T6界面之上，地层呈现明显的顶部稍薄、翼部加厚，翼部地层产状变化的特点，尤其是T1反射界面之上，显示出明显的生长地层特征。

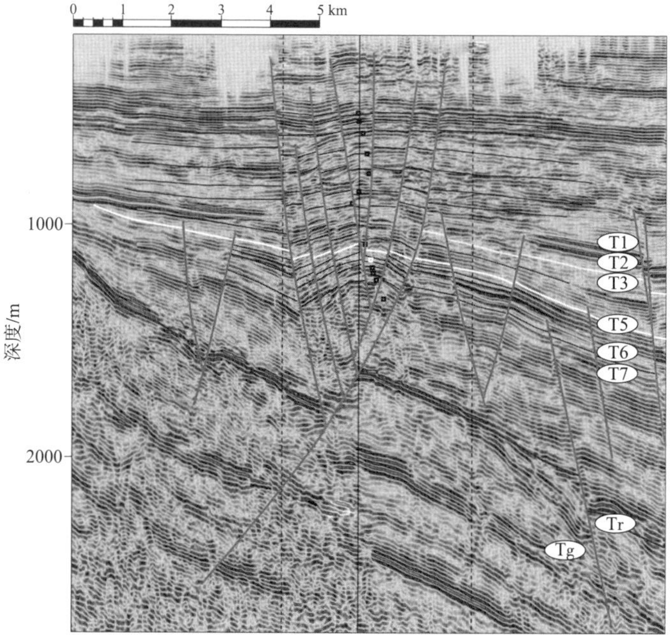

图3－7　八面河扭张构造带构造变形面积－深度法测量地震剖面

在构造变形面积－深度剖面上，可以发现该扭张构造带至少存在两期生长活动阶段，分别为沙三－馆陶早期、馆陶晚期－明化镇期，沙三－馆陶早期构造变形/沉积速率比值更大；与滨南－利津扭张构造带对比，活动性稍弱(图3－8)。

3. 扭张构造带活动强度变化规律

1)滨南－利津构造带活动强度

利用变形面积－深度法对滨南－利津扭张构造带不同位置伸缩量进行了测算，计算剖面共6条(图3－9，自东向西包括剖面1、5、7、9、11、12)。

计算结果表明，T4－T6反射层位缩短率较大，最高T6层位的可达12%，进入断拗转换期，T2开始滨南－利津断裂中部即进入弱伸展，两侧仍未弱挤压，T1时期该扭张构造带整体转变为弱伸展，说明进入扭动、张裂阶段，整体看该构造带展现出断拗转换期自北东向南西变形率增大的特征，并且中部扭张作用最强，这与构造剖面中观测到的中部花状构造更发育的特征吻合(图3－10)。这一结果说明，在同一扭张构造带不同位置，构造活动的强度有所差异。

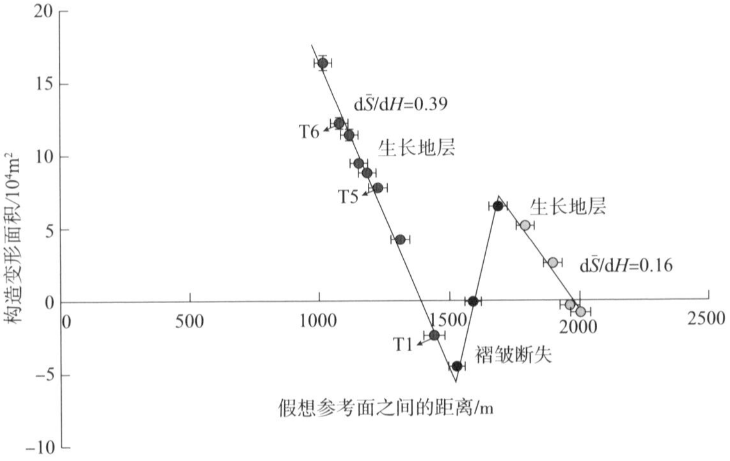

图 3－8　八面河扭张构造带构造变形面积－深度关系曲线

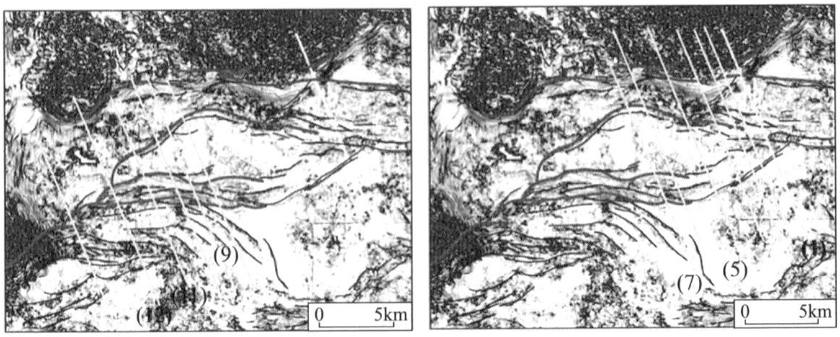

图 3－9　滨南－利津扭张构造带伸缩量计算剖面

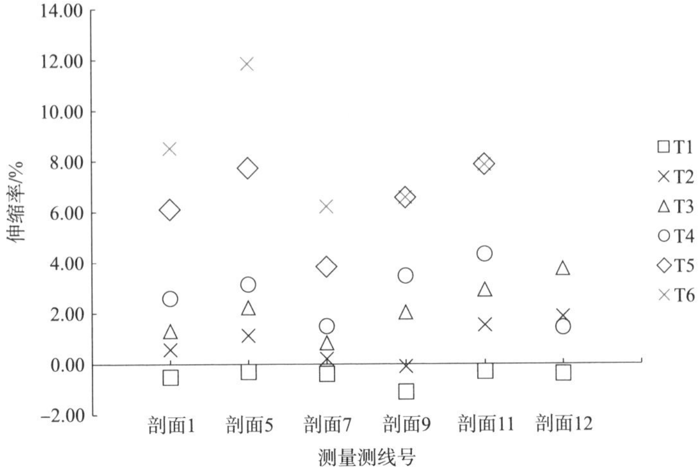

图 3－10　滨南－利津扭张构造带不同位置伸缩率计算结果

2）东营凹陷不同扭张构造带活动强度对比

利用构造变形面积－深度法分别对东营凹陷北部滨南－利津、郝现扭张构造带以及南部的金家和王家岗扭张构造带进行了计算，计算层位为T1－T7，结果表明，北部的滨南－利津、郝现扭张构造带在浅部的扭张构造及深部的压扭构造发育强度比南部金家、王家岗的更强（图3－11）。由于郝现扭张构造带正处于东营凹陷中央，在伸缩率上表现为长期弱伸展的特点。南部的金家、王家岗扭张构造带长期处于扭动－弱伸展的环境，在断拗转换期扭动作用稍稍增强。这一特点表明，东营凹陷北部的扭张作用更强，形成明显的剖面花状、半花状构造，而在南部则表现为弱扭张的雁列状断裂。

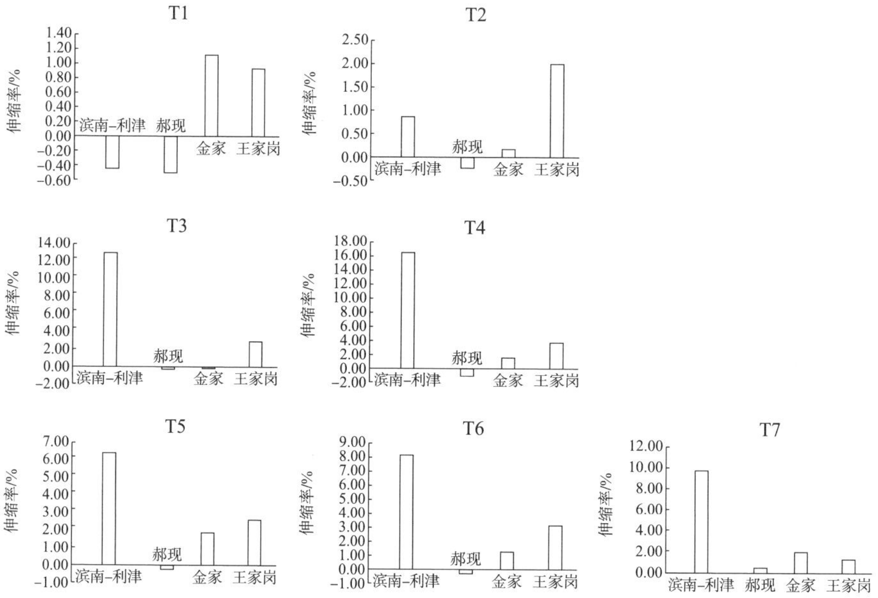

图3－11　东营凹陷各个扭张构造带不同层位伸缩率

第三节　构造演化过程重塑

一、主干剖面演化特征

中生界（J－K）沉积前（晚三叠），东营凹陷遭受挤压，发育逆断层，陈南断层逆冲并在上盘剥蚀古生界；东营凹陷此时期挤压缩短量约为1.5km。中生界（J－K）沉积时，陈南断层、石村断层正断控盆，伸展量约为4.8km（图3－12）。

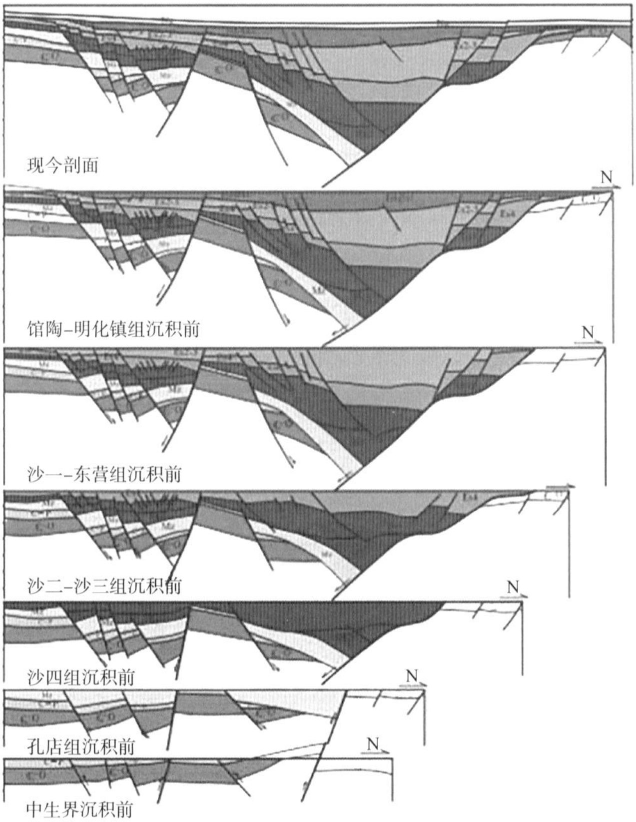

图 3-12　东营凹陷 593 剖面(过凹陷南北向剖面)平衡恢复

孔店组沉积时，陈南断层是控凹断层，上盘发育沉积中心，发育强烈断陷，伸展量约为 12.1km；沙四段沉积时，构造变形继承性发育，伸展量约为 5.9km，但石村断层活动减弱；沙二-沙三段沉积时，伸展构造变形减弱，伸展量约为 5.9km，但地层沉积较厚；沙一段-东营组沉积时，伸展构造变形继续减弱，陈南断层、石村断层活动基本停止，伸展量约为 1.0km。东营末期，东营凹陷发育挤压构造，南部斜坡发生剥蚀。馆陶-明化镇组沉积时，断层活动基本停止，东营凹陷均匀沉降，伸展量仅为 0.4km。

统计东营凹陷 SN 向骨干剖面在各时期的累计伸展量发现，伸展活动主要发生在 E*k* 时期，且以 Ek_1 伸展率最大；E*k* 期继承 Mz 末期构造活动并强烈伸展断陷，Es_4期以后的伸展活动则逐渐减弱(图 3-13)。

统计东营凹陷的陈南、石村、高青-平南等主要控洼断层活动速率发现：①中生代断层活动速率普遍偏低，这是由于中生代断层发生过构造反转且历时长造成的。②断层活动速率有 Ek_2 期和 Es_{4-2} 两个高峰期，前者继承晚中生代断层活动规律，发生强烈断陷；后者属于构造变革后断层活动高峰期(图 3－14)。

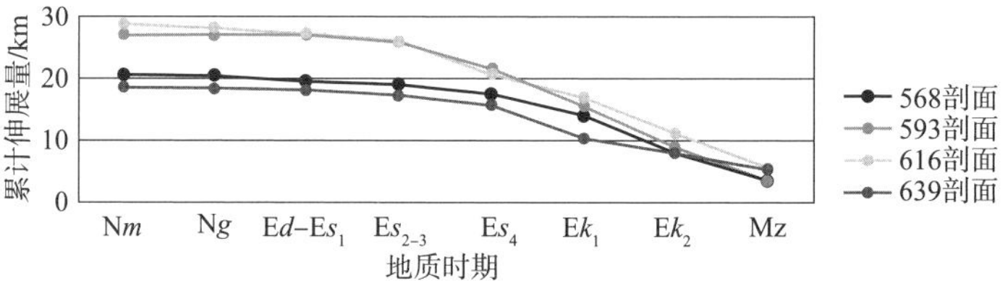

图 3－13　东营凹陷内南北向剖面累计伸展量

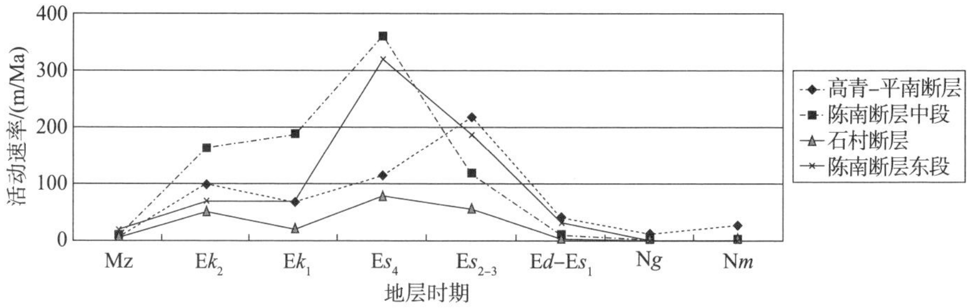

图 3－14　东营凹陷内主要断层的活动速率

二、构造迁移规律

东营凹陷新生代伸展方向、断层活动发育明显的构造迁移现象。统计东营凹陷 T2(670 条)、T6(607 条)、T7(748 条)反射层断裂分布图上的断层走向发现，$Ek - Es_4$ 时期的伸展方向为近 SN 向，Es_{2-3} 时期的伸展方向为 NW－SE 向(图 3－15)。

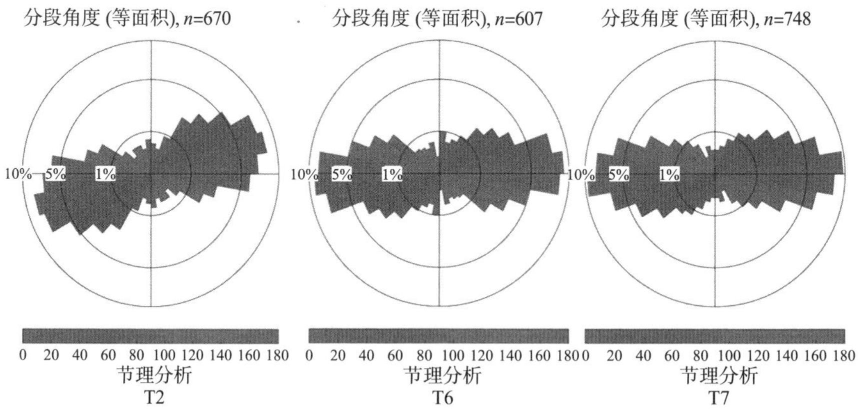

图 3－15　东营凹陷断层走向玫瑰花图

陈南断层在平面上自西向东划分为 NE 段、近 EW 段、NW 段，在剖面上控制晚中生代以来地层沉积，发生明显构造迁移现象：晚中生代，研究区 NE 向伸展，陈南断层以 NW 段活动为主，东部 639 剖面处的断层落差最大；Es_4-Ek 时期，研究区由 NW 向伸展转变为近 SN 向伸展，陈南断层以近 EW 段活动为主，中部 616 剖面处的断层落差最大；Es_3-Ed 时期，研究区 NW 向伸展，陈南断层以 NE 段活动为主，西部的 593 剖面处断层落差最大(图 3－16)。

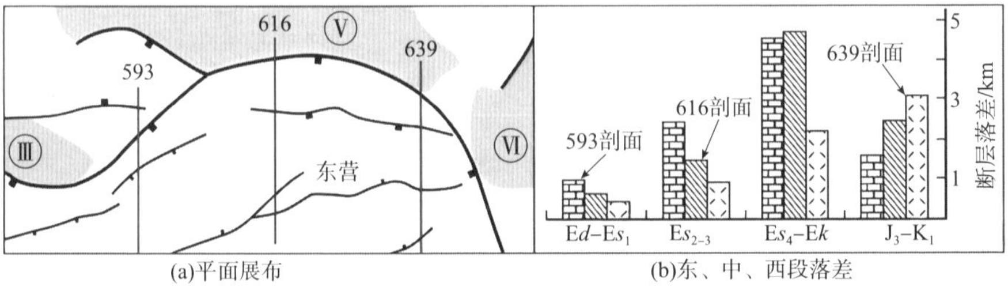

图 3－16　陈南断层自东向西构造迁移

三、断裂生长过程分析

国内外大量研究通过基于覆盖区地震资料、地表露头资料的构造解析表明，长期演化的裂陷盆地内断层普遍存在生长连接过程，一条较大断裂往往由多个小断层横向扩展连接而成。因此，盆内长期发育的高级序断裂在萌发形成、生长连接、分散消亡的不同阶段，通常表现出不同的几何形态和位移分布，并造成了不同时期盆地结构和沉积充填的差异，同时还控制了含油气系统的时空展布。因此，断层生长过程研究对于深入认识裂陷盆地结构、构造演化、沉积演化以及油气成藏具有重要意义。

1. 断裂生长连接内涵及模式

基于大量覆盖区地震资料、地表露头资料的构造解析表明，长期演化的裂陷盆地内断层普遍存在生长连接过程，一条较大断裂往往由多个小断层横向扩展连接而成。因此，盆内长期发育的高级序断裂在不同演化时期通常表现出不同的几何形态和位移分布，并造成了不同时期盆地结构和沉积充填的差异性，同时还控制了含油气系统的时空展布。因此，断层生长连接研究对于深入认识裂陷盆地结构、构造演化、沉积演化以及油气成藏具有重要意义。

2. 断层生长模式

Peacock 和 Sanderson(1991)通过对英国萨默塞特郡基尔夫地区出露良好的断

裂带位移－距离剖面研究，将断层生长模式划分为以下四个阶段(图3－17)。

第一阶段：孤立断层分段未重叠或相互作用，断层总位移在错开位置为零；第二阶段：断层分段相互作用，并通过转换斜坡传递位移，断层总位移在错开位置降低；第三阶段：转换斜坡开始被连接断层破坏；第四阶段：分段断层由切断转换斜坡的断层连接起来，连接部位由于发育正向牵引造成位移量降低。

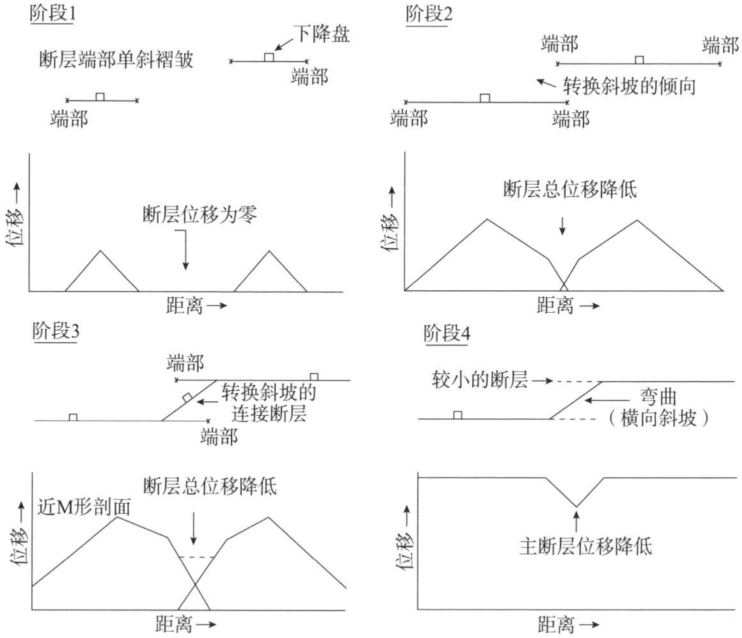

图3－17　错开正断层演化阶段及位移距离剖面(据Peacock和Sanderson，1991年修改)

Cartwright等(1995)将断层生长模式归纳为两大类：①径向扩展生长模式；②分段连接生长模式(图3－18)。通过对比两类模式的位移－距离剖面和最大位移/断层长度对数图发现，断层在径向扩展生长模式中遵循线性和可预测的路径[图3－18(a)]；而分段连接生长模式则遵循阶梯形、不可预测的路径，即随着断层位移量增大，若断层在转换斜坡部位连接，断层长度突然增大，此时断层D_{max}/L表现为横向跃迁；若断层长度不变，只发生位移量增大，那么D_{max}/L则表现为纵向跃迁[图3－18(b)]。

Walsh等(2003)通过分析地震数据和断层长度关系注意到，已有的断层生长模式无法解释震后断层的高位移长度比，于是提出了一种新的断层生长模式，该模式强调先存断裂的控制作用，并划分为三个阶段：①初始成核快速扩展阶段，断层沿先存断裂成核并快速扩展，而位移增大相对缓慢；②断层长度建立阶段，随着断层间相互作用，横向扩展停止，断层位移以近于恒定的速率增大；③无扩展位移积累阶段，断层保持恒定长度，同时位移增大。此后，又从三维视图角度提出了断层组两端元生长模式，即孤立断层模式(Isolated Fault Model)和相干断层模式(Cohesive Fault Model)。二者区别在于断层组的初始状态，前者的初始处于孤立分隔状态，在空间和力学上均与最终断层组无关；而后者在初始状态下就是空间和力学相关的断层组。

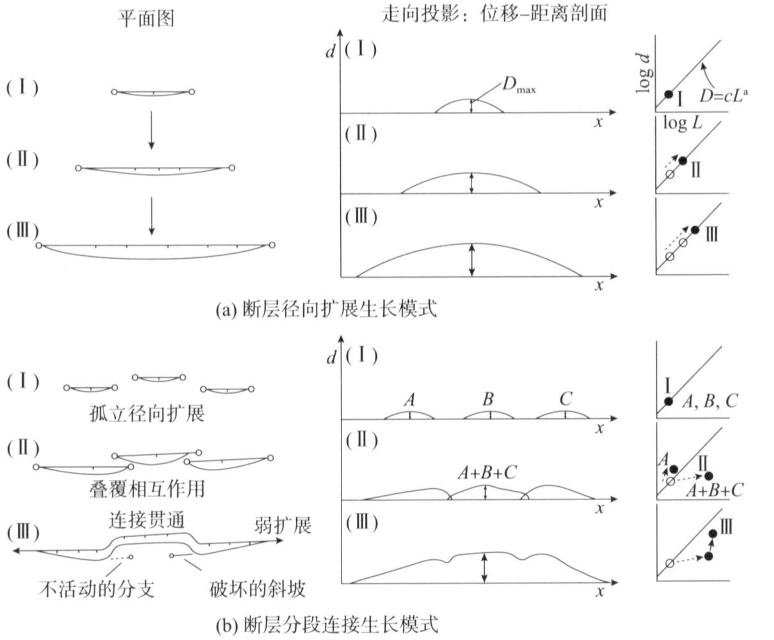

图 3-18　断层径向生长模式与分段连接模式对比(据 Cartwright 等，1995 年修改)

Kim 等(2005)根据 D_{max}/L 的变化特点将断层生长模式归纳为以下四类(图 3-19)：①恒定 D_{max}/L 比率模式，即断层生长过程中 D_{max}/L 值保持不变；②增长 D_{max}/L 比率模式，即随着断层生长 D_{max}/L 值增大；③恒定断层长度模式，由于先存断裂的影响，断层长度在断层生长早期快速增大到恒定值，后期断层长度不变，只发生位移量积累；④断层连接模式，分段断层在早期孤立生长，然后相互连接导致断层长度增大，此后断层可以任何一种模式生长。

从上述不同学者提出的断层生长连接模式可以看出，早期的断层生长连接模式趋于理想化，未充分考虑先存构造引起的力学非均质性对断层生长连接过程的影响。然而，大量的裂陷盆地发育复杂的基底先存构造，先存断裂的复活可能导致断裂在演化早期快速生长连接，而在演化晚期断层长度几乎不变。与单期伸展机制下的断层群相比，受控于先存断裂和变化应力机制的断层群特征及位移演化存在着明显差异。此外，盆地基底中的先存剪切带同样也可以影响正断层的生长及几何形态。因此，在具体分析断层生长连接过程及其对盆地(凹陷)演化影响时，应尽可能地充分考虑先存构造和区域应力场演化的影响。

3. 断层生长连接的定量分析方法及识别标志

1)位移－距离剖面(Displacement－Distance Profile)

理想的断面近于椭圆形，断层位移沿断层面存在变化，如果断层不存在横向或垂向的限制，断层位移量在其中点处达到最大值(D_{max})，向两端逐渐降低为0[图3－19(a)]。由于在分段孤立断层生长连接的初始阶段，连接部位的位移量为0；软连接过程中转换斜坡叠覆位置总位移降低，并表现为谷值；硬连接阶段，断层连接部位的总位移可能依然为相对低值[图3－19(b)]，而随着断层位移迁移和累计，连接部位的总位移也可能转变为峰值[图3－19(d)]。因此，断层位移－距离剖面被广泛用于辨别断层分段位置，进而研究断层生长过程中的长度和位移量变化。此外，也有学者采用断层生长(活动)速率－距离剖面(Grow Rate－Distance Profile)研究断层的生长连接过程，该方法实际为断层位移－距离剖面的一种变换形式，在原理上并无本质差别，故不再赘述。

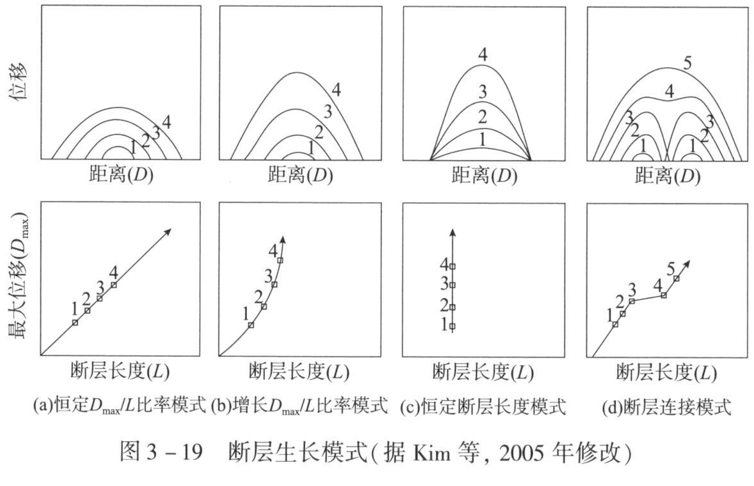

图3－19　断层生长模式(据Kim等，2005年修改)

需要注意的是，尽管断层位移－距离剖面为研究断层生长连接提供了有效的量化分析方法，但是该方法基于一个关键假设：断层位移－距离剖面的谷值反映断层连接位置，且该连接位置发生了断层的叠覆、软连接及硬连接过程。这一假设最直接的几何学证据就是断层在连接部位具有明显构造行迹的走向变化或位错。当缺乏断层构造行迹证据时，最低位移点的实际意义须慎重考虑，应尽可能采用地层学信息(如地层厚度变化、地层结构与分布)、断层几何学信息(如主断面倾角)进行约束。

2)最大位移/断层长度图(D_{max}/L)

对于生长断层，通过断层位移－距离剖面可推断不同演化时期分段断层的长度，将不同时期断层长度和相应最大位移投于 D_{max}/L 图中，可推测断层生长模式及演化阶段(图 3－18、图 3－19)。Walsh 等(2002)将断层位移与断层长度的关系归纳如下：

$$D_{max} = cL^n \quad (3-1)$$

式中，D_{max} 为断层最大位移，m；c 为比例系数，表征单位长度的位移，无量纲；L 为断层长度，m；n 的取值反映函数类型，当 $n \neq 1$ 时，反映断层位移与断层长度为尺度相关的几何关系，当 $n = 1$ 时，反映断层位移与断层长度呈线性关系。

3)识别标志

除了断层走向变化和最小位移外，断层生长连接与其分段断层控制的同生褶皱(或断层相关褶皱)的生长过程密切相关。断层连接部位最小位移量通常与断层相关褶皱和地层旋转有关，而断层相关褶皱和地层旋转一般位于转换斜坡处，与断层平行的褶皱的发育是对断层端部侧向和垂向扩展的响应，而与断层垂直的褶皱的发育则是对断层走向位移变化的响应(图 3－20)，因此发育于大型分段断层附近的断层相关褶皱常用于识别断层分段和连接部位。

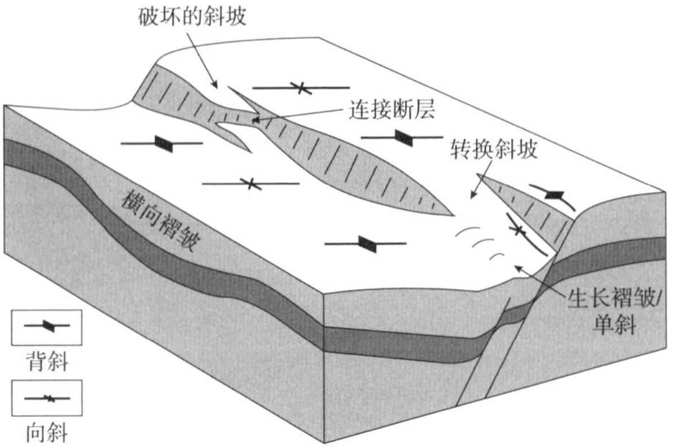

图 3－20　用于识别断层生长连接的断层相关褶皱模式(据 Walsh 等，2002 年修改)

4. 边界断裂的生长连接对盆地演化的影响

裂陷盆地的形成受控于大型连接正断层组的演化，而盆地边界断裂的累计位移空间分布决定了裂陷早期盆地沉积中心的形状和大小。换言之，边界断裂的生长连接过程是控制盆地演化的主要因素之一，因此明确边界断裂生长连接过程对于裂陷盆地的构造演化研究至关重要。Schlische(1995)基于对北美东部的 Newark 伸展盆地边界断裂与地层生长的关系研究，认为随着边界断裂最大位移的积累，盆地的深度、宽度和长度均随时间增长而增大，具体表现为同裂陷期的地层单元横向上超于基底岩层之上。Morley(1999)将盆地形成过程中边界断裂扩展模式归纳为简单横向扩展型、不对称横向扩展型以及双断层连接型(图 3－21)。

简单横向扩展模式中，沉积中心位置基本不发生变化，沉积范围随断层生长渐进式扩展[图 3－21(a)]；双断层连接模式中，早期孤立断层控制的双沉积中心随断层连接合并为单沉积中心[图 3－21(b)]；不对称横向扩展模式中，沉积中心向断层扩展一侧迁移，沉积范围亦随之扩大[图 3－21(c)]，可见不同边界断裂生长模式下盆地充填的几何形态截然不同。值得注意的是，边界断裂的横向扩展并非总与盆地沉积同步，盆地边界长度可能在演化早期已固定，而后期沉积中心迁移表现为位置突然变化。

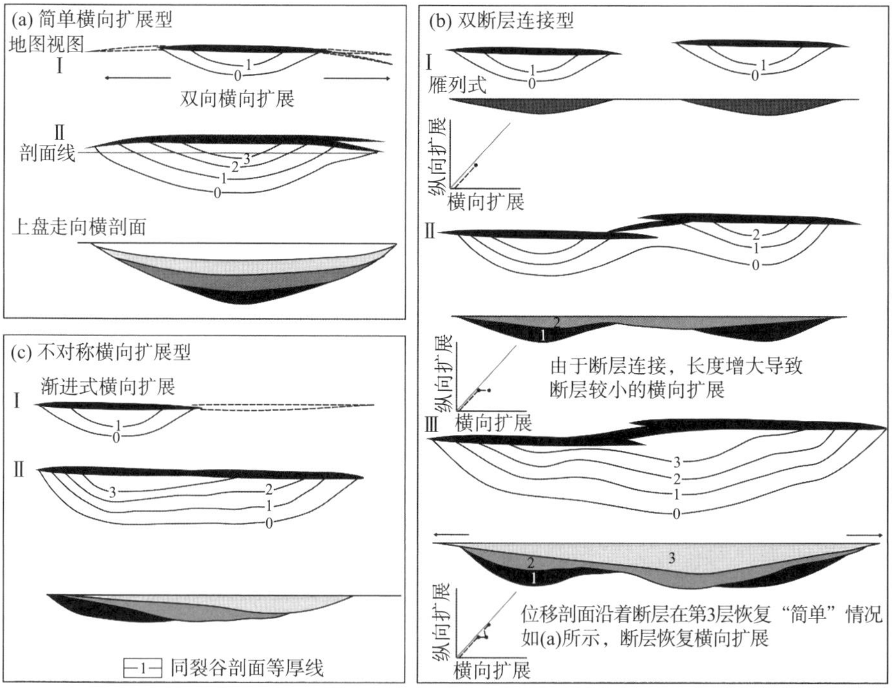

图 3－21　盆地形成过程中边界断裂扩展模式及盆地几何学(据 Morley，1999 年修改)

对于先存构造不发育的相对脆性均质层而言，在理想的分段断层生长连接模式中[图3－22(a)]，沉积中心通常位于每个分段断层的中部落差最大的位置。但是转换斜坡构造变形过程还与先存构造密切相关，当转换斜坡发育斜向先存构造时，先存断裂在早期复活并调节两条主断层间的构造形变，这种情况下沉积中心位于斜坡部位附近[图3－22(b)]，并同时受控于分段断层和连接断层。可见，先存构造是研究断裂生长连接对盆地演化影响需要考虑的重要因素。

断层生长连接模式显示，分段型边界断裂往往由较小的断层生长连接形成，而边界断裂的生长连接过程不仅控制同裂陷期盆内沉积充填的几何形态和沉积相展布，还会对含油气系统的范围、油气藏分布以及油气运聚过程产生重要影响，可见深入认识盆地(凹陷)边界断裂生长连接过程对于盆地(凹陷)演化及油气成藏研究均具有重要意义。

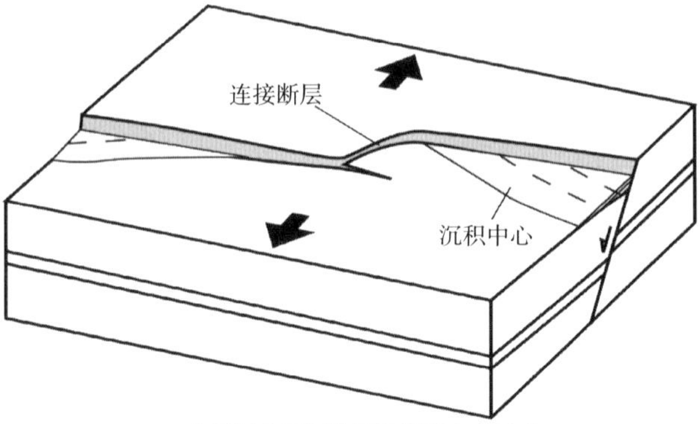

(a)均质层中断层扩展及沉积中心展布

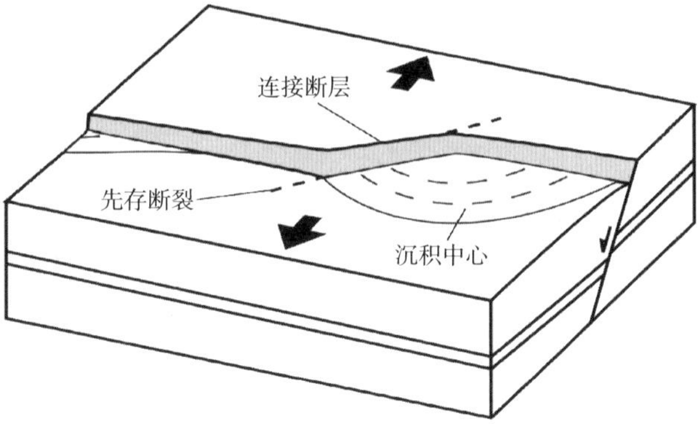

(b)非均质层中断层扩展及沉积中心展布

图3－22 均质和非均质层中断层扩展及沉积中心展布

5. 高青－平南断裂分段性及生长连接过程

高青－平南断层发育于渤海湾盆地济阳坳陷中南部，构造上介于东营凹陷与惠民凹陷过渡部位[图3－23(a)]。断层总长度约60km，平面形态近“S”形，走向曲折变化，最大断距达3200m。断层上盘发育博兴洼陷和花沟洼陷，下盘发育青城凸起、平方王－平南潜山、里泽镇洼陷[图3－23(b)]，是东营凹陷西部重要的边界断裂。受印支运动、燕山运动、古近纪断层翘倾抬升以及东营运动影响，断层的下盘遭受了不同程度的抬升剥蚀。以青城凸起为例，其剥蚀厚度由南向北递减，在凸起南部中生界直接与馆陶组呈角度不整合接触，青城凸起北部斜坡带地层沿倾向由老向新依次被削截，与上覆的馆陶组呈角度不整合接触[图3－23(d)]。目前，沿高青－平南断层已探明高青、平南、平方王、小营等多个油田以及花沟气田，涉及古生界、中生界、新生界多套含油气层系，累计石油地质储量8.285×10^{7}t，天然气地质储量4.513×10^{9}m^3。

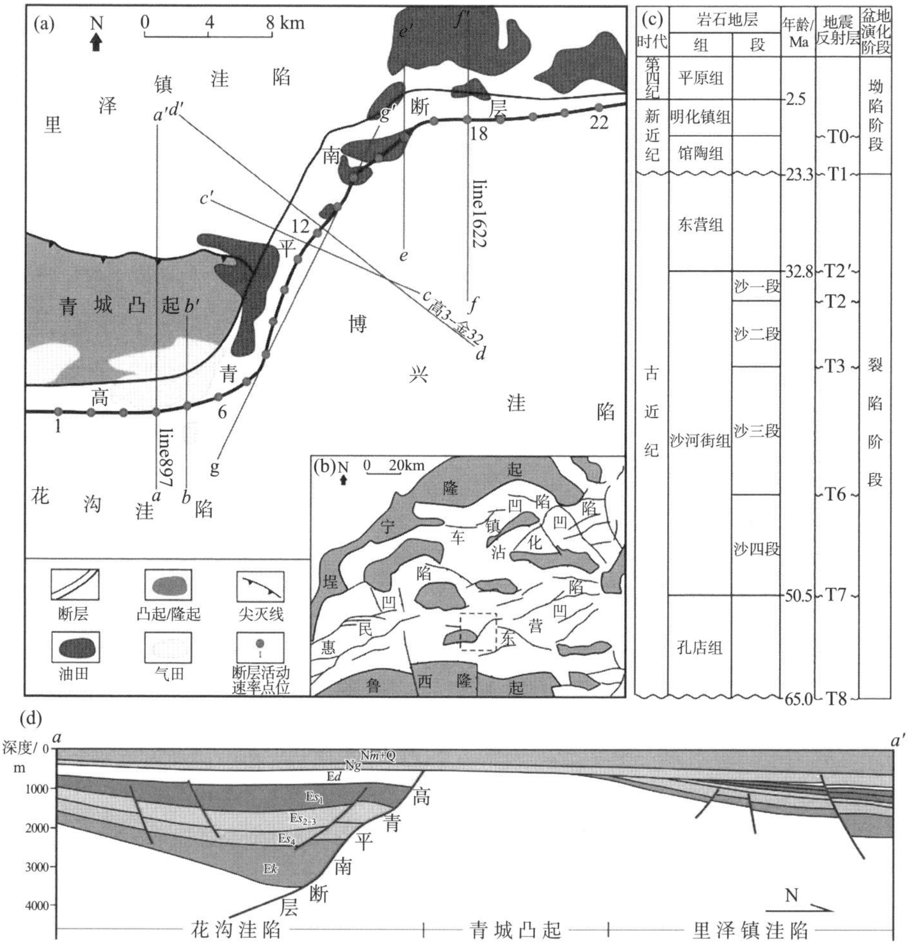

图3－23 高青－平南断裂区域构造位置

1)断裂发育特征

高青－平南断裂及周围区域主要发育 NEE、NE、NWW 三组走向的次级断层，反射层由下至上(图 3－24)，NE、NEE 向次级断层明显增多，这说明研究区古近纪期间优势伸展方向可能主要为(N)NW－(S)SE 向。三维地震相干体时间切片显示，在最深的 2250ms 时间切片上，红色辅助线(推测高青段延伸方位)两侧的地震相干性存在明显差异，而在 1750ms 时间切片以上，辅助线两侧的相干性差异趋于消失。这说明高青段在基底可能存在 NNE 向延伸，而花沟段和平南段则受其限制并连接其上。此外，在下降盘可以看出辅助线两侧的次级断层走向存在突变，走向明显向主断层偏转，这可能与基底构造对局部应力场的偏转有关。尽管地震相干体属性所反映高青段基底延伸趋势与反映区域走滑特征的重力异常、航磁异常线性条带走向一致，但近 EW 走向的花沟段和平南段显然不受其控制。

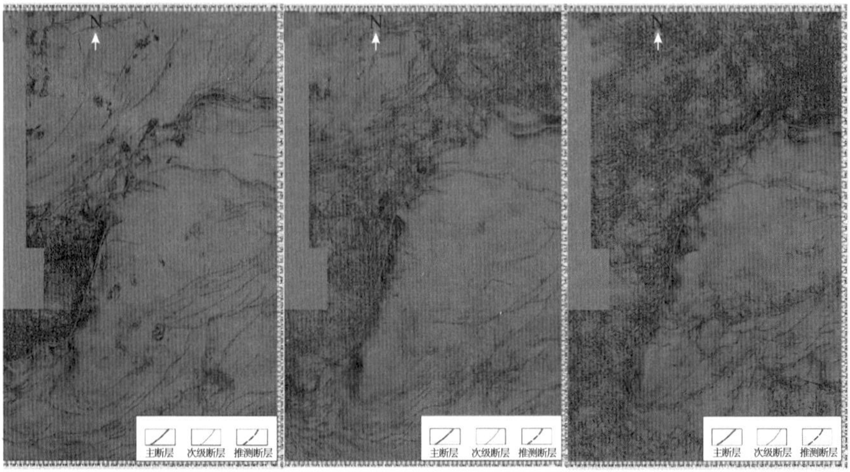

(a) t=1250ms　(b) t=1750ms　(c) t=2250ms

图 3－24　高青－平南断裂及周围区域相干体等时切片及断层解释

不同分段的构造样式存在明显区别(图 3－25)。花沟段南部洼陷中发育规模不一的 NEE 或近 EW 向次级断层，平面组合可见平行式和斜交式；剖面上，主断面形态为铲式或坡坪式，断层组合发育“Y”字形、阶梯式、小型垒堑等。高青段具有二分性，平面上发育斜交式、羽状及帚状断层组合，其中高青南段(NNE 走向段)羽状断层组合由上、下盘 NEE 向次级正断层与主干断层组成，而高青南段(NE 走向段)帚状构造为一系列 NEE 向次级正断层收敛于主断层；剖面上，主断面形态呈铲式，高青南段发育“Y”字形和马尾状组合，而高青北段马尾状组合表现为一系列南倾的次级正断层以锐角交于主断面之上。平南段，平面上以斜交式断层组合为主；剖面上，主断面形态为铲式或坡坪式，可见"Y"字形和阶梯式断层组合。因此，从断层组合角度，同样可以辨别出断层具有明显分段性。

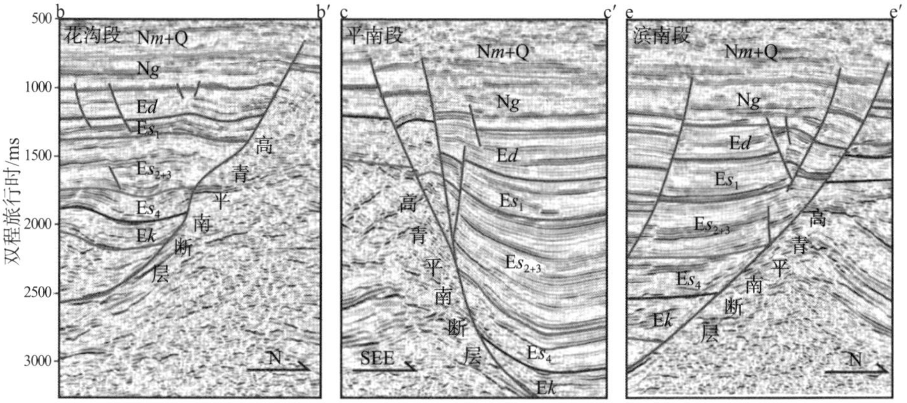

图 3-25　高青-平南断裂剖面构造样式

2)分段性及生长连接过程

倾角-距离图显示(图 3-26)，高青-平南断层各分段产状差异明显。花沟段(S_{HG})走向近 EW 向，断面最缓，倾角曲线具单峰特点，反映单一断层生长连接特征，海拔-2000m 处，断面倾角 34.63°~50.34°，海拔-3000m 处，断面倾角 27.84°~39.54°。高青段(S_{GQ})可进一步分为高青南段(S_{GQS})和高青北段(S_{GQN})，其中高青南段走向 NNE 向，断面最陡，倾角曲线具有单峰特点，对应羽状构造发育部位；海拔-2000m 处，断面倾角 59.66°~74.98°；海拔-3000m 处，断面倾角 43.92°~68.3°；高青北段走向 NE 向，倾角整体向 NE 向降低，曲线波动频繁，说明构造在此可能发生转变，对应帚状构造或马尾状构造发育部位，海拔-2000m 处，断面倾角 42.76°~65.15°；海拔-3000m 处，断面倾角 36.71°~50.05°。平南段(S_{PN})走向近 EW 向，倾角曲线具单峰特点，反映单一断层生长连接特征，海拔-2000m 处，断面倾角 36.08°~46.99°；海拔-3000m 处，断面倾角 19.2°~38.15°。

根据正断裂生长连接发育机理，制作了高青-平南断裂距离-落差剖面(图 3-27)，剖面清晰地反映出该断裂具有三个局部低值点，显示了该断裂可以分为花沟段(S_{HG})，高青南段(S_{GQS})，高青北段(S_{GQN})，平南段(S_{PN})，这与断面倾角变化可以很好地对应，显示了分段的合理性。

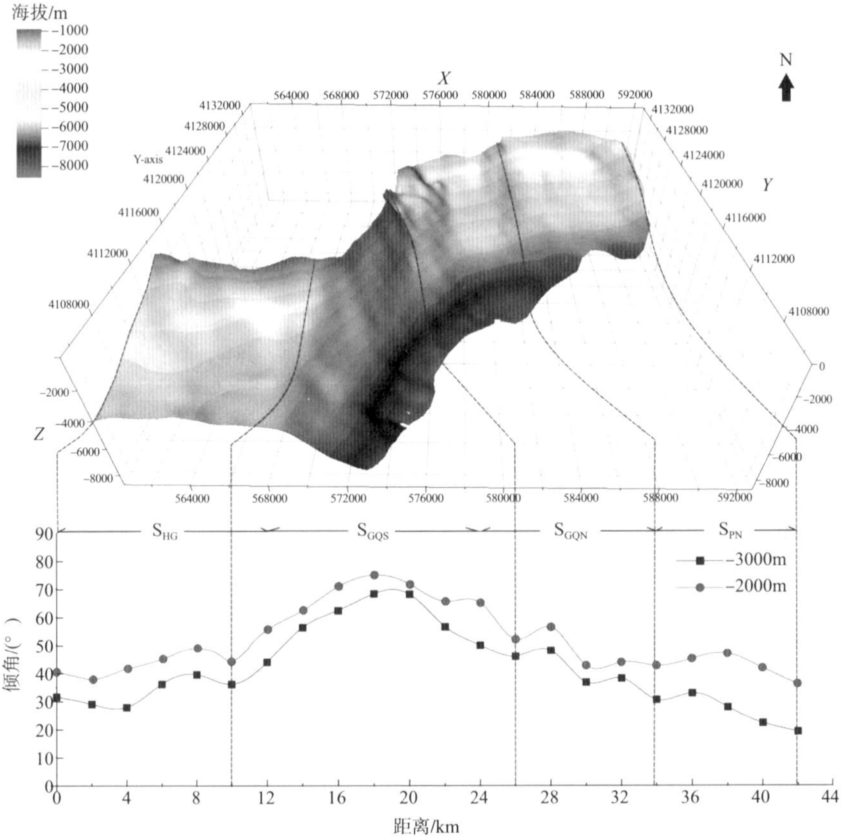

图 3-26　高青-平南断层新分段方案

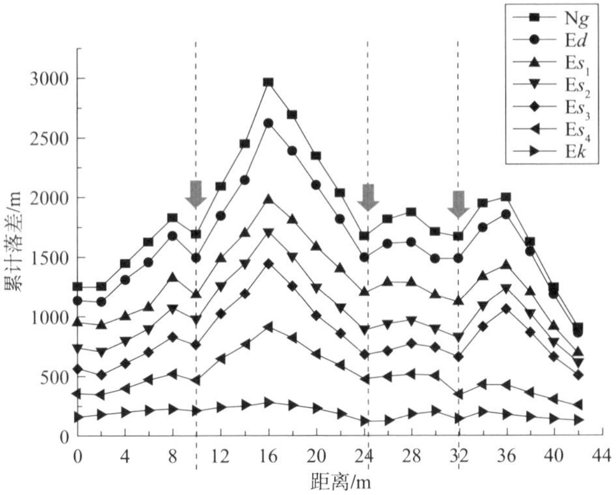

图 3-27　高青-平南断裂累计落差-距离剖面

通过三维地震精细构造解释，本研究在高青－平南断层上盘识别出若干规模不一、轴向近SN向的横向背斜，地震剖面上可见褶皱卷入地层为中生界－古近系(图3－28)。从切割关系来看，横向背斜被高青段所截切，因此褶皱形成时期应早于古近纪[图3－28(b)]。在古近系盖层中，横向背斜曲率向上逐渐降低，背斜转折端地层厚度小，向两翼地层厚度增大，具有同沉积背斜特征。此外，同走向的背斜在断层下盘的青城凸起之上亦有发现，卷入层系主要为侏罗系－下白垩统，但顶部多被剥蚀削截(李伟等，2019)。综合区域构造应力场、褶皱卷入层位、轴迹方向来看，这些近SN向横向背斜很可能形成于晚白垩世的NEE向挤压，而后在古近纪区域伸展背景下继承性发育。

根据盖层中横向背斜发育时期长短，将研究区继承性横向背斜分为长期发育型和晚期废弃型两类，前者在整个裂陷期持续发育，而后者仅发育于裂陷早期。长期发育型横向背斜平面上发育于花沟段东部与高青段之间，持续生长至东营期(红色透视区域)，古地貌上表现为鞍部，其中规模较大的横向背斜在整个古近纪都起到了分隔花沟洼陷和博兴洼陷的作用。晚期废弃型横向背斜平面上发育于平南段西部与高青段间，受横向背斜分隔影响，孔店期至沙四期(红色透视区域)，平南段南部在EW走向上发育两个早期次级洼陷；沙三期以后，东侧的早期洼陷废弃，早期的双沉积中心转换为断控型的单沉积中心。

继承性横向背斜生长除受基底褶皱规模及隆升幅度影响外，其演化过程主要与边界生长断层的分段活动性密切相关(Morley，2002)。当边界断层分段连接部位与分段断层活动性存在显著差异时，横向背斜长期发育，沉积中心始终被横向背斜分隔。自沙四期至东营期，高青段与花沟段连接部位始终与分段之间存在较大活动性差异，落差－距离剖面上表现为中等－大幅度波谷，横向背斜部位与博兴洼陷、花沟洼陷之间的沉积、沉降速率差异长期维持，故而花沟洼陷与博兴洼陷在整个古近纪期间始终处于分隔状态[图3－28(a)]。

当边界断层分段连接部位与分段断层活动性差异在裂陷早期快速降低或消失时，则发育晚期废弃型横向背斜，沉积中心合并或迁移。孔店期至沙四期，高青段与平南段与连接部位具有明显活动性差异，落差－距离剖面上表现为中等幅度波谷；而沙三期以后，波谷幅度快速降低，早期双洼陷模式转为晚期断控单洼陷模式，沉积、沉降中心迁移至具有高活动性的高青段一侧[图3－28(b)]。

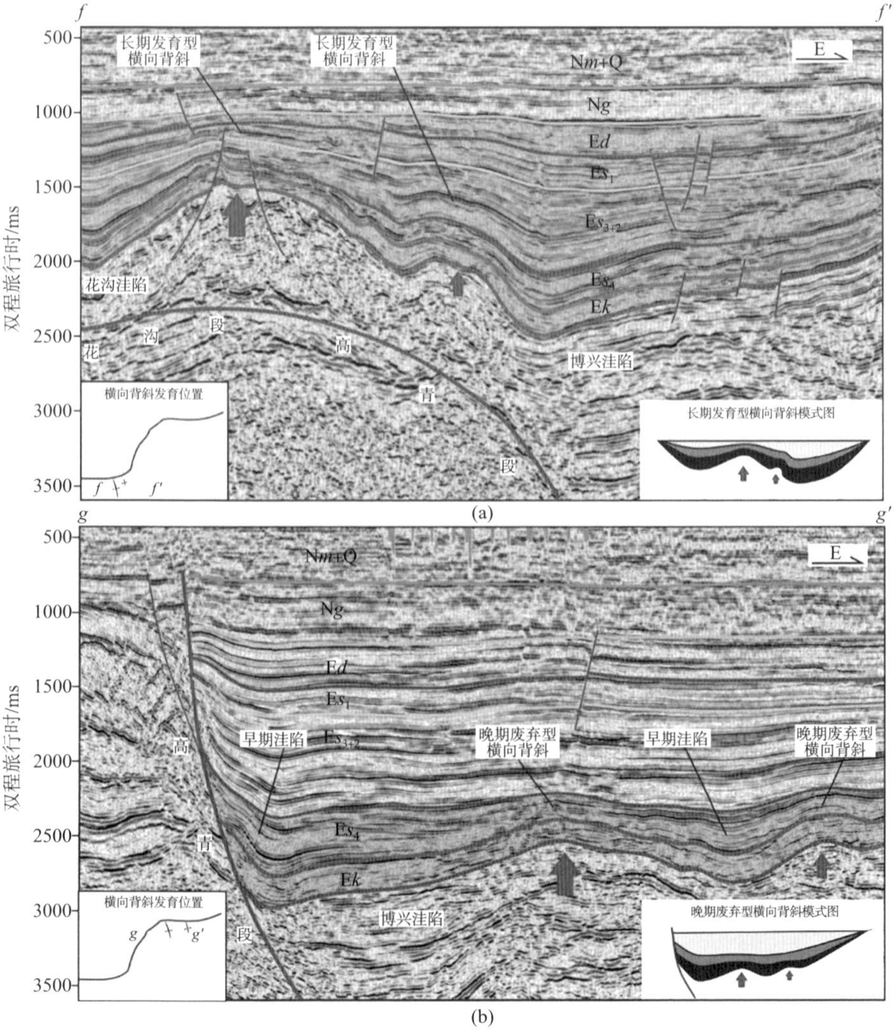

图 3－28　高青－平南断层上盘继承性横向背斜发育特征

由此可见，分段断层的活动性差异不仅控制了古近系继承性横向背斜的发育模式，还控制了博兴洼陷和花沟洼陷的结构，花沟段与高青段的活动性差异是导致博兴洼陷与花沟洼陷差异演化的根本原因。

众所周知，生长正断层上盘地层厚度由核部向两端逐渐减薄。对于分段断层，在断层生长连接早、中期（阶段Ⅰ～Ⅲ），随着断层侧向扩展，断层所控制的沉积范围不断扩展，不同断层分段的端部叠覆部位（转换斜坡）通常表现为较小的地层厚度。而当断层完成连接（阶段Ⅳ以后），叠覆部位被连接断层所切割，随断层继续生长，若不同分段断层与连接部位断层活动速率接近，那么不同分段控制的沉积厚度中心趋于接近甚至合并，地层厚度差异趋于减小；若不同分段断层活动速率始终明显高于叠覆部位的连接断层的，那么两侧的沉积中心则会被分隔，地层厚度差异得以延续。因此，边界断层上盘地层厚度演化与分段断层生长连接过程密切相关，同时可为断层分段方案提供沉积约束。由于研究区多数井未钻遇或钻穿孔店组，下文仅以沙四段－东营组的地层残余厚度图为例进行分析。

沙四段沉积期，高青－平南断层下降盘分布有花沟段、高青南段、高青北段、平南段四个独立的沉积中心，各沉积中心间均以厚度较低的鞍部所分隔，其中高青北段沉积厚度最大，在400m以上（滨173井附近）；而花沟段沉积厚度最小，厚度约175m（花15井附近）［图3－29(a)］。沙三段－沙二段沉积期，花沟段沉积中心东移，高青南段沉积中心北移并于北段连接，在樊11井处地层厚度达1400m以上；但此时高青北段与平南段之间仍存在分隔，这说明连接部位断层活动性存在差异；此外平南段沉积中心远离断层，这可能与东侧石村断层的活动有关［图3－29(b)］。沙一段、东营组沉积期，花沟段与高青南段之间依然存在鞍部分隔；而高青北段与平南段之间的分隔则已消失，沉积、沉降中心迁至高青北段一侧［图3－29(c)～(d)］。

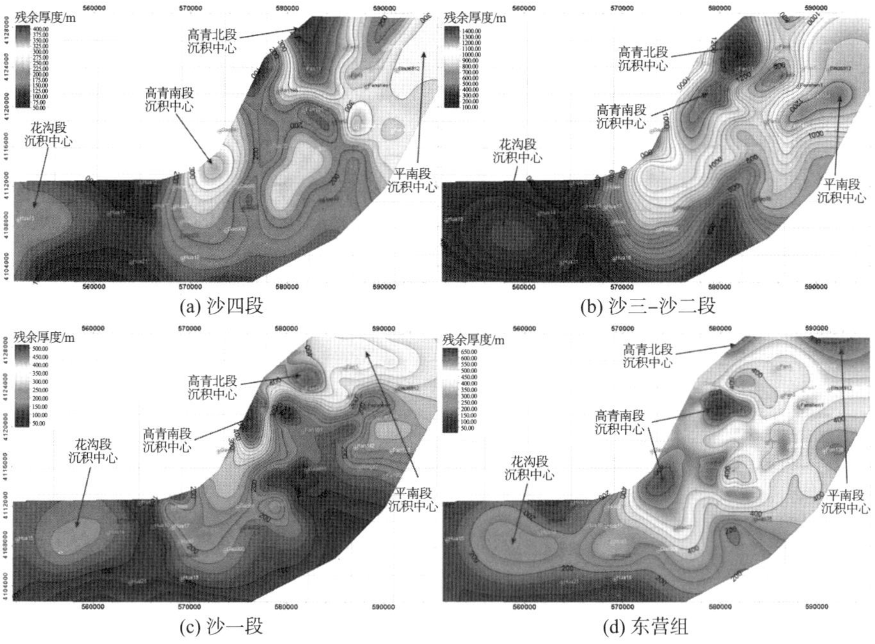

(a) 沙四段　(b) 沙三–沙二段

(c) 沙一段　(d) 东营组

图3－29　高青－平南断层上盘地层残余厚度图（沙四段－东营组）

综上所述，古近纪期间，高青－平南断层发育花沟段、高青南段、高青北段、平南段四个沉积中心，随着分段断层生长连接，花沟段与高青南段连接部位始终与两侧的洼陷存在明显沉积厚度差异，表现为厚度较薄的鞍部；而高青南段与高青北段之间、高青北段与平南段之间的鞍部沉积厚度差异则趋于减小至消失。可见残余地层厚度与断层倾角、落差－距离剖面所反映的断层分段性及生长连接过程是基本吻合的。

四、扭张构造生长－连接－离散全周期演化模式

通过对东营凹陷西部边界高青－平南断裂生长连接过程的分析发现，其形成经历了初始分段生长(图3－30阶段1～2)、分段生长扩大(图3－30阶段3)、分段连接(图3－30阶段4～5)、扭张离散(图3－30阶段6)四个阶段。

初始分段生长阶段：单一段平面规模小、断距小，各段之间距离远，没有明显的相互影响。

分段生长扩大阶段：单一段平面规模不断扩大，各段断距增大，段与段之间不断靠近，并出现转换斜坡，此时段与段之间并未连接。

分段连接阶段：单一段规模已经足够大，长度较长，各段之间通过发育新的连接断层而发生连接现象，表现在累计断距－距离曲线上为一条完整曲线。

扭张离散阶段：在下一期扭张作用发生时，在已生长－连接断层影响下会继续发育扭张构造，从而出现再次离散现象。根据东营凹陷构造样式识别结果，扭张构造可以分为雁列状、侧接式、帚状三种类型。在扭张离散阶段，这三种类型形成了三种不同的模式，在雁列状扭张构造发育区，新的分段断层出现，累计断距－距离曲线上表现为新的段叠加。在侧接式扭张构造发育区，累计断距－距离曲线表现为一条完整曲线，但新的分段处具有明显的断距减小。在帚状扭张构造发育区，累计断距－距离曲线仍为一条完整的曲线，受断层之间相互作用的影响，在分段区往往表现为断距增加，这也使得累计断距－距离曲线表现为断距增大的现象。

五、生长连接成因机制应力场数值模拟

断裂构造数值模拟的前提明确断裂空间展布特征、演化特征以及不同演化时期的区域应力场。针对不同阶段断裂生长连接应力模式、基底先存断裂的局部应力场偏转效应、盖层厚度与先存断裂扰动程度的关系以及先存断裂复活过程开展数值模拟研究，以期为后续解释断裂系统成因机制提供依据。

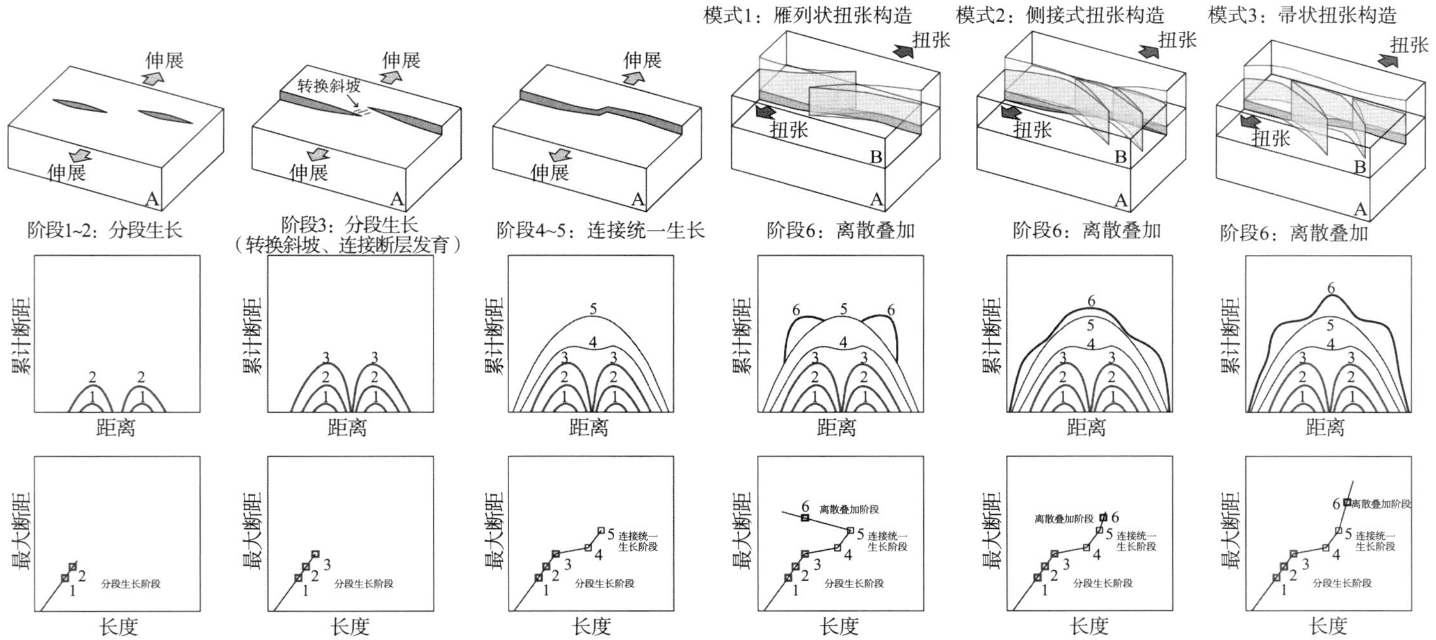

图3－30　扭张构造生长－连接－离散全周期演化模式

构造数值模拟的核心在于数值算法，目前构造模拟数值算法以基于变分法的有限元法(Finite Element Method)和基于泰勒展开的有限差分法(Finite Difference Element Method)应用最广泛。前者通过划分单元求解有限多个数值模拟真实环境中的无限个未知量，后者则将模型单元间的不平衡力分配至各节点之上，进行迭代运算直到各节点的唯一区域平衡或不平衡力足够小为止，二者在模型精度和解法精度上各有优劣。常见的有限元软件包括 ANSYS、ABAQUS、ADINA 等，常见的有限差分软件包括 FLAC 3D、EC、PFC 等。本文主要采用 ANSYS 和 FLAC 3D 两款主流软件开展断裂构造数值模拟研究，下文分别简介之。

1. 数值模拟软件简介及模拟条件说明

1) ANSYS

ANSYS 软件是美国 ANSYS 公司开发的一款集结构力学、流体力学、热力学、电磁学分析等多功能于一体的大型通用有限元分析软件。该软件包含前处理、分析计算以及后处理三大模块，其中，前处理模块主要用于建立有限元模型；分析计算模块可实现单一场或多场耦合分析，可模拟多种物理介质的相互作用；后处理模块主要用于实现计算结果的可视化，包括等值线、矢量、梯度、三维切片、透明及半透明等多种显示方式，还可将计算结果导出为各种通用图、表格式。ANSYS 的优势在于前处理功能强大，网格处理能力强，故而易于建立不规则网格的复杂地质模型，但在处理递进变形和大变形问题时不易收敛。软件操作流程可概括为以下四个步骤：①建立几何模型；②网格划分及材料参数赋值；③施加载荷条件及运算求解；④查看及分析计算结果。

2) FLAC 3D

FLAC 3D 软件是美国 ITASCA 公司开发的一款三维快速拉格朗日分析软件。该软件可模拟各类地质材料达到强度极限或屈服极限时发生的脆性破坏或塑性流动，对于构造地质中递进变形以及大变形问题有很好的适用性，并已被成功运用于解决构造地质问题。该软件包含多种弹性、塑性材料本构模型，可解决静力、动力、蠕变、渗流、温度等多模式耦合问题。其操作流程与 ANSYS 的类似，同样包括以下步骤：①建立几何模型；②网格划分及材料参数赋值；③施加载荷条件及运算求解；④查看及分析计算结果。

3) 关于数值模拟条件的几点说明

由于本次模拟研究主要为解释断裂成因而非现实工程问题，因此在几何模型及力学参数赋值上作一定简化和假设：①地质体具有力学非均质性，为避免地层或断层本身力学非均质性影响试验结果，材料赋值时非均质性仅限于地层与断层(体)间；②地壳浅层的地质体随深度增大塑性增强而脆性减弱，在试验模拟中，不考虑材料的塑性，地壳岩层均作为脆弹性介质看待；③断层体的力学强度通常弱于地层，因此断裂力学参数相对于地层做了弱化处理；④实际地质体都经历了漫长的递进变形，可能会发生蠕动或松弛效应，后文除了关于基底先存断层的复活模拟外，其他均将时间简化为瞬时；⑤古应力方向可通过构造形迹大致推断，但其大小通常难以准确获取，因此模型加载应力方向依据区域应力场演化，而取值主要参考邻区前人数值模拟参数选取及模拟经验。

2. 正向与斜向伸展下不同断层生长阶段应力场模拟

1)地质模型及加载条件

考虑到不同阶段断层生长连接模式，对模型设计作如下设定：第一，断层生长连接过程中，不同断层核部垂直于断层走向的间距基本不变；第二，断层长度增大量远大于断层宽度增大量；第三，断层生长连接过程中，通常存在断层核部(最大位移部位)的迁移。

以断层生长模式为依据，本研究设计了两组地质模型，其差异在于伸展方向与断层走向的关系。第一组模型中断层走向 EW，倾向 N，模拟正向伸展；第二组模型中断层走向 NEE，倾向 NNW，模拟斜向伸展(图 3－31)。断层几何模型均采用“中间宽，两端尖”的形态，以反映断裂宽度在走向上的变化。断面倾角统一为 60°，断层核部垂直于断层走向的间距为 5m。

各组地质几何模型设计方案如下：①模型 I_1、I_2中设置两条主干断层，断层长度 20m，核部宽度 1.8m，断层中点间横向间距为 40m；②模型 II_1、II_2中设置两条主干断层，断层长度 25m，核部宽度 1.9m，断层中点横向间距为 30m；③模型 III_1、III_2中设置两条主干断层，断层长度 30m，核部宽度 2.0m，断层中点横向间距为 25m；④模型 IV_1、IV_2中设置两条主干断层，断层长度 30m，核部宽度 2.1m，断层中点横向间距为 25m，新增一条连接断层(转换斜坡破坏断层)，走向 NNE，长度 3.5m，宽度 1m。

两组模型均选用 Solid185 网格，第一组模型中，模型 I_1－模型 IV_1 网格数分别为 518124、531146、534309、526060；第二组模型中，模型 I_2－模型 IV_2 网格数分别为 534157、555275、562882、566007。模型参数赋值如下，地层的密度、弹性模量、泊松比分别为 2.2g/cm^3、20GPa，0.25；断层的密度、弹性模量、泊松比分别为 2.0g/cm^3、2GPa，0.3。力学模型采用库伦－摩尔模型，模型采用底面约束，模型南、北边界分别加载5MPa的SN向张应力。

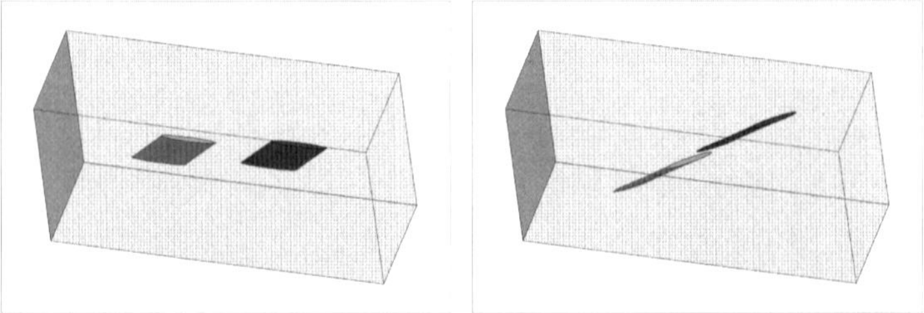

(a)模型 $Ⅰ_1$　　(e)模型 $Ⅰ_2$

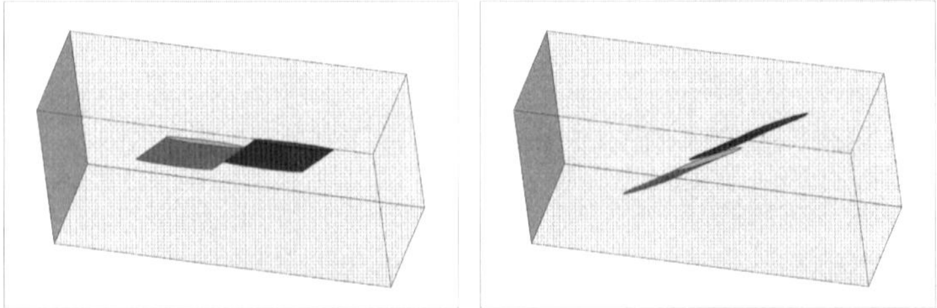

(b)模型 $Ⅱ_1$　　(f)模型 $Ⅱ_2$

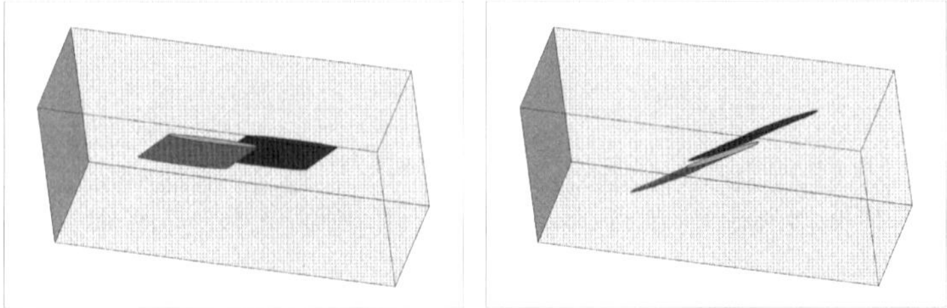

(c)模型 $Ⅲ_1$　　(g)模型 $Ⅲ_2$

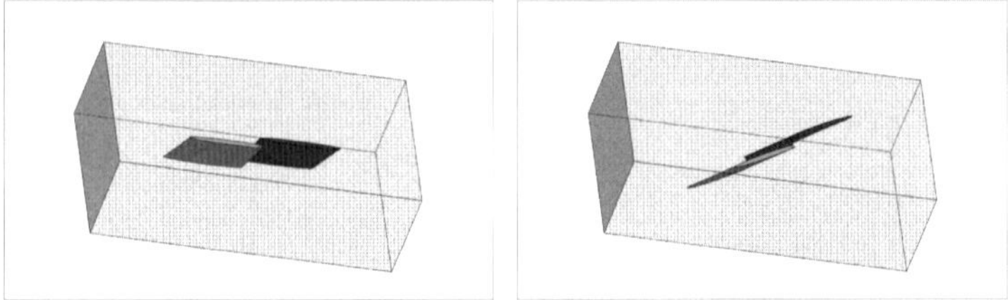

(d)模型 $Ⅳ_1$　　(h)模型 $Ⅳ_2$

图3－31　正向伸展和斜向伸展下不同断层生长阶段的地质模型

2)模拟结果及分析

(1)正向伸展。

模型 $Ⅰ_1$ 中，张应力低值区分布于断层南北两侧，受断层北倾和断层所处位置影响，上盘(北侧)最小主应力值明显大于下盘(南侧)，断层两端存在明显的“尖端应力集中”，这也是断层易于向两侧扩展的原因，尽管断层相距较远，断层尖端效应已引起其间的区域张应力增大[图3-32(a)]。

模型II_1中，断层南北两侧最小主应力分布趋势与模型I_1一致，区别在于随着断层的生长，在断层尚未发生叠合前就已经形成了高应力叠合区，叠合区可能开始发育一系列张性小断层或裂缝，同时由于尖端应力集中效应依然很强，断层进一步向两侧生长[图3-32(b)]。

模型III_1中，随着断层进一步生长，尖端高张应力部位被错开，尽管断层叠合区(转换斜坡)仍为高值区，但明显不及模型II_1的高张应力区范围[图3-32(c)]。

模型IV_1中，随着转换斜坡被彻底破坏，两条分段断层间发育连接断层，转换斜坡连接断层部位出现高张应力区，这促进了连接断层的进一步发育[图3-32(d)]。

(2)斜向伸展。

模型I_2中，张应力低值区同样分于断层两侧，上盘的最小主应力值仍大于下盘的，断层两端出现应力高值区，但与正向伸展模式相比，低最小主应力在断层两侧明显不对称分布，高最小主应力值区分布范围略小[图3-32(e)]。

模型II_2中，随着断层向两侧扩展，在模型中部断层趋近部位出现高应力叠合区，但与正向伸展相比，高应力叠合区范围明显变小(云图中红色面积)，这说明正向伸展下，转换斜坡部位可能相对更易于被连接断层所破坏[图3-32(f)]。

模型III_2中，随着断层叠合范围增大，由于尖端高值部位错开，叠合区的张应力值相较于模型II_2反而降低了，但相比于正向伸展，叠合区的张应力值依然偏低[图3-32(g)]。

模型IV_2中，随着转换斜坡破坏，连接断层部位出现高张应力值区，但相比于正向伸展，高张应力区呈中心对称分布于连接断层的两端，高张应力的集中性明显略差[图3-32(h)]。

整体来看，无论是正向伸展还是斜向伸展，根据断层不同生长连接阶段的应力场特点，可将其应力场演化归纳为断层孤立弱相互作用、断层趋近强相互作用、断层软连接弱相互作用以及断层硬连接强相互作用四个阶段。需要注意的是，数值模拟结果表明：一方面，并非断层叠合长度越大，断层越容易相互作用并连接，而是存在一个介于孤立弱作用阶段和软连接弱相互作用阶段之间的临界位置，断层端部尖端效应引起的相互作用最强；另一方面，转换斜坡被连接断层破坏以后，高张应力区转向连接断层部位，这也是断层连接后原始分段断层尖端逐渐废弃的主要原因。通过对比正向伸展和斜向伸展下断层生长不同阶段最小主应力云图可知，斜向伸展时，作用于断面的张应力只是区域张应力的分力，而随着断层走向与区域伸展方向的夹角不断减小，断面上的张应力分量越小，断层越不易生长连接。

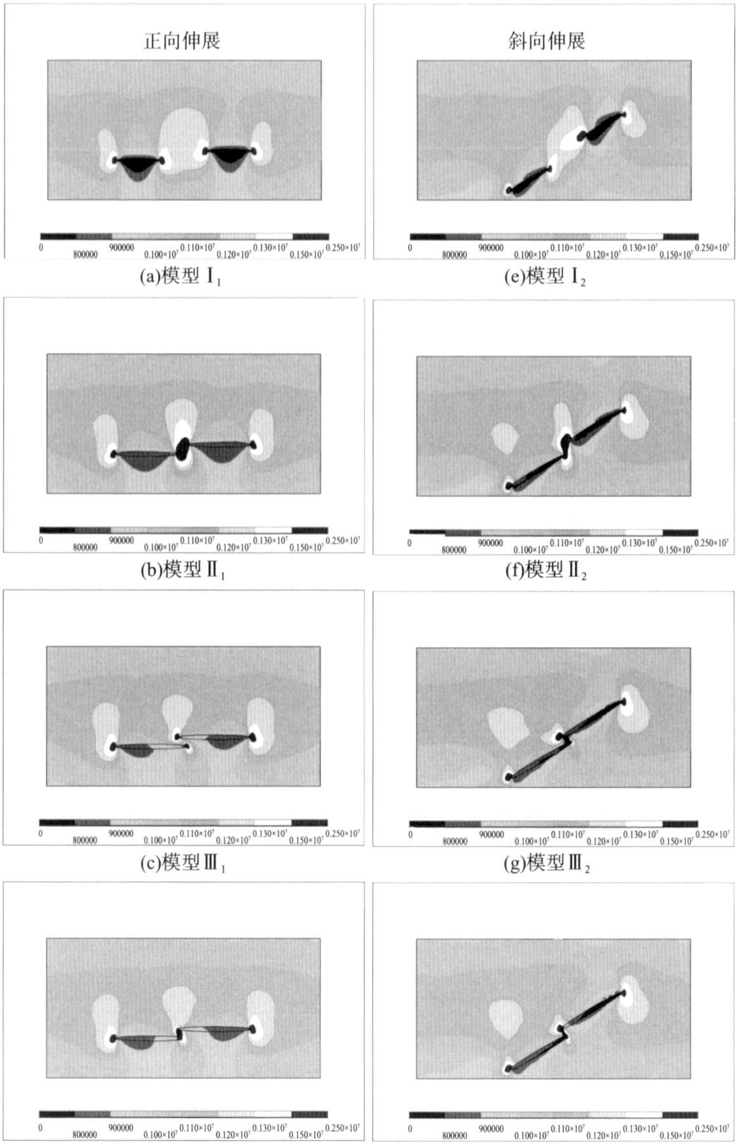

(a)模型Ⅰ$_1$　(e)模型Ⅰ$_2$

(b)模型Ⅱ$_1$　(f)模型Ⅱ$_2$

(c)模型Ⅲ$_1$　(g)模型Ⅲ$_2$

(d)模型Ⅳ$_1$　(h)模型Ⅳ$_2$

图 3－32　断层生长连接模型 ANSYS 数值模拟

3. 先存断裂复活递进变形过程模拟

先存断裂复活是裂陷盆地中普遍存在的现象，这些长期活动的基底断裂不仅控制盆地盖层中的断裂，还对油气成藏具有重要控制作用。因此，关于先存断裂的研究对于深入认识断裂成因机制及其控油气作用具有重要意义。更重要的是，即使在伸展方向不变的情况下，递进变形依然可导致断裂系统的复杂化，童亨茂(2010)提出了“不协调准则”可用于解释其形成机制，并将断裂系统复杂程度控制因素归结于先存断裂复杂程度和伸展量大小。那么不同产状的先存断裂在后期伸展中是如何递进变形的？为最直观理解上述问题，下文采用 FLAC 3D 软件分别对不同走向先存断裂的复活递进变形过程进行模拟。

1)地质模型及加载条件

地质模型通过改变断裂的走向及组合来模拟基底先存断裂的复活递进变形过程。鉴于东营凹陷主要发育 NE、NEE、NWW 三组方向基底断裂，故设计了模型Ⅰ、模型Ⅱ、模型Ⅲ、模型Ⅳ等四个地质模型。模型Ⅰ中共设计了 NE 向基底断裂 12 条；模型Ⅱ和模型Ⅲ中分别设计 NEE 向、NWW 向基底断裂各 16 条；模型Ⅳ中设计 NE 向基底断裂 8 条，NEE 向断裂 6 条，不同走向断裂相间排布(图 3－33)。

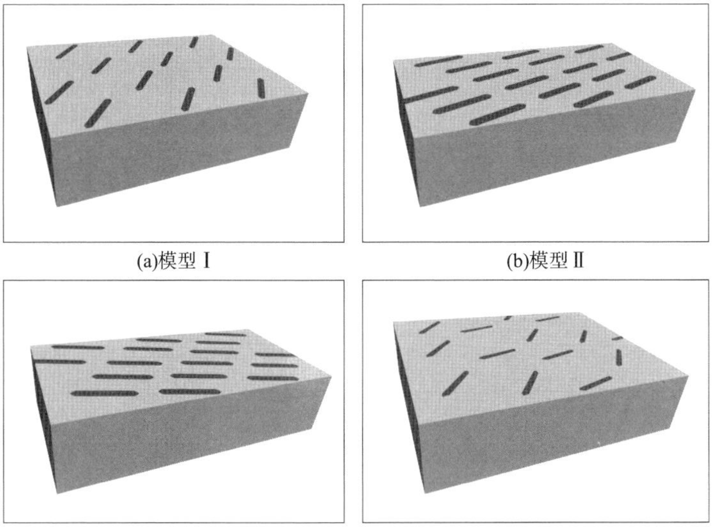

(a)模型Ⅰ　(b)模型Ⅱ　(c)模型Ⅲ　(d)模型Ⅳ

图 3－33　先存断裂复活模拟几何模型

模型网格以 2m/个为基础进行划分。模型中包含砂岩、硅胶两种材料介质，其中砂岩代表地层，硅胶代表先存断裂。砂岩选用库伦－摩尔本构模型，密度为

2.7g/cm³，体积模量为26.8GPa，剪切模量为6.99MPa，黏聚力为27.2MPa，摩擦角为27.8°，膨胀角为0°，抗张强度为1.17MPa。硅胶使用弹性本构模型，密度为2.7g/cm³，体积模量为0.05GPa，剪切模量为50MPa。在模拟前，约束模型东西两侧边界的水平位移，并垂直于南、北边界施加SN向拉张应力场，拉张应力场通过边界速率施加。

2)模拟结果

由于最大剪应变能够很好地反映构造变形带的宽度和集中度，故本模拟结果中采用最大剪应变增量(Maximum Shear Strain Increment)云图表征先存断裂复活过程中的递进变形状态。

(1)模型Ⅰ(NE向)。

伸展递进变形初期，最大剪应变主要集中于NE向基底断裂部位，且距离拉张边界越近，断裂的最大剪应变值越高(图3-34)。据此推断，在基底先存断裂规模相似的情况下，发育于凹陷边缘的NE向的基底断裂可能优先复活。随着SN向拉张量逐渐增大，模型中NE向断裂端部开始出现近NWW向最大剪应变条带，并沿着近EW向逐渐扩展，这说明递进变形中先存断裂端部沿着NWW向扩展，断层变为弧形形态。特别是在模型边缘处的NE向断层，其剪应变带更长，剪应变值也更大。伸展递进变形晚期，随着伸展量进一步增大，NE向基底先存断裂对最大剪应变影响逐渐减弱，这说明先存断裂的控制作用大幅减弱，近EW向的剪应变条带相间发育，说明此时应以发育近EW向新生断裂为主。

(2)模型Ⅱ与模型Ⅲ(NEE和NWW向)。

由于模型Ⅱ和模型Ⅲ中基底先存断裂对称分布，在统一的SN向拉张下应具有相似的递进变形规律，故仅以模型Ⅱ为例分析。伸展递进变形早期，NEE或NWW向先存断裂具有较高的最大剪应变值，先存断裂优先复活(图3-35)。与模型Ⅰ类似，受边缘效应影响，靠近模型边界处的NEE或NWW向先存断裂具有最大剪应变值，说明凹陷边缘部位NEE、NWW先存断裂可能优先复活。在NEE或NWW向先存断裂两端开始出现近EW向较高的最大剪应变带，但由于相邻断层间的相互作用影响，剪应变带发育方向以NE或NW向为主，近EW向的剪应变带仅见于无断层相互作用区域，这说明当先存断裂距离较近时可能会扰动局部应力场。伸展递进变形晚期，模型中形成一系列相间分布的NEE-近EW或NWW-近EW向最大剪应变条带，推断可能形成了一系列弧形断裂。

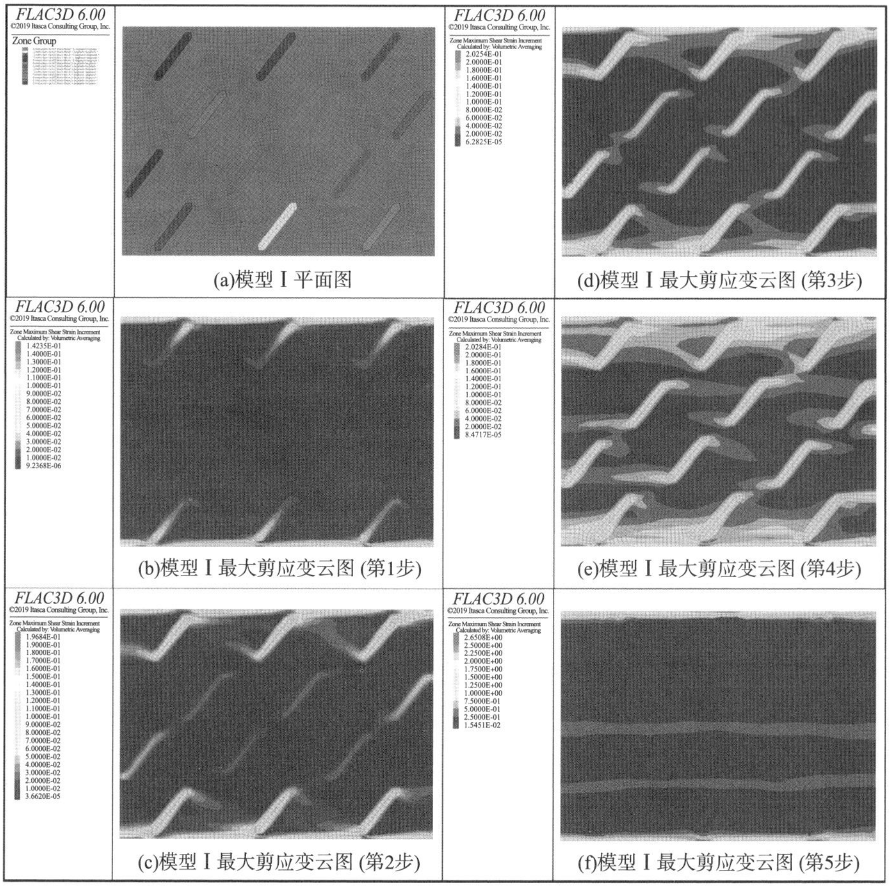

(a)模型Ⅰ平面图

(b)模型Ⅰ最大剪应变云图 (第1步)

(c)模型Ⅰ最大剪应变云图 (第2步)

(d)模型Ⅰ最大剪应变云图 (第3步)

(e)模型Ⅰ最大剪应变云图 (第4步)

(f)模型Ⅰ最大剪应变云图 (第5步)

图 3－34　NE 向先存断裂复活模拟最大剪应变云图

4. 断层生长连接机制

数值模拟结果揭示，断层生长连接可改造断层几何学特征，一方面表现为断层规模增大(如长度、断距增大)；另一方面表现为断层形态及产状变化(如断面倾角)。从成因上看，区域伸展是裂陷盆地断层生长连接的动力基础，而基底先存断裂则是导致生长连接模式差异的关键因素，基于区域伸展作用和基底断裂在断裂形成中控制作用的相对强弱，本次研究将断层生长连接机制分为区域伸展控制型和基底断裂控制型两类(图 3－36)。

区域伸展控制型受区域拉张应力场控制，断裂仅切割盖层，盖层中断层与伸展方向近于垂直，呈近线性展布，仅在转换斜坡部位局部走向变化，断层生长连接对断裂系统复杂性的影响主要表现为断层规模和产状变化[图 3－36(a)]。

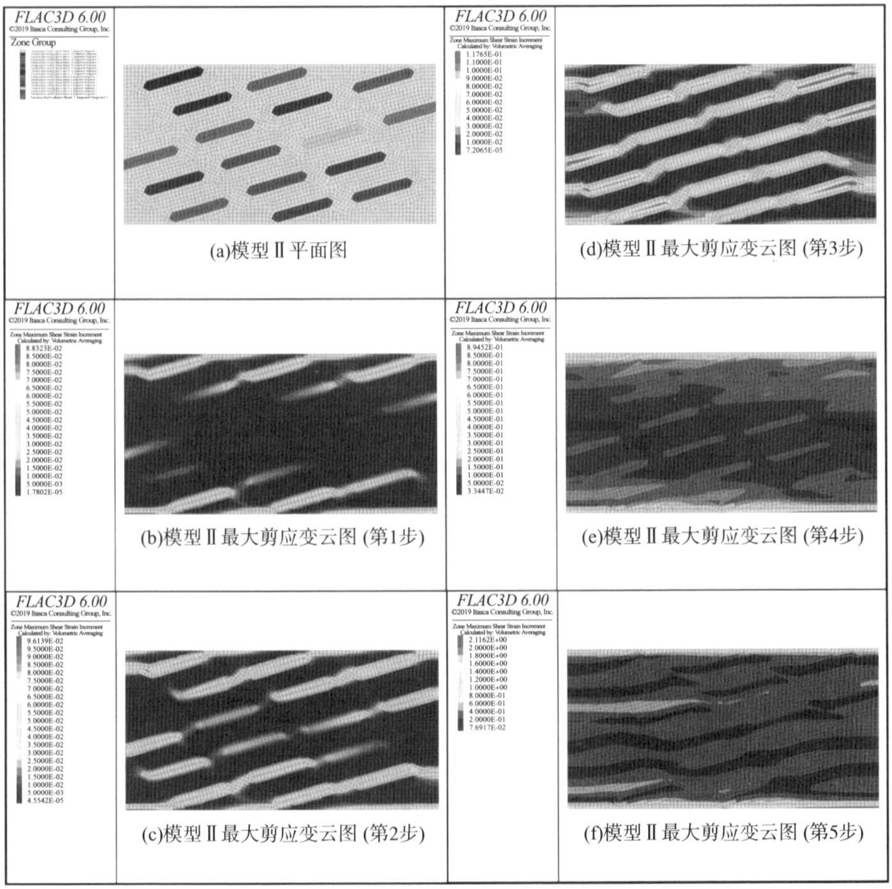

(a)模型Ⅱ平面图　(d)模型Ⅱ最大剪应变云图(第3步)

(b)模型Ⅱ最大剪应变云图(第1步)　(e)模型Ⅱ最大剪应变云图(第4步)

(c)模型Ⅱ最大剪应变云图(第2步)　(f)模型Ⅱ最大剪应变云图(第5步)

图 3－35　NEE 向先存断裂复活模拟最大剪应变云图

基底断裂控制型中盖层断裂经基底先存断裂复活后生长连接而形成，其特点是断裂切割基底，当多组方向的基底断裂同时复活时，盖层断裂呈非线性展布，除了断裂规模外，断裂产状、展布及组合也与区域伸展控制型存在显著差异[图 3－36(b)]。值得注意的是，基底断裂控制型断层生长连接通常发生在断裂演化早期，而后期断层为恒定长度生长模式。

断裂的生长发育起源于裂缝或小断层的递进变形过程。先存基底断裂在生长连接中的作用，也是值得关注的问题。应力场数值模拟结果表明，当发育先存构造时，与伸展方向斜交的先存断裂斜向伸展，以 NE 向先存断裂为例，最大剪应变沿 NE 先存断裂集中，断裂复活并沿 NE 向扩展，而随着 SN 向伸展量增大，断层端部最大剪应变条带转变为近 EW 方向，断层由早期的 NE－SE 向扩展转变为近 EW 向扩展，而后随着伸展量进一步增大，近 EW 断裂逐渐占据主导(图 3－37)。这也说明，端部的剪切应变可以作为不同段断层生长、连接的重要沟通部位。

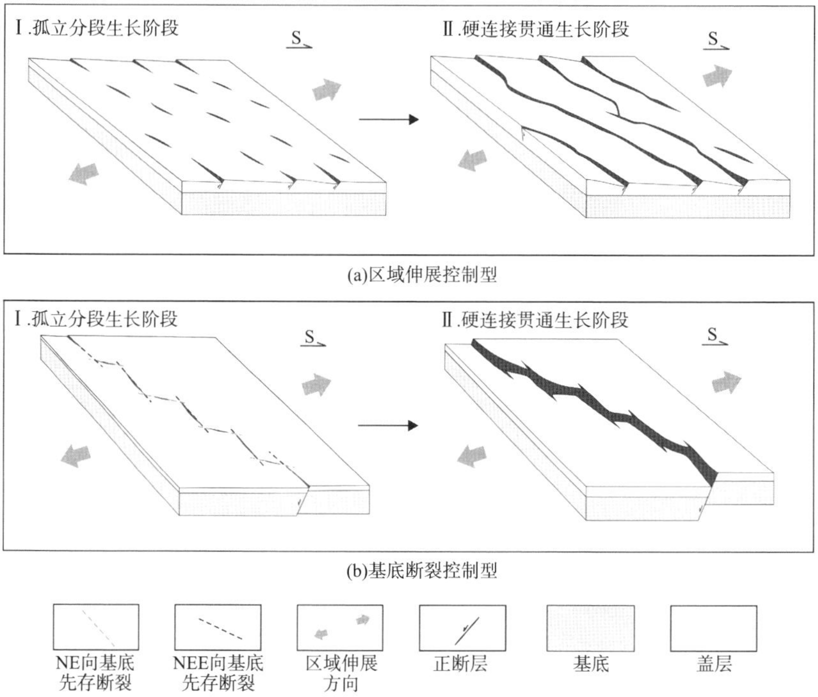

图 3－36　区域伸展、基底断裂控制的断层生长连接模型

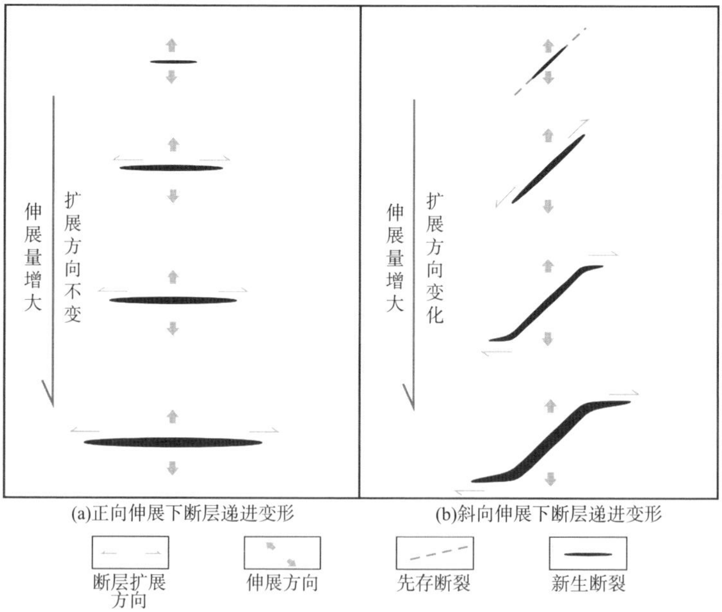

图 3－37　正向伸展和斜向伸展下断层递进变形差异

通过以上分析对东营凹陷扭张构造演化形成以下几点认识。

(1)东营凹陷雁列扭张构造形成于先存构造影响下多向伸展的断陷盆地背景，分为边界型、斜坡型、洼陷型三类。边界型在平面上次级断层与主断层斜交，剖面上主次断层组合成半花状构造，如高青、利津、胜北、青西、石村地区；斜坡型平面上R断层雁列展布、T断层带状分布，剖面上主次断层组合成花状，如八面河、王家岗、金家地区；洼陷型平面上呈雁列式、反帚状，剖面上断层组合成半花状、阶梯状构造，如利津洼陷的郝现构造带、博兴洼陷等地区。

(2)边界型雁列扭张构造形成于多期多向伸展。随着边界断层走向与伸展方向夹角的增大，边界断层走滑变形减弱、伸展变形增强，洼陷内变形增强。

(3)斜坡型雁列扭张构造形成于先期走滑后期伸展。随着基底断层走向与伸展方向夹角的增大，盖层走滑变形减弱，伸展变形增强；盖层次级断层呈面状分布，非里德尔剪切的带状分布。

(4)洼陷型雁列扭张构造形成于斜向伸展。随着基底断层走向与伸展方向夹角的增大，断层平面雁列组合逐渐向平行组合转变，剖面组合由半花状向阶梯状转变。

(5)构造物理模拟实验表明，边界条件、基底构造、伸展方向与先存构造走向的夹角是雁列扭张构造变形的主控因素。

六、断裂系统演化分析

1. 沙二段底(T4)

在沙二期发育的阶段，继承了前期发育的构造格局，但是在该阶段却发育较为缓慢，二级胜永断裂、中央断裂带和陈官庄断裂带等北西向断层活动性大大减弱，统计得出该时期发育的断层走向与上一期大致相同，仍然以北东东向为主，近东西向有所增加，断层发育倾角以40°~60°为主(图3-38)。该阶段发育断层数量较上一期几乎没有增加，活动性较弱，可以说该时期凹陷进入了一个构造平静期。该时期断裂所控制的凹陷沉积中心和上一期相比大致相同，与凹陷断层活动性和构造运动较弱有关。该时期凹陷构造运动趋于停滞。

2. 沙一段底(T2)

在沙一期发育的阶段，该时期东营凹陷逐渐从北西断南东超的半地堑构造格局发展为北断南超的格局，构造发育不仅继承了前期孔店、沙四、沙三以及中生界的构造格局，并进一步产生了新的断层构造样式，不仅以一级断裂陈南断层、二级胜永断裂西段、中央断裂带西段和陈官庄断裂带等北西向断层活动为主，中央断裂带和陈官庄断裂带由于凹陷构造运动的转变重新活动并产生了近EW向的断层，该阶段NE向断层发育较弱，而前期发育的近EW向断裂活动较强烈，且产生了与其相关的相关断层(同样也是近EW向)。该时期发育的断层走向大多数仍以NE向和近EW向为主，近EW向有所增加，断层发育倾角以50°左右为主(图3-39)，虽然发育断层数量较多，活动性较上一期大大加强。继承了前一期所发育的沉积中心，分别位于胜永断裂东段和中央断裂带西段控制的地区，但是沉积中心的形态有所变化，沉积中心的范围扩展方向变化为EW向。通过分析，该时期断层主要优势延伸方向为近EW，而该时期的构造平面样式以堑垒组合和斜向伸展等构造样式发育为主，该时期凹陷主要的伸展方向为SN向，而此时的凹陷整体的构造格局正逐渐由北西断南东超发展为北断南超的箕状地堑构造格局。

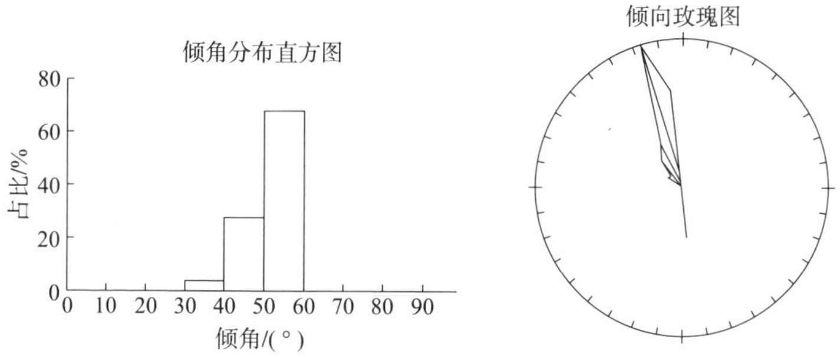

图3-38 沙二段底(T4)断裂特征分析

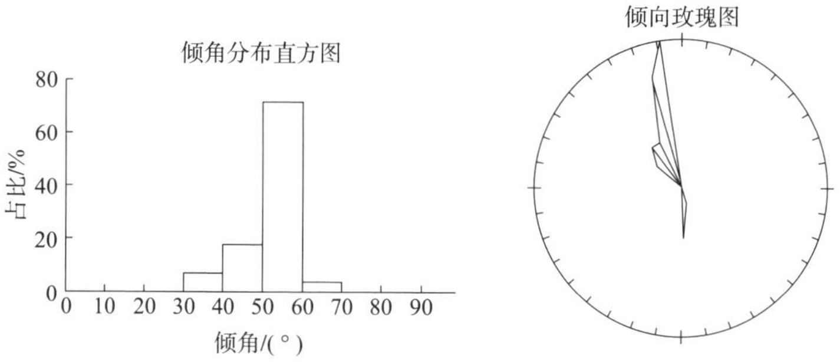

图3-39 沙一段底(T2)断裂特征分析

3. 东营组底(T2′)

在东营期发育的阶段，该时期东营凹陷继续向北断南超的构造格局发展，构造发育继承了前期孔店、沙四、沙三、沙二以及中生界的构造格局，并进一步发育沙一期所产生的新构造，以二级胜永断裂西段和东段、中央断裂带东段和陈官庄断裂带中的近 EW 向断层活动为主，该阶段与上一阶段相似，NE 向断层发育较弱，而由前期所发育形成的近 EW 向则断裂活动较强，并进一步产生了相关断层和库伦断层(近 EW 向)。从平面上看，断层与断层之间的距离在 SN 向上有所增大，断层之间发生 SN 向偏移。统计得出该时期发育的断层走向近 EW 向逐渐替代 NE 向成为主体，陈官庄和中央断裂带附近 EW 向断裂进一步增加，倾向以 NW 向和近 SN 向为主，断层发育倾角在 40°~60°之间都有发育，以 50°左右为主(图 3-40)，前期相比，断层角度逐渐增大。发育断层数量继续增加，活动性较强。继承了前一期所发育的沉积中心，分别位于胜永断裂东段和中央断裂带西段控制的地区，沉积中心的范围较上一期有所减小，但伸展方向依旧是 EW 向。该时期断层主要延伸方向依旧为近 EW，构造平面图上新生的库伦断层数量增加，凹陷主要的伸展方向为 SN 向，凹陷整体的北断南超构造格局正在进一步成熟发展。

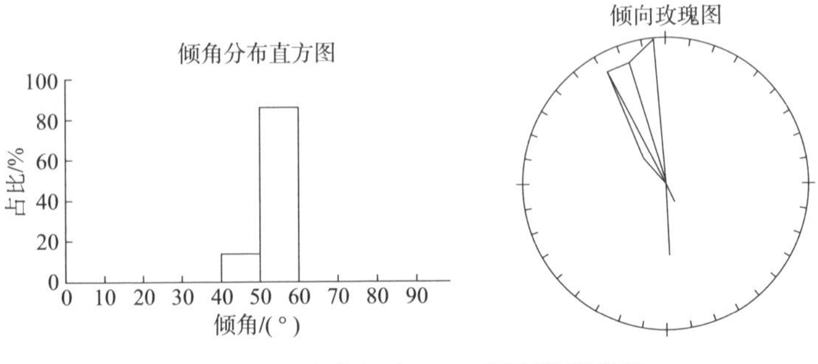

图 3-40 东营组底(T2′)断裂特征分析

4. 馆陶底(T1)

在馆陶期发育的阶段，该时期东营凹陷的北断南超箕状地堑构造格局基本定型，继承并改造了前期北西断南东超构造格局，与前期相似，以近 EW 向断层活动为主，极少数北东向的断层发育甚至停止活动，在平面上，断层距离进一步往南北向扩张，并在扩张过程中，断层与断层之间形成新的 EW 向库伦断层。整体上看该时期新发育的断层走向以近 EW 向为主，断层发育倾角以 50°左右为主(图 3-41)，发育断层数量较多，活动较上一期的强烈。沉积中心与上一期相比发生偏移，主要分布在凹陷北部以及中央断裂带和陈官庄断裂带之间，北断南超的构造格局形成。该时期断层主要优势延伸方向为近 EW 向，沉积中心伸展方向也为 EW 向，该时期的平面构造样式以库伦断层、堑垒组合和斜向伸展等构造样式发育为主，凹陷主要的伸展方向为 SN 向，凹陷整体表现为北断南超的堑垒式箕状样式。

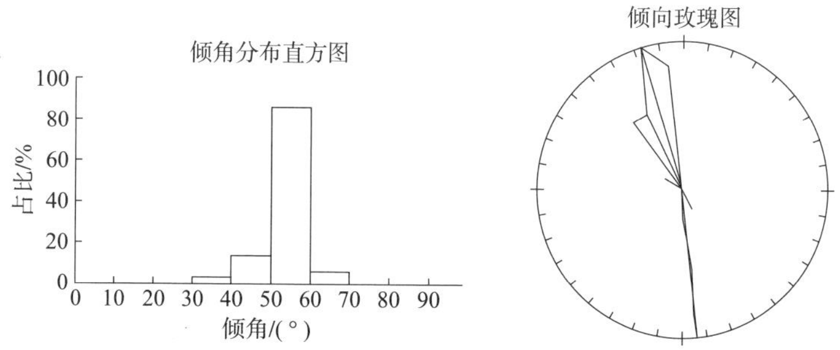

图 3－41　馆陶组底(T1)断裂特征分析

第四章　断拗转换期断层封堵性机制研究

第一节　断层封闭理论机制分析

一、断层分类

在20世纪60年代以前，学者们普遍认为断层是分割上下两盘地层的滑动面，其能否阻止油气的渗漏主要取决于对置盘地层的属性。直至1971年，首次指出断层角砾岩、碎裂岩及断层泥是组成断裂带的主要成分，断层并不是一个简单的面状构造，而表现为具有一定宽度、由不同属性岩石组成的典型二元结构，即断层核和破碎带，此时断层能否阻止油气发生渗漏则主要取决于断层岩的属性。其中，断层核发育在断裂带中心部位，厚度介于几毫米到几米不等，是局部强烈或均一应变、剪切作用的产物，以发育单一或多次滑动面、构造透镜体和多种断层岩为主要特征；根据断层岩的形成机制及固结程度等可将其分为无内聚力的角砾岩、有内聚力的角砾岩和碎裂岩、断层泥等类型。而破碎带以对称或非对称结构展布在断层核两侧，其宽度约为断层断距的2.5倍，所受应变强度较断层核明显降低，岩石仅发生局部破裂仍能保留母岩的特征，多由不同尺度的裂缝、次级小断层、岩脉、变形带及断层相关褶皱等组成。由于断层随时空变化具有复杂多变的内部结构特征，其一方面可控制断层自身的孔渗特征，另一方面也决定了断层在油气聚集成藏中起到的输导或封闭作用。

根据构造运动持续时间和强度的变化，断层的规模、结构也随之变化，将断层划分为断层面型和断裂带型。断层面型断层经历构造运动强度弱、持续时间短，断层发育处地层没有发生明显破碎，断层结构为地层滑动面；断裂带型断层经历构造运动强度大、持续时间长，断层发育处地层明显破碎，纵向有一定的延伸长度，表现为一个具有复杂结构的破碎带。

二、断层内部结构

断层的内部结构受断裂破碎带规模、断层的成群分布特点、断层错动的种类、断裂破碎带中变形构造的方位分布、断层岩的总厚度等参数的影响。

1. 断面形态识别内部结构

当断层两盘地层以“面状”方式接触时，断层发育部位地层无明显破碎，可视为两盘地层直接对接，该类型断层一般规模小、断距小，断层活动性弱，多为低序级断层。

当断层两盘地层以“带状”接触时，断裂带结构复杂，包括强烈挤压变形的断层核及裂缝发育的破碎带，呈现出明显的二元结构特征。破碎带是由一组变形构造组成的，围绕着一条位移较大的断层分布，岩石在断裂构造运动中摩擦破碎，形成与地层完全不同的纵向岩层。

2. 断层岩识别内部结构

通过对渤海湾盆地济阳坳陷断裂带典型井——河 68 – 斜检 1 井岩芯资料的观察可知，其发育有复杂的断裂带结构，结合测井数据识别宽度约为 46.5m，包括 1 条主滑动面、2 条次级滑动面及破碎带(图 4 – 1)，其特点分别如下。①主滑动面：鲕粒和内碎屑颗粒遭受强烈的挤压变形、破裂，伴随少量低温热液沉淀白云石，宽度约为 2.2m；②次级滑动面 A：以灰黑色泥岩为主，夹杂少量砂质结核与灰绿色砂质透镜体，宽度约为 2m；③次级滑动面 B：发育不同颜色的砂质泥岩，颗粒间呈突变接触，未见构造裂缝，宽度仅为 1m；④破碎带：可见明显错动的构造裂缝与机械缝，多伴随方解石充填，裂缝内所有包裹体均为盐水包裹体，表明其可能在油气运聚后被充填。

3. 环形剪切实验识别断裂带内部结构

利用环形剪切实验装置，对制作的环状样品进行高压 – 低速环形剪切，在外部施加应力为 2MPa 的条件下，随着环状样品(图 4 – 2)剪切旋转角度的增加，由 30°旋转到 90°再到 150°(对应断层位移为 34.5mm、103.5mm 和 172.5mm)，滑动面上的剪切样品在铸体薄片上呈现出应力集中的中心部位粒度较细，可对应断裂带中的断层核部分；而应力较弱的两侧粒度较粗，可对应断裂带中的破碎带部分(图 4 – 3)，同样揭示了断裂带具有明显的二元结构特征。

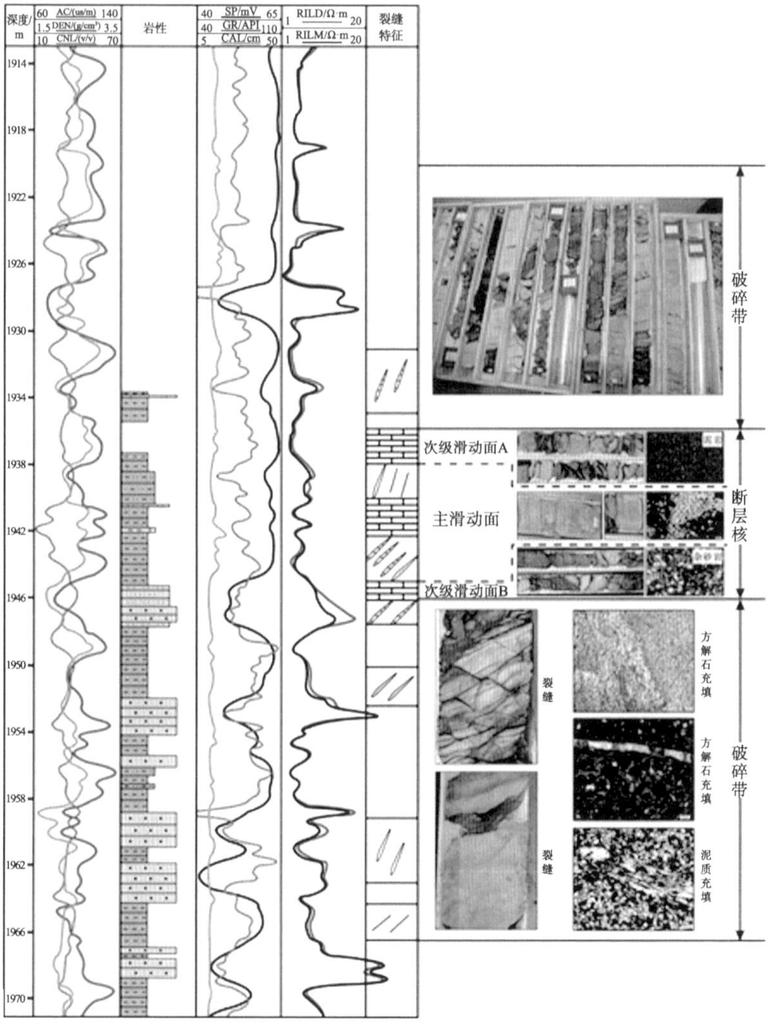

图 4－1　济阳坳陷河 68－斜检 1 井断裂带内部结构及岩芯特征

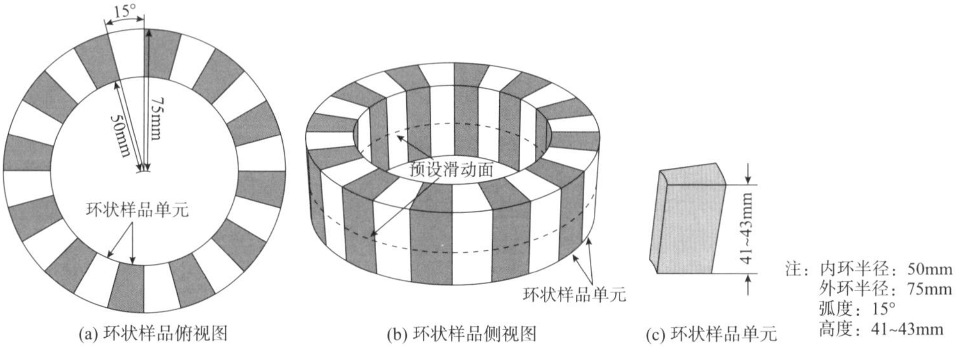

图 4－2　环形剪切实验结果

实验条件	应力大小：2MPa 旋转角度：30° 断层位移：34.5mm	应力大小：2MPa 旋转角度：90° 断层位移：103.5mm	应力大小：2MPa 旋转角度：150° 断层位移：172.5mm
环形岩样侧视图	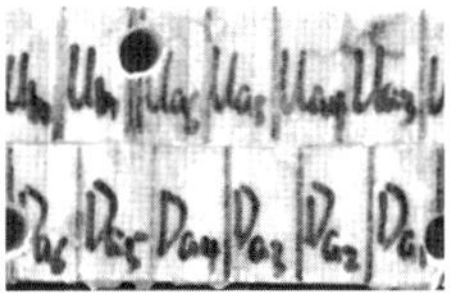	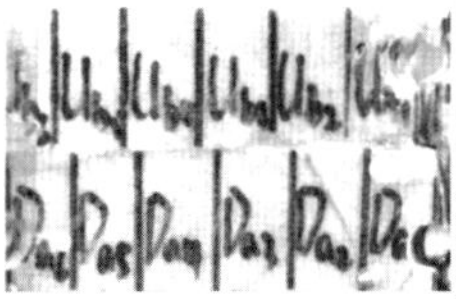	
单偏光下铸体薄片	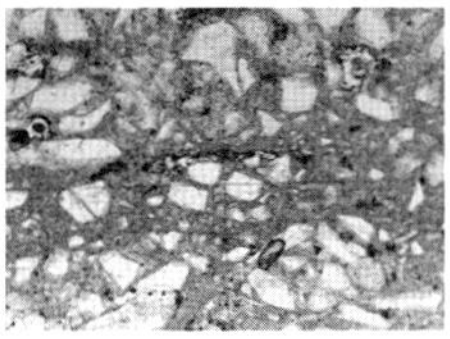	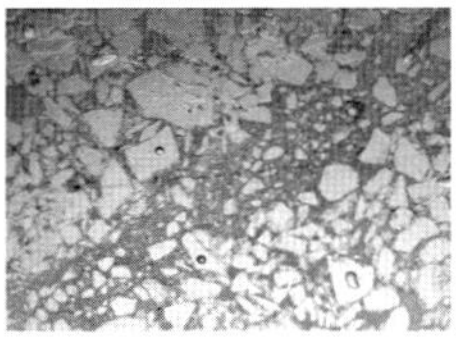	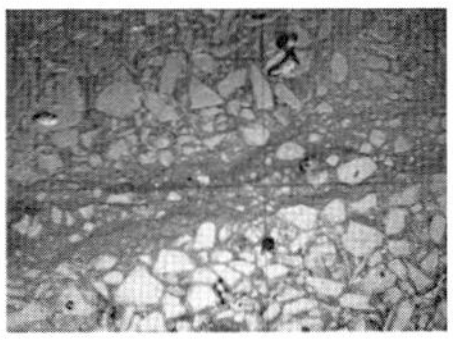

图 4－3　环形岩样与铸体薄片对比

三、断层封闭机制及类型

断层封闭性是指断层与地层物性的各向异性，形成能使油气聚集的新的物性和压力系统。在地质空间上表现为两个方面，即断层的垂向封闭性和侧向封闭性。

断层封闭的本质取决于差异排替压力，即当目的层排替压力小于与之对置的断层另一侧岩层排替压力(无断裂充填时)或小于排替中的断裂带的排替压力时，断层在侧向上是封闭的；当目的储集层排替压力小于上覆盖层中的断裂带的排替压力时，断层在垂向上是封闭的。

1. 伸展断层垂向封闭机制

伸展断层垂向封闭性是指断层对沿断层运移油气的封闭能力。在断层两盘以“带”接触时，断层在垂向上的封闭主要依靠断层带上下物质形成的排替压力差或断带类物质与油气运移一盘岩性的排替压力差封闭油气。

根据断层两盘之间有无充填物、充填物成分以及后期是否经受过成岩改造等特征，可将伸展断层垂向封闭性形成机制分为以下两种。

1)断层面封闭机理

这种封闭机理的形成所需要的地质条件是断层两盘之间无断裂充填物，断层两盘之间以“面”接触。在这种情况下，断层面主要是依靠上覆岩层的重力或者区域主应力使其发生紧闭。然而，由于断层面的凹凸起伏，仍会遗留渗透空间，通常在断层缓角处紧闭，陡角处开启，造成油气渗透散失。因此，仅仅依靠断层面所受到的压力，还不能使得断层对油气在垂向上形成完全封闭，还必须借助于泥岩的塑性流动，以堵塞紧闭后遗留下来的渗透空间。

大量实验结果表明，断层面紧闭处地层多为岩性较软泥质岩层，硬度低、塑性强。当其所受压力超过泥岩塑性变形所需要的最小压力时，泥岩便发生塑性变形向渗漏空间流动，使断层面愈合起来，在垂向上形成对油气的有效封闭作用；否则，断层在垂向上难以形成封闭。

2)断裂带排替压力差封闭机制

这种封闭机制要求的条件是断层两盘之间存在断裂充填物，断层两盘呈“带”状接触。在这种条件下，断层在垂向上的封闭性主要是依靠断裂带上下物质所形成的排替压力差来体现。按照断裂带上下物质形成排替压力差的原因又可细分为以下两种形式。

泥质充填物封闭机理：如果断层在剖面某处的充填物以泥质成分为主，而其下部以砂质成分为主，由于泥质成分颗粒较砂质成分颗粒细小，孔隙度和渗透率、排替压力均较高，所以，断裂带上部泥质成分带较下部砂质成分带具有更大的排替压力差，即两者之间存在向下的排替压力差，断层垂向上封闭。反之断层垂向上不能形成有效的封闭作用。

后期成岩封闭机理：如果断层的充填物皆为砂质成分，其较高孔隙度和渗透率必然使其成为地下流体向地表运移和地表水向地层中渗漏的通道。地下流体在沿其由下至上的运移过程中，由于温压环境条件的改变，地下水所携带的大量矿物质由于压力和温度的降低，造成过饱和而沉淀下来，如碳酸钙沉淀形成方解石，二氧化硅沉淀形成石英，硫化铁沉淀形成黄铁矿等。油气也可因地表油流氧和细菌的作用而发生氧化作用，轻质成分减少，重质成分增加，使其黏度加大变成固体沥青，胶结了酥松的沉积物，并填塞了原来断裂带中砂质成分的孔隙，使得其在局部的渗透性变差，排替压力增大，与其下部胶结和堵塞程度较差的岩层之间形成排替压力差，从而使得断层在垂向上封闭。

断层对圈闭内的烃类具有控制作用，形成断层封闭性。根据前人的研究，断层封闭机制可分为毛细管封闭(薄膜封闭)、水力封闭和水动力封闭三类，其中导致伸展断层封闭油气成藏的理论机制为毛细管封闭。Purcell 对毛细管力进行了实验和理论推导，利用压汞实验等方法总结了毛细管压力原理和理论计算公式[式(4-1)]。由于地层中岩石一般具有亲水性，所以，毛细管压力指向油气质点(油珠或油气泡)方向。当断裂带的孔喉半径小于母岩孔喉半径时，则其孔隙产生的毛细管压力比储集层毛细管压力大得多，此时对于油气质点来说，从储集层的大孔隙进入断裂带小孔隙受到两个毛细管力作用，其中一个力是储集层大孔隙产生的毛细管压力，指向断裂带方向，试图将油气质点推入断裂带的小孔隙；而另一个力是断裂带的小孔隙产生的毛细管压力，指向储集层方向，阻止油气质点进入断裂带，而此时两个力的合力为断裂带毛细管压力差[式(4-2)]，即过断层压力差。

$$P_c = \frac{2\delta\cos\gamma}{R} \tag{4-1}$$

$$\Delta P_c = 2\delta\cos\gamma\left(\frac{1}{R_f} - \frac{1}{R_s}\right) \tag{4-2}$$

式中，P_c为毛细管压力，N；δ为界面张力，N；γ为润湿角，(°)；R为孔喉半径，cm；ΔP_c为毛细管压力差，N；R_f为断裂带孔喉半径，cm；R_s为围岩孔喉半径，cm。

当断裂带孔喉半径小于围岩孔喉半径，则毛细管压力差方向指向储集层方向，这一毛细管压力差阻止油气进入断裂带内，使油气不能运移。因此，断层之所以能形成有效的封闭，其本质在于断裂带具有比储层更小的孔喉结构，即断裂带与围岩地层间的差异渗透能力，形成了背向断裂带的毛细管压力差，进而阻止油气侧向运移进入断裂带内，此种断层封闭机理即为毛细管压力封闭。

2. 伸展断层侧向封闭机制

伸展断层侧向封闭性是指断层在侧向上对其两盘对置岩层中沿断层面法线方向穿过断层面运移的封闭能力。在断裂带两盘以“带”状接触时，断层在侧向上的封闭性主要依靠断层带物质与油气运移一盘岩层排替压力差封闭油气。

根据断层两盘岩层对接关系以及两盘与断裂充填物之间排替压力的相对大小和是否有泥岩涂抹层的形成，可将伸展断层侧向封闭机理分为以下三个方面。

1)砂泥对接封闭机理

当断层两盘岩层以“面”接触时，断层能否形成侧向封闭主要取决于断层两侧对接岩层排替压力的相对大小。如果位于油气运移方向上近油源一盘的岩层排替压力小于远油源一盘的岩层排替压力，则断层具有侧向封闭性。否则，油气将沿着近油源一盘穿过断层运移至远油源一盘，断层不能形成有效的侧向封闭。通常情况下，由于泥岩与砂岩相比，孔渗性差，排替压力高，当砂岩与泥岩对置时，泥岩便可以对砂岩中的油气起到封闭作用，即所谓“砂泥对接封闭机理”。

2)断裂带高排替压力封闭机理

当断层两盘以“带”接触时，尽管断层两盘位砂砂对接，尽管对置盘砂岩的排替压力低于油气运移盘岩层的排替压力，如果断裂带的排替压力大于油气运移盘岩层的排替压力，断裂带就能阻止油气的侧向运移，断层具有侧向封堵性。否则，油气将沿着断裂带垂向运移，或穿过断裂带进入对置盘砂岩层发生侧向运移，断层不能形成有效的侧向封闭。依据断裂带物质形成高排替压力的原因，此种封闭作用又可以分为以下两种形成机理。

泥质充填封闭机理：如果断层带的充填物以泥质成分为主，由于泥质成分孔渗性差、排替压力高，与断层两侧的目的层形成排替压力差，组织油气运移，使得断层在侧向上形成封闭。相反，如果断裂带的充填物以砂质成分为主，由于砂质成分孔渗性好、排替压力低，不能与断层两侧的目的层形成排替压力差而阻止油气侧向运移。

后期成岩封闭机理：尽管断裂带充填物以砂质成分为主，但由于后期地下水流造成的胶结、矿化和油气遭受氧化形成的沥青化作用，使其孔渗性变差、排替压力升高，也可使其与断层两侧的储层由原来无排替压力差变成有排替压力差，从而使得断层形成了侧向封闭性。

3）泥岩涂抹形成的侧向封闭机理

这种侧向封闭是由于同生断层在活动过程中，由于构造应力和上覆岩层重量的作用，断层两盘的未固结或半固结的泥岩层被削截，挤压进入断裂孔隙，在断层两盘削截砂岩层上形成一层薄的泥质岩层。由于泥岩涂抹层在形成过程中受到较大的剪应力与地层重力的共同作用，使其孔渗性明显低于相应深度的泥岩层的孔渗性，故具有较高的排替压力，可形成对目的层的侧向封闭。只要存在泥岩涂抹，这种侧向封闭油气就不存在任何问题，故这种侧向封闭作用主要取决于其空间分布的连续性，连续性越好，泥岩涂抹的侧向封闭性越好，反之则越差。

3. 伸展断层封闭类型

依据断层两侧围岩错断情况、断裂带发育程度及断层变形机制，将伸展断层封闭类型划分为对接封闭、断层岩封闭和胶结封闭三类，其中断层岩封闭又分为泥岩涂抹封闭、层状硅酸盐－框架断层岩封闭和碎裂岩封闭。通常可利用断层断距、单砂体厚度二者关系界定。

1）对接封闭

当断层规模较小（一般认为此种情况发生在断层断距小于其所错断地层的单砂体厚度时）断裂带不发育，或断裂带发育但孔渗性优于围岩的时，若砂岩储层与泥岩封闭层对接，由于泥岩毛细管压力大于砂岩的，形成对接封闭，此种封闭类型假设断层为二维形态，依赖于断面岩性和断距大小，而非取决于断层带的渗透能力；若砂岩与砂岩对接，则油气通过断层发生渗漏。

2)断层岩封闭

断层岩封闭与对接封闭不同，断层为三维构造体，一般认为此种情况多发生在断层断距大于其所错断地层的单砂体厚度时，此时断裂带内发生颗粒碎裂等原岩变形，形成具有较高渗透能力的断层岩，进而形成封闭。根据被断层断错的地层泥质含量或层状硅酸盐岩含量可分为以下 3 种类型。

泥岩涂抹封闭：当被断层断错的地层泥质含量或层状硅酸盐岩含量大于 40% 时，在断面上形成连续的泥质涂抹，使断裂带渗透能力急剧降低，从而形成封闭。根据不同的形成机制涂抹类型又分为研磨型、剪切型和注入型。

层状硅酸盐－框架断层岩封闭：当被断层断错的地层泥质含量或层状硅酸盐岩含量介于 15% ~40%(表现为非纯净砂岩)时，由于剪切合并、泥岩/层状硅酸盐涂抹和混合、断层作用晚期或断层作用后压溶作用增强、破碎作用、新的层状硅酸盐沉淀形成封闭。

碎裂岩封闭：当被断层断错的地层泥质含量或层状硅酸盐岩含量小于 15%(表现为纯净砂岩)时，受成岩阶段控制分为三类：①弱成岩碎屑岩，断层变形孔渗特征与母岩相似，无明显的破碎，封闭能力很弱或不具备封闭能力；②部分成岩碎屑岩，断层变形发生颗粒破碎、粒径减小以及一定的压实作用，封闭能力相对较弱；③成岩碎屑岩，断层变形发生颗粒破碎，有效应力加剧了石英压溶作用，使断层岩封闭能力增大。

3)胶结封闭

断层发育过程中，断层带内会形成裂缝等一系列孔隙空间，这些空间被矿物沉淀填充，形成各种胶结物，如碳酸盐岩胶结、泥质胶结、油气氧化形成沥青胶结，从而降低断层带的渗透能力，形成胶结封闭。

第二节　断层封堵静态地质因素统计分析

封闭性断层是由断层带及其两侧地层的岩性决定，但在实际中测定断层的带内的物质的储层特征是很困难的，尤其是在新探区或待开发区，因此有必要根据已知的某些信息找出控制断层封闭性的影响因素及其与封闭性之间的经验关系，并用其预测断层封闭性。通常这些参数在不同的地区其变化情况是不一样的。

一、断层封闭性影响因素分析

由于影响断层封闭性的因素非常多，因此，对有些因素目前还不十分确定。从目前研究成果来看，影响断层封闭性的主要因素有两大方面：一是断层发育的地层环境，如地层岩性特征、断层两盘岩性对接关系、断层活动的成岩强度等；二是断层发育的构造环境，如断层性质、断层活动期与油气生产、运移时间的配置关系、断层产状、断层与主应力夹角、断层物质变质强度等。

1. 断层发育的地层环境

1) 埋深

有利于断层封闭的变形机制。通常随埋深增加，温度和应变率也相应增大。孔隙度和渗透率的减小幅度随埋深而增加。

2) 岩性配置

岩性配置指断层的封闭性和封堵能力主要受对盘岩石岩性的控制。一般认为当断层两盘砂岩与泥岩接触时，封闭性好；当断层两侧接触的砂岩具有不同的排驱压力时，断层的封闭程度取决于封堵砂岩排驱压力与储集层的排驱压力差。

岩石按力学特征可以分为脆性(如碳酸盐岩、砂岩和变质岩等)、塑性(如泥岩、盐岩和膏泥岩等)和脆－塑性 3 种类型，力学性质的差异将导致不同的岩石断裂模式和断裂带内部结构特征的差异。脆性地层中的断裂带内部结构发育较完整，可划分出滑动破碎带和诱导裂缝带等结构单元，但就塑性地层而言，断裂活动主要表现为粘滑，应力大部分消耗在断裂位移上，围岩集中的应力小，岩石晶格错位产生塑性变形而不破裂，这导致塑性断裂诱导裂缝带不发育，裂缝发育密度小，断裂带内填充的多为软断层泥，整个断裂带通常表现为几条充填断层泥大裂缝的组合，不发育诱导裂缝。在脆性程度相似的岩石中，缝密度与沉积物颗粒粗细有关，粒度越粗，裂缝密度越小，此外，岩石单层厚度越小，裂缝密度越大。

断裂变形机制及断裂带内部结构是断层封闭性和流体沿断裂运移规律研究的基础。与其他非孔隙性岩石不同，由于碳酸盐岩矿物易于溶解和迁移，压溶作用明显。影响断裂变形机制的因素既有内因(岩性、矿物成分、成岩阶段、孔隙度和渗透率)，也有外因(温度、围压和变形深度)。

3) 断层两盘岩性对接关系

当储集砂岩层与对盘泥岩层对接时断层具侧向封闭性，当储集砂岩层与对盘砂岩层对接时，断层在侧向上可能不具封闭性。断层两盘砂泥岩能否对接，受断层断距和断移地层岩性的影响。如果断层断距大于砂岩厚度，砂岩层本身被完全错断，砂－泥对接的可能性大；反之可能性小。如果断移地层岩性以泥岩为主或泥地比较高，那么断层两盘砂泥对接的可能性大，侧向封闭性好；反之，断层两盘砂泥对接的可能性则小，侧向封闭性差。

4）断裂填充物

断裂是在外界应力超过岩石强度极限时，微裂隙扩张并集中形成的，导致宏观上岩石破裂。当应力超过岩石摩擦阻力时，两盘开始相对滑动，破碎的岩石填入断层拉开的空间形成断裂填充。从断裂带形成的区域可将其划分为断层岩带、破碎带和裂缝发育带3个部分。断层岩带位于断裂中心，破碎严重，颗粒细小；破碎带变质程度小，颗粒大小混杂且大部分未胶结；裂缝发育带岩石没有破碎伴生低级别及多次序裂隙的发育。

由于断裂带内部的不同分带，其岩性和变质程度的差异导致物性特征不尽相同，影响断层封闭性。断层岩带由于小颗粒和矿物沉淀作用使其与相邻区域相比具有较低孔隙度和渗透率；破碎带因变质程度与胶结程度的不同，导致物性差异较大；裂缝发育带中如果裂缝处于开启状态，大量裂隙构成裂隙网，不利于断层封闭。因此，断层垂向封闭的必要条件是破碎带需填充大量断层泥使孔渗性低于围岩，且裂缝发育带中的裂缝处于封闭状态。从断裂带内部结构研究断层的封闭性是最直接的研究方法，但该方法的研究较复杂，资料获取难度较大。

5）断面的紧闭程度

断面的紧闭程度是影响断层亚向开启与否的关键因素之一。如果断面紧闭断层垂向封闭性好，油气难以沿断而做垂向运移；否则，断层开启，断层可作为油气运移的通道。断面的紧闭程度通常取决于断面所受正压力的大小，较大的正压力使得断面两侧地层在断层活动过程中趋于变形，减小了断层面的孔隙，甚至导致断层裂缝闭合。由岩石受力变形理论可知，泥岩所受压力达到其弹性极限后便会发生塑性变形。根据前人对湘、鄂西泥质岩的抗压实验研究可知，当压力超过5MPa时，泥岩便发生塑性变形流动，堵塞断层面紧闭后所遗的渗漏空间形成垂向封闭。否则，断层面虽可在压力的作用下紧闭，但泥岩不能发生塑性变形流动，断层仍会遗留渗漏空间，不能在垂向上形成封闭。根据上述研究结果，可通过计算断面正压力定量评价断层封闭与否，但不同地区和层位泥岩塑性变形的弹性极限压力不尽相同，在具体研究时需要重新确定。

通常情况下压性和压扭性的断层受到的应力属于挤压力，压实作用强烈，发育断层岩的孔隙渗透性不好，如果断层发育的是泥岩或者糜棱岩则孔隙的渗透性更差，证明断层的封闭性越好；相反若是张性或张扭性断层，受到的应力为张拉力，常常发育的是碎屑砾石，大小不一，孔洞发育良好，一般断层封堵性差，断层垂向开启。

6）异常地层压力

层两侧的泥岩具有异常压力时，泥岩塑性增强，断层容易被泥岩所填充造成封堵。泥页岩地层如果具有异常压力，会降低其弹性极限，使其塑性增强发生流动。如果断层两侧的泥岩具有异常压力，那么断层面易被塑性流动的泥岩充填造成封堵。在断裂带上一般均有断层泥等泥质成分存在，这种泥质成分在埋藏成岩过程中若存在异常压力，那么就有可能造成断层面附近泥岩塑性变形充填孔隙，形成较大的排驱压力，造成断层封闭。因此，断层的封闭性与断裂两侧泥岩地层异常压力具有正相关性。断层两侧泥岩异常压力越大，泥岩塑性变形越强，断层封闭性越好。

7）流体性质

从储层流体性质分析断层的封闭性，即根据断层两盘靠近断层附近储层内油气水的物理、化学性质的差异，判断断层的封闭性。开启性断层两盘油气水物理化学性质基本相同，具有统一的油水界面；而封闭性断层两侧油气水性质存在较大差异，各自具有独立的、纵（横）向上极为复杂的油、气、水关系，可形成特殊的油气藏。因此，在理论上利用断层两侧储层流体性质研究断层封闭性是可行的，但该方法仅适用于断层两侧具有明确的油气藏。

2. 断层发育的构造环境

1）断层走向

一个地区断层的走向可以有许多组，但由于其形成时间、形成规模等不同，因此封闭程度也是有区别的。一般来说，走向与区域最大主应力垂直的断层比走向与最小主应力垂直的断层封闭概率大。

2）断距

断距大，断层带物质遭受的摩擦时间长强度大，形成断层泥的机会就多，容易形成好的封闭性；但是如果断距超过区域盖层的厚度，就有可能使垂向上不封闭。

3）断层活动时间

相同条件下，通常同沉积断层比沉积后断层的封闭性好。如果断层是年轻的或重新复活过，油气是断层不整合面或浅层储层，则封闭性差。

4）断层类型

走滑断层的封闭性比逆断层的好，逆断层的封闭性比正断层的好，反向断层的封闭性比顺向断层的好。

5）断面倾角

无论是正断层还是逆断层，反向断层或是顺向断层，断面倾角均由陡至缓，断层封闭能力逐渐增强。

6）断层的组合方式

断层的形成次序与排列形式对断层封闭性也有一定的影响，鲁兵等认为地堑状断层从上向下逐渐收敛，使各断面间的摩擦力增大，断面间闭合程度较好，有利于油气的聚集。如果地堑两侧的倾角不对称，会引起地层的翘倾，使得陡倾角的断面张开，封闭性变差。地垒状断层恰好相反。

断裂作为遮挡物是油气聚集圈闭形成的重要条件，尤其是背斜构造圈闭不发育的断裂发育区，其作用更重要。大量油田资料统计结果表明，断裂空间组合形式与油气聚集程度有着密切关系。

断裂在剖面上组合可以形成地垒、地堑和断阶 3 种类型构造。从遮挡聚集油气能力上看，地垒型构造高部位形成的断块型聚集油气圈闭最有利，为油气聚集的低势区，有利于油气聚集成藏；如果砂体上倾方向存在断层遮挡，断阶型构造形成的断块型或断层遮挡型油气聚集圈闭，也可捕集油气，形成油气藏；地堑构造中间断块为油气聚集的高势区，不利于捕集油气形成油气藏。从大量油田统计资料来看，也表现为地垒构造油气最富集，其次是断阶构造，最差为地构造。

单条断裂，在平面上只有与鼻状构造或上倾河道砂体配合，方可形成油气聚集断层圈闭；而 2 条或多条断裂无论在平面上呈平行还是呈交叉组合，均较单条断裂更易形成油气聚集的断层圈闭有利于油气富集。

7）构造样式

在逆断层和聚敛型走滑断层，以及正断层的上盘往往形成断层圈闭，说明其封闭能力是较好的。

8）断层密度

一定范围内的断层条数越多，说明岩石的破碎程度比较岩中，形成程度大因而断层的封闭能力较小。

9）断层倾角与地层倾角的关系

从断块圈闭角度来说，断层倾角与地层倾角相反形成的反向断块构造，比断层倾角与地层倾角相同形成的顺向断块构造更易形成有效的圈闭。

10）断层泥岩涂抹

断层泥岩涂抹是通过泥岩层的泥化并进入发育中的断层带而形成的。当断层发生位移错动时，泥岩涂抹在上、下盘削截砂岩层断面处形成较薄的泥质层，对储集层产生封闭。

断层泥岩涂抹发育程度直接影响断层对油气藏的封堵能力，这是因为泥岩涂抹产生沿断层面分布一个连续低渗透黏土物质带，因而赋予断层本身很高的排驱压力，对油气产生封堵作用。由于单一泥岩错断过程中，泥岩的涂抹厚度随断距的加大而变薄，这种泥岩涂抹的空间连续性与泥岩层厚度比例和断层位移密切相关，基于此可对泥岩涂抹进行定量评价。

11）断面几何形态

断面的几何形态不同，断层封闭性能差异很大。若铲形断层下部断面缓，则垂向封堵性好；若上部断面陡，紧闭程度不高，则垂向封堵性差。同理，上凹下凸断层中垂向封闭性好，上下垂直封闭性差，上凸下凹型断层上下垂向封堵性好，中间垂向封闭性差。

二、断层静态要素统计

研究伸展断层的封闭能力，首先伸展断层需作为断块圈闭的控圈断层。如果伸展断层非圈闭的控圈断层，则伸展断层封闭性不直接影响圈闭的有效性，评价其封闭性也就失去了意义。

断块圈闭的主控伸展断层这里指的是构造断块圈闭的单条或多条伸展断层中，断层平面走向与区域油气运移方向垂直或大角度斜交的断层为控圈断层，对圈闭的有效性起决定作用(图 4 －4)。

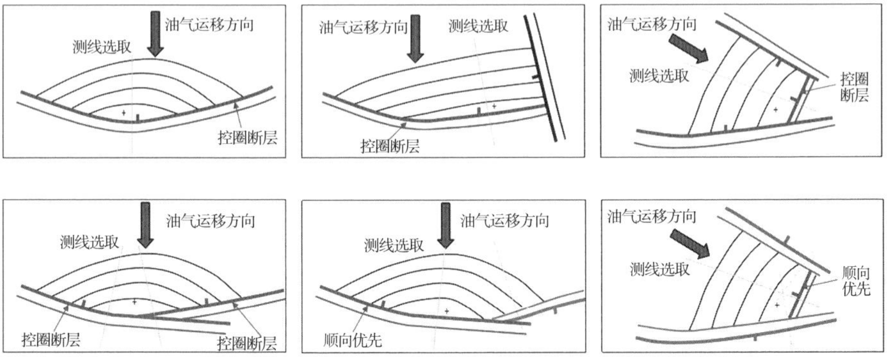

图 4 －4　顺向断块圈闭控圈断层示意图

断块圈闭的次要断层指的是构成断块圈闭的伸展断层，断层平面走向与油气运移方向接近平行，对断块圈闭的有效性影响较小。

明确如何识别断块圈闭的主控断层之后，对主控断层的静态要素进行统计。过断块圈闭的构造最高点垂直与主控断层选取测线，对这条测向上能够求取的伸展断层的断距、地层倾角、断层倾角、两盘岩性对接关系、SGR、断层生长指数等一系列数据进行统计。

顺向断块下降盘，在向下滑动的过程中，与对盘等时岩层之下的地层发生滑动摩擦，断层面的泥岩涂抹系数，受上升盘的岩层之下一个滑动距离内地层的岩性的影响。因此，在统计顺向断层下降盘的泥岩涂抹系数时，以研究目的层之下的一个断距厚度的地层作为统计对象。

在东营凹陷圈层全层系开始收集由伸展断层主控形成的断块圈闭。东营凹陷内主要发育 13 个断裂构造带(图 4 －5)。

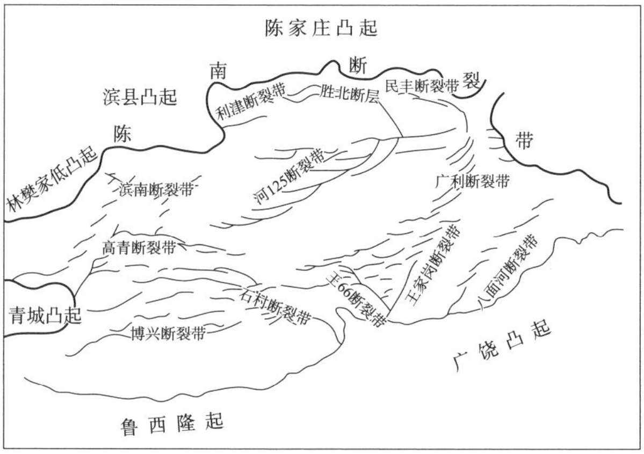

图 4 －5　东营凹陷主要断裂带分布图

通过对每个断裂构造断层性质、圈闭发育类型的认真审查，东营凹陷北部民丰断裂带、广利断裂带王家岗断裂带、利津断裂带、滨南断裂带等断裂带主要发育反向断层，顺向断块圈闭发育较少。东营凹陷南部八面河断裂带、石村断裂带、王 66 断裂带、高青断裂带以及博兴断裂带内，顺向断层较发育，目前也发现了不少顺向断块油藏。统计过程中，尽量选取不同洼陷、不同层系、不同储层类型的圈闭，保证统计样本之间最大差异性，使得在后续各项工作中，样本数据的重叠性降到最低，保证每个数据都有效地参与运算，能够得到最真实最准确且最具有广泛使用性的计算结果。

通过对全东营凹陷整个古近系地层的普查，共收集了73个顺向断层主控形成的断块圈闭(图4－6)。

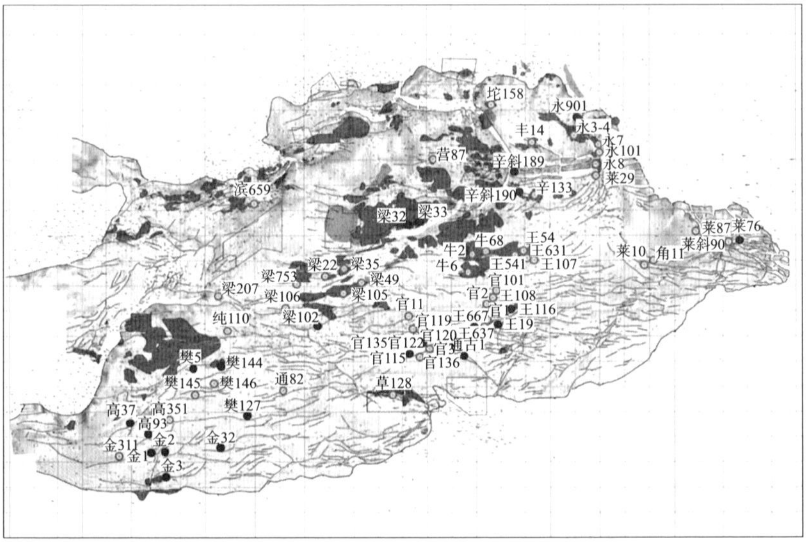

图4－6　顺向断块圈闭钻遇井位平面分布图

对每个圈闭主控伸展断层的断距、砂岩厚度、砂地比、储层孔隙度、断层倾角、地层倾角、两盘对接岩性、埋深等13项静态要素进行了认真准确的统计(表4－1、表4－2)。为了尽量减少人为统计中存在的误差，在同一个断块圈闭中，选取多条过圈闭构造高点垂直断层平面走向的测线，测线间距为50m。如果断块圈闭中最浅等值线与断层相交的长度较短，侧线间距可加密至25m。

表4－1　成藏顺向断块圈闭主控断层要素统计表

井名	层系	断距/m	砂岩厚度/m	油层厚度/m	砂地比(储层之上)	砂地比(储层之下)	孔隙度/%	断层倾角/(°)	地层倾角/(°)	对接岩性	日产油量/t	日产水量/m³	埋深/m	地层压力/MPa
滨659	沙四上亚段	228	6.5	6.5	10.6	41.2	11.3	29.8	2.3	泥岩	8.11	7.79	2922	1.16
草128	沙三中亚段	180	17	17	50.9	24.5	34.2	48.2	3.2	泥岩	4.42	8.14	1290	
纯110	沙四上亚段	83	5.8	5.8	1.8	35.8	12.5	28.9	5.4	泥岩	7.75	6.18	3274	
樊145	沙四上亚段	57	16.3	4.2	14.9	55.8	9.9	50	4.6	泥岩	29.8	1.04	2912	
樊146	沙四上亚段	120	7.9	7.9	7	39.8	11.4	63.2	11.3	泥岩	8.96	0	3099	
丰14	沙三中亚段	92	18.5	18.5	2.9	23	18	42.1	4.3	泥岩	7.62	0	2846	
高351	沙四上亚段	110	3.5	1.7	24.6	21.2		55.3	6.4	泥岩	5.25	0	2434	1.27

续表

井名	层系	断距/m	砂岩厚度/m	油层厚度/m	砂地比（储层之上）	砂地比（储层之下）	孔隙度/%	断层倾角/（°）	地层倾角/（°）	对接岩性	日产油量/t	日产水量/m^3	埋深/m	地层压力/MPa
官 11	沙三中亚段	85	28. 1	8. 4	41. 4	33. 1	15. 2	52. 4	3. 1	泥岩	13. 5	9. 35	2884	1
官 119	沙四上亚段	170	2. 3	2. 3	1. 5	32. 1		53. 1	18. 4	泥岩	10. 1	3. 75	3064	
官 120	沙四下亚段	46	3. 2	3. 2	0	26. 1	13. 1	56. 5	5. 7	泥岩	4. 57	0	2905	
官 136	沙四段	154	28	5. 3	2. 53	V	21	58. 2	9. 3	泥岩				
官 2	沙二段	23	2. 5	2. 5	19. 6	52		42. 6	3. 1	泥岩	7. 59	3. 2	2047	
角 11	沙四上亚段	46	6	6	9. 8	42. 4		56. 1	3. 8	泥岩	2. 29	0. 07	2674	
莱 10	沙四上亚段	70	28	5	20	40		60	5. 6	泥岩	21. 9	0	2659	
莱 29	沙四段	20	2. 9	2. 9	14. 5	14. 5		59. 5	6. 7	泥岩	0. 64	0. 24	2315	
莱 87	沙四段	50	7. 1	2. 3	1. 2	17. 8	17	40. 4	8. 1	泥岩	31. 3	0	2848	
莱斜 90	沙四段	80	3. 9	3. 9	33. 8	24. 8	16	46. 6	8. 5	泥岩	35. 5	0	2215	
梁 106	沙四上亚段	120	1. 8	1. 8	1. 7	45. 2	11. 5	44. 3	6. 3	泥岩	10. 4	1. 55	3070	1. 51
梁 207	沙四上亚段	115	8. 2	3. 2	21. 8	56. 5		37. 2	7. 2	泥岩	1. 85	0. 08	2867	
梁 22	沙三中亚段	240	55	2. 7	22. 5	23		46. 9	2. 2	泥岩	24. 6	42. 5	3142	
梁 35	沙三中亚段	88	7. 5	4	9. 1	42. 6		37. 2	4. 1	泥岩				
梁 49	沙三中亚段	46	2. 5	2. 5	0	10. 8		36. 4	2. 7	泥岩				
梁 753	沙四上亚段	44	3. 9	3. 9	32. 3	51. 6	11. 5	26. 4	4. 2	砂泥互层	1. 18	29. 5	3432	
牛 23	沙三上亚段	180	31	8	22. 8	17. 2		40. 7	2. 5	泥岩	15. 3	0	3142	
牛 6	沙三中亚段	72	3	3	8. 3	14. 6		47. 8	3. 9	泥岩	3. 5	12. 11	2999	
牛 6	沙三下亚段	148	5. 8	5. 8	7. 7	7. 2		47. 8	3. 5	泥岩	8. 81	1. 45	3203	
通 82	沙四上亚段	110	14. 5	5. 5	0	13. 2		34. 3	10	泥岩	4. 4	6. 3	2771	
王 107	沙三中亚段	106	30. 1	17	5. 9	28. 4	21. 8	50. 5	6. 8	泥硐	21	2. 4	2603	0. 99
王 108	沙三下亚段	30	10. 5	2. 7	1. 7	35	20. 1	39. 8	6. 6	泥岩	8. 91	4. 58	2564	1. 01
王 54	沙三中亚段	112	10	3. 5	4. 5	18. 3		59. 6	2. 1	泥岩	0. 46	0. 59	2994	
王 541	沙三中亚段	46	9. 3	5	16. 3	20. 2	18. 05	62. 2	2. 3	泥岩	1705	0	3117	1. 59
王 631	沙三中亚段	100	40. 5	21	6. 1	40. 57	21	52. 7	10. 5	泥岩	0. 002	29. 6	2775	1. 18
王 667	沙三下亚段	75	4. 7	4. 7	38. 9	16. 1	26. 2	58	6. 1	白云岩	6. 3	45. 8	1836	
王 68	沙三中亚段	180	60	7	6. 1	33. 3		48. 6	2. 3	泥岩	11. 6	0	3066	
辛 133	沙三中亚段	130	10	8. 5	8. 3		22	36. 8	3. 2	泥岩	41. 2	0	2782	
永 101	沙三上亚段	260	172	46	68. 3	2. 7	28	30. 9	3. 9	泥岩	20. 5	1. 53	2172	
永 3－4	沙三上亚段	40		5. 5	42. 8	24. 2	28	66. 6	16	泥岩	38. 4	0	2047	
永 7	沙三中亚段	125	25. 5	4	20. 4	6. 8		27. 5	3. 5	泥岩	12. 1	0	2507	1. 3
永 8	沙三上亚段	60		11	92. 5	45	31. 7	53. 7	5. 1	泥岩	10	1. 2	2189	
营 87	沙三上亚段	55	6	6	30	54. 3		38. 3	1. 9	砂岩	86. 4	0	2186	

续表

井名	层系	断距/m	砂岩厚度/m	油层厚度/m	砂地比（储层之上）	砂地比（储层之下）	孔隙度/%	断层倾角/(°)	地层倾角/(°)	对接岩性	日产油量/t	日产水量/m^3	埋深/m	地层压力/MPa
金311	沙二段	42	3.5	3.5	16.2	44.8	30.2	68.9	5	砂泥互层	3.22	0.24	1122	0.99
金311	沙二段	130	4	4	49	70.9	24.2	68.9	6.9	砂泥互层	5.88	1.51	1239	1.13
坨158	沙三下亚段	45	4.6	4.6	7.1	60.9	7.5	51.8	8.6	泥岩	12.7	0	2704	1.38
梁105	沙四上亚段	70	1.132	3.2	8.7	38.9	11.3	38.1	14.8	泥岩	0.05	1.64	3107	1.57
梁8	沙三下亚段	60	2	2	0	2.83		35	8.7	泥岩	12.2	3.39	2957	

表4-2　失利顺向断块圈闭主控断层要素统计表

井名	层系	断距/m	砂岩厚度/m	油层厚度/m	砂地比（储层之上）	砂地比（储层之下）	孔隙度/%	断层倾角/(°)	地层倾角/(°)	对接岩性	日产油量/t	日产水量/m^3	埋深/m
樊5	沙二段	135	6	/	18.5	60.4		61.2	3	泥岩	/	/	2189
樊144	沙三中亚段	140	24	/	3.2	18.7	16	56.6	6.4	泥岩	/	/	2548
樊127	沙四上亚段	375	17	/	4.3	30.3		67.9	8.3	泥岩	/	/	2380
金32	沙四上亚段	395	6.3	/	11.9	22.3		72.4	6.7	泥岩	/	/	1520
金2	沙三中亚段	60	21.5	/	41.7	68.3		62.8	6	泥岩	/	/	1220
高37	沙三上亚段	50	6	/	19	52.2		69.7	5.7	砂泥互层	/	/	1776
梁102	沙二段	60	9.5	/	23.3	59.2		46.2	3.4	砂泥互层	/	/	2318
梁32	沙三上亚段	55	18	/	17.3	76.4		52.7	4	砂泥互层	/	/	2451
梁33	沙三中亚段	70	5.5	/	26.4	12.9		57.5	4.7	泥岩	/	/	2653
官135	沙三下亚段	55	5.7	/		23.1		66.2	7.3	泥岩	/	/	2000
官115	沙四段	110	6	/	3	54.1	20	54.9	7.6	砂泥互层	/	/	1988
通古1	沙四段	40	27	/	7.5	77.5	26	66	4.3	砂泥互层	/	/	1560
官122	沙三下亚段	110	14	/	35.9	48.6		62.2	6.8	泥岩	/	/	2359
王19	沙三上亚段	50	28	/	48	87		59.1	3.6	砂泥互层	/	/	1708
辛斜190	沙三下亚段	120	4.4	/	3.8	10.25	15	38.9	5.1	泥岩	/	/	3292

续表

井名	层系	断距/m	砂岩厚度/m	油层厚度/m	砂地比(储层之上)	砂地比(储层之下)	孔隙度/%	断层倾角/(°)	地层倾角/(°)	对接岩性	日产油量/t	日产水量/m^3	埋深/m
永901	沙三上亚段	30	18	/	21.3	75.3	32	59.2	4.4	砂岩	/	/	1559
金3	沙三段	45	8.5	/	40	70		63.1	9.1	砂泥互层	/	/	773
金3	沙三段	45	7.5	/	56.7	68.9		63.1	9.2	砂泥互层	/	/	873
金1	沙三段	20	7	/	42.5	67.5		70	7.2	砂泥互层	/	/	1261
高93	沙四段	125	1.8	/	3	28.1	17.3	69.9	6.6	泥岩	/	/	2267
高39	沙三中亚段	45	13	/	21.1	93.3	18.4	71.5	8.2	砂岩	/	/	1936
王116	沙三下亚段	95	9	/	12	15.8	23	63.1	5.3	泥岩	/	/	2056
官1	沙三下亚段	100	9	/	33	15	22	57.7	5.2	白云岩	/	/	2023
王667	沙三下亚段	75	5.7	/	66.3	16.1	26.3	58	6	白云岩	/	/	1778
官115	沙四段	110	6	/	3	57.5	20	61	8	砂泥互层	/	/	1998

三、断层单一静态要素封闭性物理模拟实验

在明确断层封闭机制及封闭类型的基础上，利用自主研发的物理模拟实验装置，设计并开展单一静态地质因素封闭性实验分析，明确优选的静态地质因素与断层封闭性间关系，为厘定静态地质因素封闭最优区间提供实验材料支撑。

1. 物理模拟实验具体实施方法

为了明确单一断层要素对断层封闭性的影响作用，设计了物理模拟实验，根据实验数据和成果，分析断层要素在封层封闭性中起到的作用。

第一步，基于断裂带内部结构特征及前人有关封闭性的研究成果，预筛选伸展断层封闭性静态地质因素，并初步建立不同静态地质因素与伸展断层封闭性间理论模型，明确二者间相互关系。

第二步，依据选取的封闭性静态地质因素，设计模型模块铺设样式。首先，在玻璃板背面用记号笔勾勒出不同实验材料铺设的范围，并在内部用宽 2mm 的细胶条粘贴在记号笔标记的位置；其次，选取合适材料进行铺设，可利用硬纸板、刷子等辅助材料，铺设完成后将先前粘贴的胶条去除，并在空余部位补充与

临近部位物性、材质相同的实验材料；最后，在确认无误后将另一片玻璃板覆盖在先前完成的模型之上，在四周利用“U”形卡夹固定紧实，使两块玻璃板在胶条两侧紧密贴合、密封。

如图4－7所示，以选取的伸展断层封闭性静态地质因素为断层倾角为例，在内部材料选取时，选择粒径为20～30目，即0.6～0.8mm的渗透性玻璃珠作为模型模块内地层砂体部分的铺设材料，选取粒径为30～40目，即0.4～0.6mm的渗透性玻璃珠作为模型模块内断层部分的铺设材料，选取粒径粒径80～100目，即0.1～0.2mm的干燥、松散白色石英砂作为模型模块内除砂体、断层外周围非渗透性岩层部分的铺设材料；内部材料在铺设时保持地层砂体倾角不变为20°，为保证染色煤油在向模型模块初始注入、运移过程中克服浮力及其他因素差异导致的影响，在地层砂体材料铺设时设置煤油导入区，该区域直立，倾角为90°；不断改变断层铺设材料部分的倾角为50°、60°、70°和80°，分别完成一大组内四小组实验模型模块的铺设。

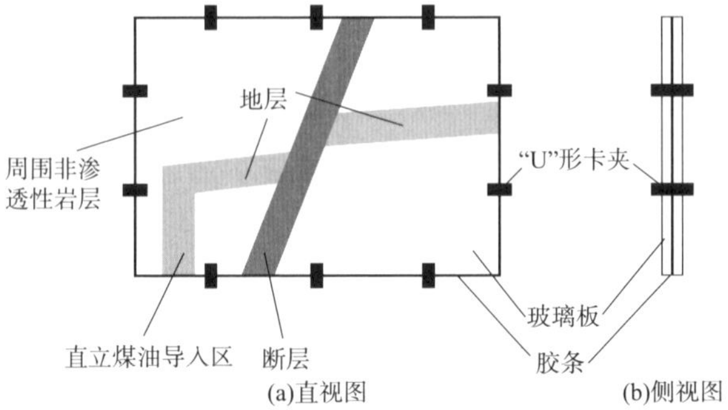

图4－7 模型模块示意图

第三步，将与驱动装置中平流泵、泵头出口管及充注软胶管相连的模型模块直立，缓慢放置于水箱内的防滑模型垫块之上，使水箱内充注的水通过玻璃板与胶条之间的缝隙进入模型模块内，以保持模型模块内外压力相同；依次打开位于水箱玻璃背板后侧的直射光源、计算机与数码相机，打开驱动装置中平流泵的开关，按下流量键“Flow”，将预置的流量通过键盘输入；运行计算机内安装的控制相机拍照软件 Helicon Remote，使其控制数码相机每间隔1min对模型模块拍照1次，同时按下平流泵上的运行键“Run”，使煤油装载缸内的苏丹红染色煤油通过平流泵的加载，以持续、平稳的流速由泵头出口管输出，经充注软胶管连接穿过模型模块底部的胶条向地层砂体材料铺设的直立煤油导入区充注，再经过倾斜地层砂体向断层部位运移，观察并记录染色煤油在模型内的充注情况。

第四步，实验结束后，依次关闭平流泵、数码相机、计算机、直射光源，将模型模块从水箱中取出，将底部连接的充注软胶管摘掉；拆下固定模型模块的"U"形卡夹，卸下上覆玻璃板及胶条，将两片玻璃板清洗干净并晾干。

完成一小组实验后，重复上述工作，对同一伸展断层封闭性静态地质因素进行多小组实验，在各小组实验均完成后，对比分析实验中染色煤油在模型模块中的充注情况，分析该实验因素对伸展断层封闭性的影响及封闭最优区间；改变开展物理模拟实验装置的封闭性静态地质因素，重复上述工作，得出结论；在开展多组单一封闭性静态地质因素实验后，横、纵向多维度分析实验结果，做到最大限度地节约实验器材和资源。

2. 不同断层倾角封闭性物理模拟实验

1)理论模型

随着断层倾角的增加，一方面相同上覆沉积载荷作用在断面上的有效正应力减小[式(4-3)]，另一方面油气在断裂带内的运移距离减小，且所受浮力增加，二者综合作用导致断层封闭能力降低。图4-8(a)中所示断层倾角 θ_1 小于图4-8(b)中断层倾角 θ_2，导致 $F_{f1}>F_{f2}$ 且 $l_1>l_2$，总体呈现断层倾角越小，断层越容易形成封闭的特点。

$$F_f=\rho_r\cdot Z_f\cdot\cos\theta \tag{4-3}$$

式中，F_f为断层岩所受断面正应力，Pa；ρ_r 为地层骨架密度，g/cm³；Z_f为断层岩埋深，m；θ 为断层倾角，(°)。

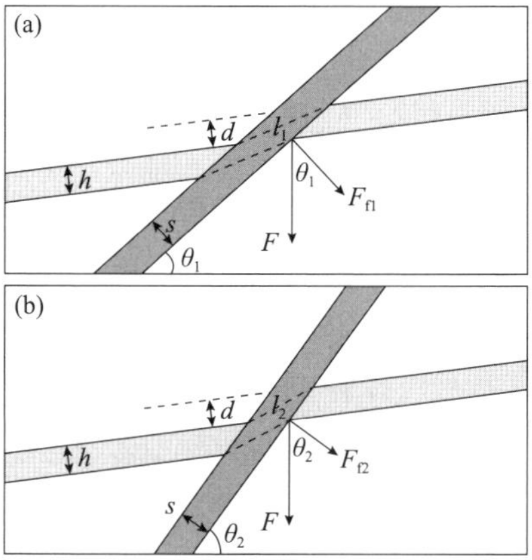

图4-8　不同断层倾角与断面正压力关系示意图

F—上覆沉积载荷；F_f—断面有效正应力；θ—断层倾角；h—地层厚度；s—断裂带宽度；d—断层断距；l—相同界面在断裂带内聚力

除此之外，由改变实验室环形剪切实验施加应力大小的实验也可以得到，随着有效正应力的增大(一般可由断层倾角减小或埋藏深度增加所导致)，由1MPa升高至3MPa，剪切滑动面处岩石的粒度逐渐变细，渗透率也相应地逐渐降低，断层封闭能力逐渐增强。

2)实验现象及结果分析

基于上述理论机制及地质现象分析，开展两组实验Efa－1、Efa－2，其中一组实验Efa－1中地层倾角设定为20°，选取粒度为0.6～0.8mm的玻璃微珠作为地层，粒度略小于地层的0.4～0.6mm玻璃微珠作为断层，注入速度0.1mL/min，不断改变断层倾角分别为50°、60°、70°和80°(表4－3)；另一组实验Efa－2地层倾角设定为10°，其余特征与Efa－1实验相似(表4－4)。并依据如图4－9所示的样式对实验中所需的模型进行制作，按照上述物理模拟实验操作流程开展实验。

表4－3　Efa－1实验参数表

序号	断层倾角/(°)	断层粒度/mm	地层倾角/(°)	地层粒度/mm	注入速度/(mL/min)
1	50	0.4～0.6	20	0.6～0.8	0.1
2	60	0.4～0.6	20	0.6～0.8	0.1
3	70	0.4～0.6	20	0.6～0.8	0.1
4	80	0.4～0.6	20	0.6～0.8	0.1

表4－4　Efa－2实验参数表

序号	断层倾角/(°)	断层粒度/mm	地层倾角/(°)	地层粒度/mm	注入速度/(mL/min)
1	50	0.4～0.6	10	0.6～0.8	0.1
2	60	0.4～0.6	10	0.6～0.8	0.1
3	70	0.4～0.6	10	0.6～0.8	0.1

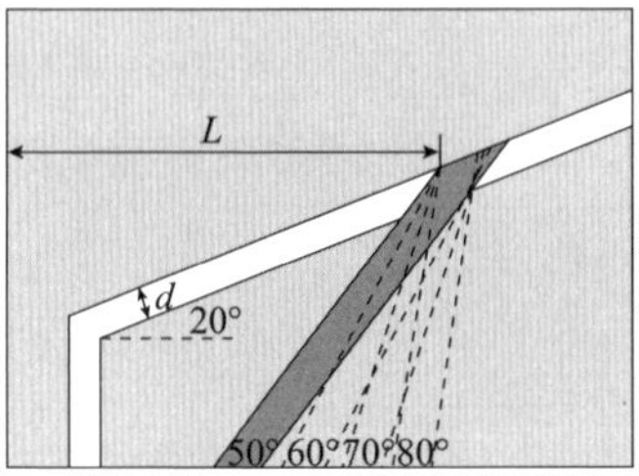

(a)地层倾角20°、不断变换断层倾角封闭性物理模拟实验

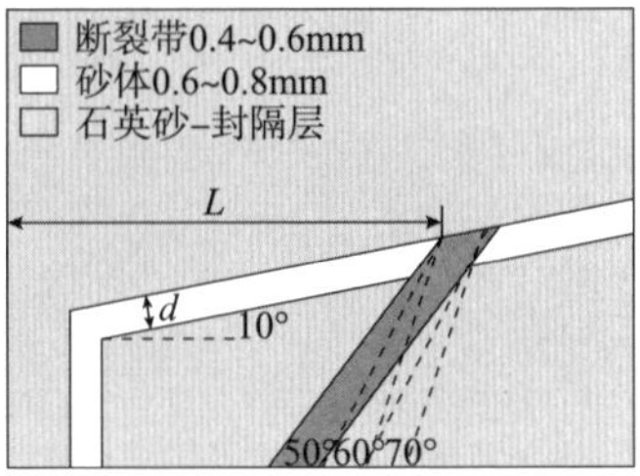

(b)地层倾角10°、不断变换断层倾角封闭性物理模拟实验

图4－9　不同断层倾角断层封闭性物理模拟实验模式图

注：保持相互对比的各实验组砂体厚度和长度一致L。

由实验现象可以看出，染色煤油在进入实验模型模块后优先沿着直立的煤油导入区垂向运移，充满后侧向沿着储层砂体向断裂带运移，当压力达到一定程度后断层将失去封闭能力，油气穿过断裂带向另一盘储层砂体运移。具体来说，在 Efa－1 实验中，当断层倾角为 80°、70°时，油气自充满地层进入断层到穿过断层到达对盘地层经历 3min（图 4－10）、8min（图 4－11），油气多沿断层与盖层间不整合运移。

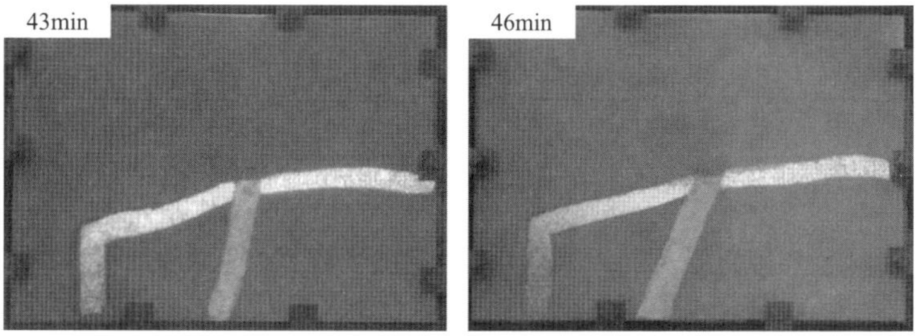

图 4－10　Efa－1－4 物理模拟实验现象

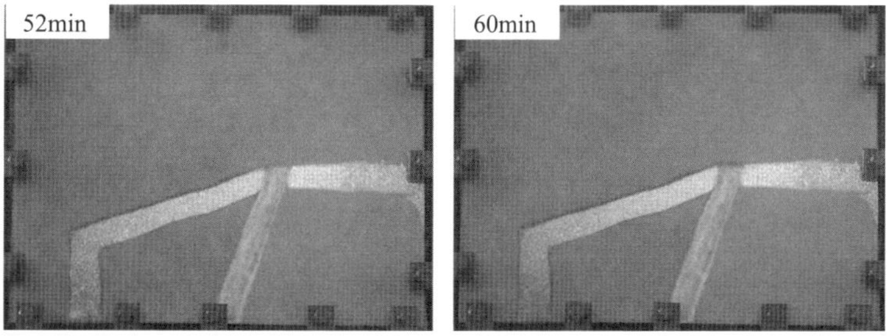

图 4－11　Efa－1－3 物理模拟实验现象

当断层倾角为 60°、50°时，对应时间分别为 10min（图 4－12）、15min（图 4－13），油气在断裂带内连片分布。

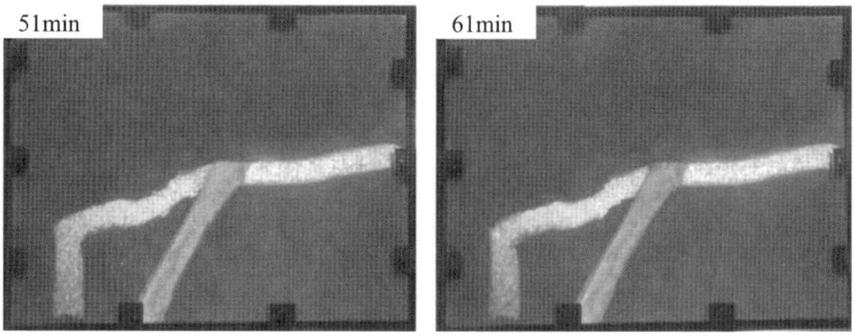

图 4－12　Efa－1－2 物理模拟实验现象

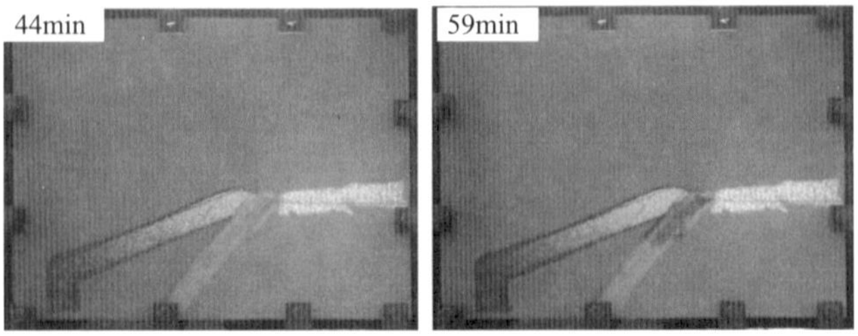

图 4－13　Efa－1－1 物理模拟实验现象

而在 Efa－2 实验中，当断层倾角为 70°时，油气自充满地层进入断层到穿过断层到达对盘地层经历 9min(图 4－14)；当断层倾角为 60°、50°时，对应时间分别为 12min(图 4－15)、15min(图 4－16)。

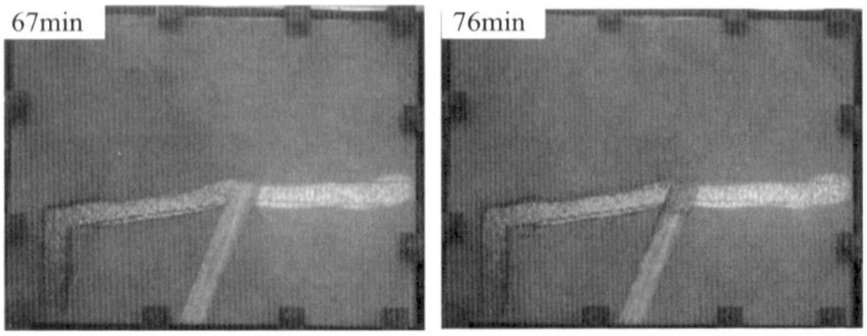

图 4－14　Efa－2－3 物理模拟实验现象

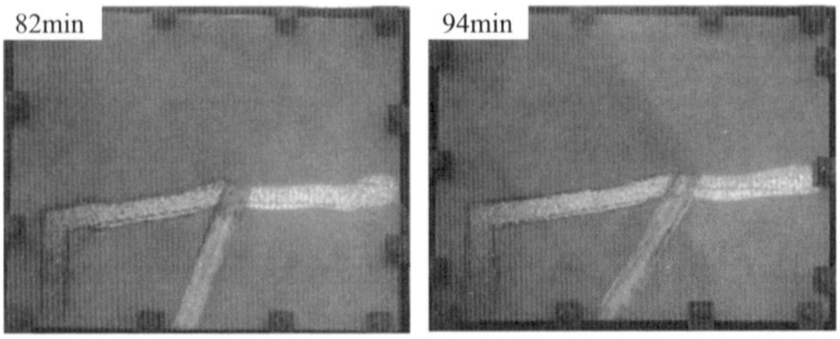

图 4－15　Efa－2－2 物理模拟实验现象

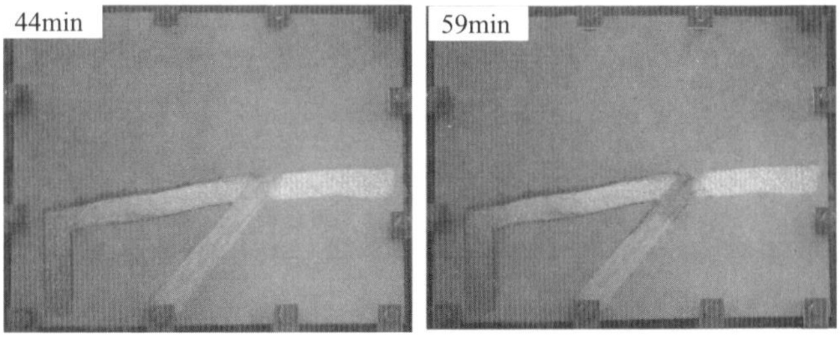

图 4－16　Efa－2－1 物理模拟实验现象

综合分析实验结果可以发现，随着断层倾角的增加，断层封闭能力呈线性降低(图4－17)，当倾角每增大10°时，断层封闭能力下降趋势较为稳定，约为24%～26%；并且有两组地层倾角不同的实验其结果具有一定的相似性，两组拟合公式具有相近的斜率。因此，基于上述理论、地质现象及物理模拟实验的分析得到，同强度－同物性断层、相同地层结构下，小倾角断层封闭能力强，大倾角断层封闭能力弱。

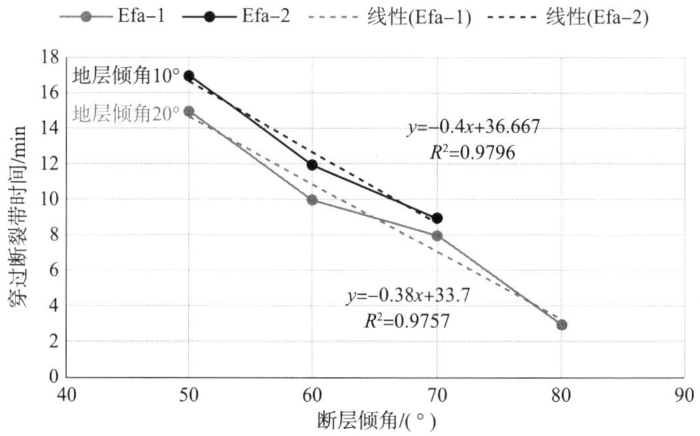

图4－17　油气穿过断裂带时间随断层倾角变化规律

3. 不同地层倾角封闭性物理模拟实验

1)理论模型

随着地层倾角的增加，一方面油气所受浮力在地层内的分量增大[式(4－4)]，油气更易于充注；另一方面浮力分量的增大导致油气克服断层岩毛细管压力的动力增大，二者综合作用导致断层封闭能力降低。图4－18(a)中所示地层倾角α_1大于图4－18(b)中地层倾角α_2，在浮力相同的情况下由式(4－4)可知浮力在地层内的分量F_1同样大于F_2，即总体具有地层倾角越小，断层越易形成封闭的特点。但从整个油气成藏的动态过程来看，并不是地层倾角越小越有利油气成藏，因为油气在地下的运移多受浮力作用影响，若地层倾角过小，不利于油气侧向运移，即使断层封闭性再好也不利于油气聚集成藏。

$$F = F_{浮力} \cdot \cos\alpha \qquad (4-4)$$

式中，F为浮力在地层内的分量，Pa；$F_{浮力}$为油气所受浮力，N；α为地层倾角，(°)。

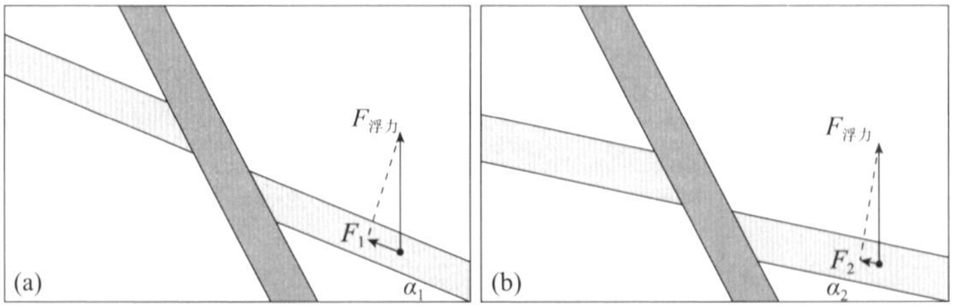

图 4－18　不同地层倾角条件下油气所受浮力模式示意图

2）实验现象及结果分析

基于上述理论机制及地质现象分析，开展两组实验 Ela，其中一组实验 Ela－1 中断层倾角设定为 55°，选取粒度为 0.6～0.8mm 的玻璃微珠作为地层，粒度略小于地层的 0.4～0.6mm 玻璃微珠作为断层，注入速度 0.1mL/min，不断改变地层倾角分别为 0°、10°、20°、30°和 40°；另一组实验 Ela－2 断层倾角设定为 65°，其余特征与 Ela－1 实验相似，不断以 10°为增量改变地层倾角由 10°逐渐增大至 40°。并依据如图 4－19 所示的样式对实验中所需的模型进行制作，按照上述物理模拟实验操作流程开展实验。

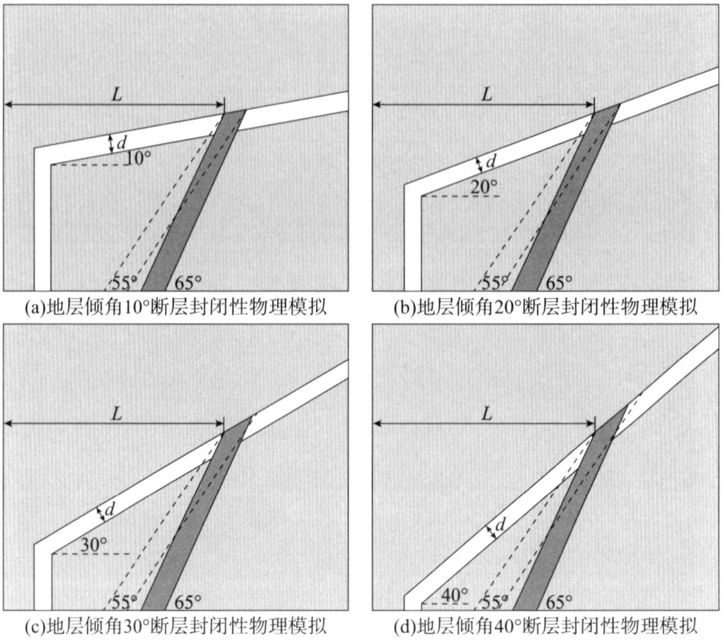

图 4－19　不同地层倾角条件下断层封闭性物理模拟实验模式图

由实验现象可以看出：在 Ela－1 实验中，当地层倾角为 0°时，油气所受浮力作用较小，充注速度缓慢，68min 仍未到达断裂带(图 4－20)，且染色煤油在水平地层内的前进距离长时间保持基本不变，这与理论研究时的认识吻合；当地层倾角依次为 10°、20°、30°、40°时，油气自充满地层进入断层到穿过断层到达对盘地层经历时间分别为 14min、12min、11min 和 8min。

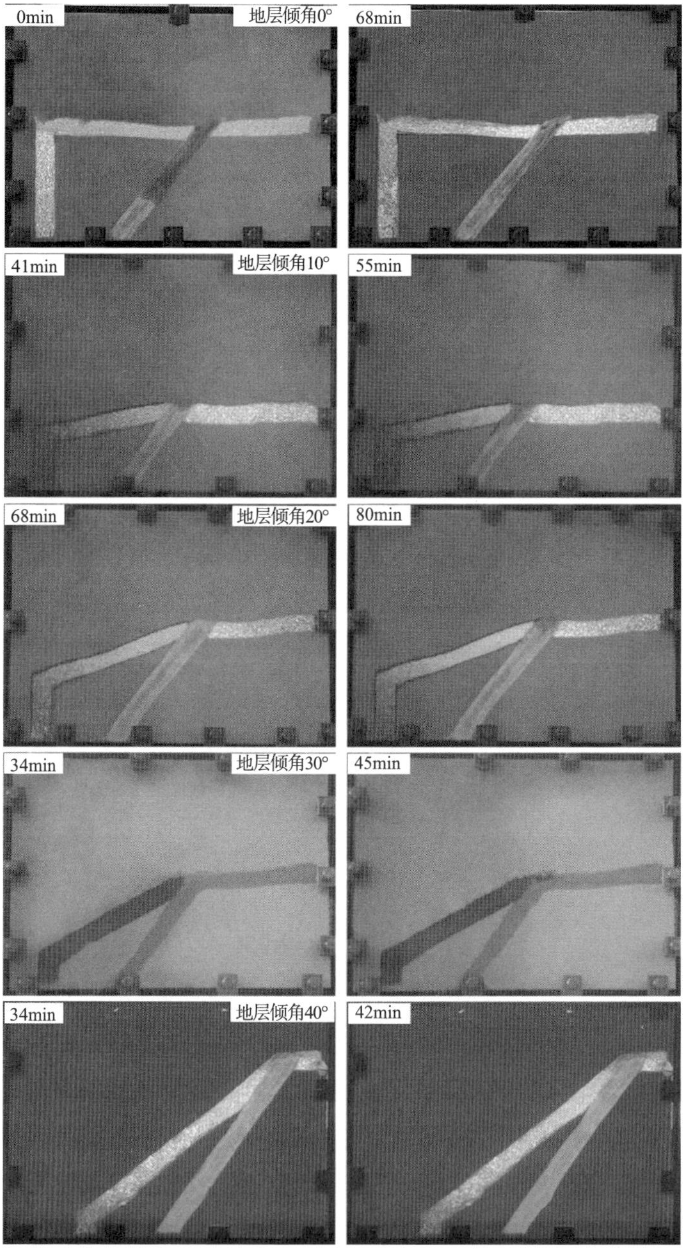

图 4－20　Ela－1 物理模拟实验现象

而在 Ela－2 实验中，当地层倾角为 10°时，油气自充满地层进入断层到穿过断层到达对盘地层经历 12min(图 4－21)；当地层倾角为 20°、30°、40°时，时间分别为 9min、8min 和 6min。

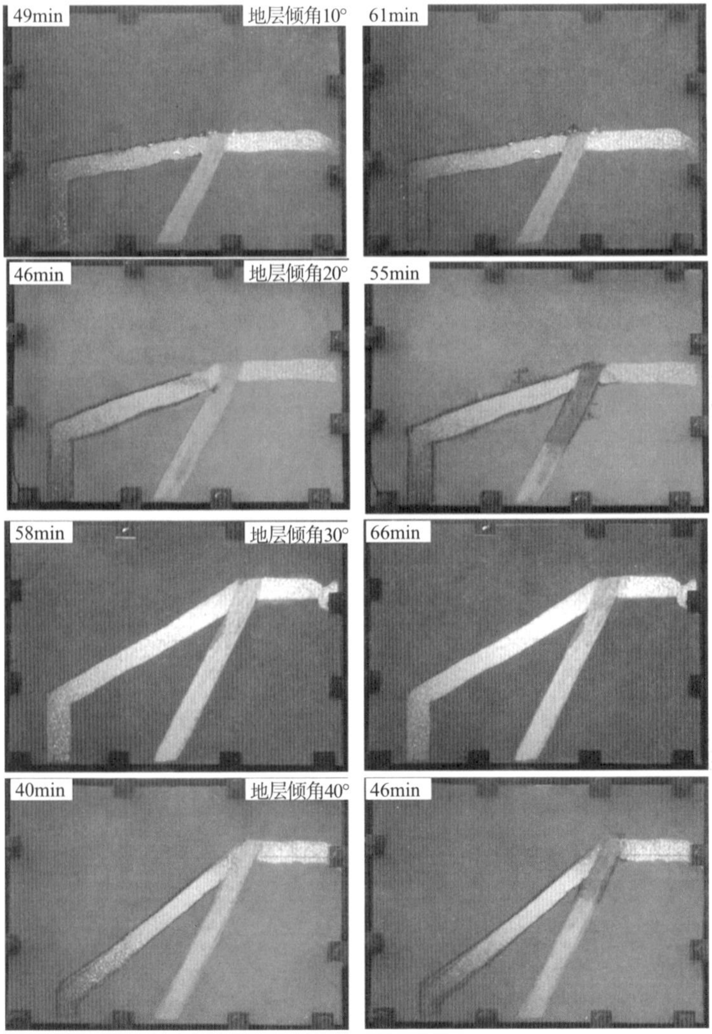

图 4－21　Ela－2 物理模拟实验现象

综合分析实验结果可以发现，随着地层倾角的增加，断层封闭能力呈指数降低，倾角小时封闭能力下降幅度大，由 10°增大至 20°时降低约 14%～16%；倾角大时封闭能力下降幅度小，由 40°增大至 50°时降低 8%左右，且有两组地层倾角不同的实验，其结果具有一定的相似性(图 4－22)。

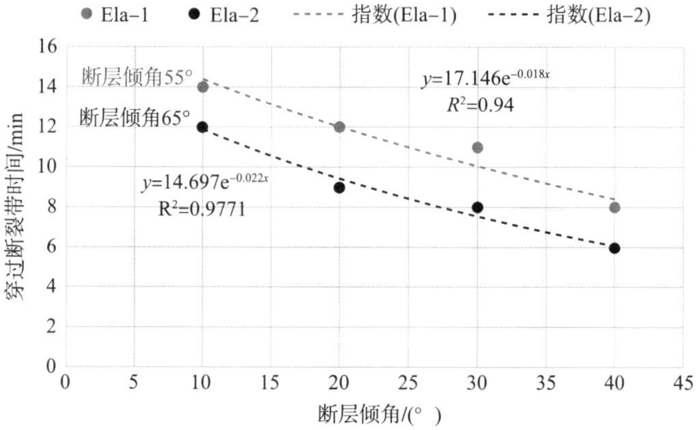

图 4－22　油气穿过断裂带时间随地层倾角变化规律

因此，基于上述理论、地质现象及物理模拟实验的分析得到，同强度－同物性－同期断层、相同地层物性下，与小倾角地层配置断层封闭能力强，与大倾角地层配置断层封闭能力弱。

4. 不同断层岩物性物理模拟实验

1) 理论模型

随着断裂充填物的物性逐渐变差，断层岩孔喉半径降低，油气进入断裂带所需克服的毛细管压力增大，同时使围岩与断层岩的差异渗透能力增强，故断层封闭能力亦增强。

由于断裂带内的充填物是断层在活动过程中两盘物质滑动削截充填其内的，故断裂带物性要受到其所错断围岩地层的物性与断层断距的影响。若断层错断岩层为大套泥岩层段，那么断裂充填物以泥质成分为主，断裂带物性较差，断层封闭能力较强；若断层错断岩层为大套砂岩层段，那么断裂充填物以砂质成分为主，断裂带物性较好，断层封闭能力较弱或不具备封闭能力。而国内沉积盆地大部分为砂泥岩互层建造，断裂充填物表现为砂泥岩碎屑的混合，二者的成分比例取决于断距范围内断层错断砂、泥岩层的属性关系。截至目前，常用断层岩 *SGR* 值表征断裂带物性的好坏，是断裂所断移的砂、泥岩层厚度及相应层泥质含量的乘积与断裂断距的比值[式(4－5)]，通常情况下断层岩 *SGR* 值越大，泥质成分含量越高，断裂带物性越差；断层岩 *SGR* 值越小，砂质成分含量越高，断裂带物性越好。

$$SGR = \frac{\sum_{k=1}^{n} \Delta T_k \cdot V_{\mathrm{sh}k}}{D} \times 100\% \qquad (4-5)$$

式中，SGR 为目标点断层岩泥质含量,%；n 为断裂错断的砂、泥岩层层数，常数；k 为断裂错断的第 k 层岩层，常数；ΔT_k 为断裂错断的第 k 层岩层厚度，m；V_{shk} 为断裂错断的第 k 层岩层泥质含量,%；D 为断裂垂直断距，m。

2)实验现象及结果分析

基于上述理论机制及地质现象分析，开展相关实验 Efp，其中断层倾角设定为65°，地层倾角设定为15°，选取粒度为0.8～1.0mm 的玻璃微珠作为地层，注入速度0.1mL/min，不断改变断层粒度但整体保持其粒度小于地层粒度，分别选取0.2～0.4mm、0.4～0.6mm、0.4～0.6mm 与0.6～0.8mm 等比例混合的玻璃微珠开展三次实验。并依据如图4－23 所示的样式对实验中所需的模型进行制作，按照上述物理模拟实验操作流程开展实验。

由实验现象可以看出，当断裂带物性为0.2～0.4mm 时，由于其较周围的非渗透性石英砂具有更低的渗透率(仅为37.34μm²)，当染色煤油充满近源一侧地层砂体后，在极强断层封闭能力的影响下，优先在浮力及较大剩余压力(或者可视为超压)的作用下向上、下层位的石英砂中发生渗漏，但仍未穿过断裂带(图4－24)。

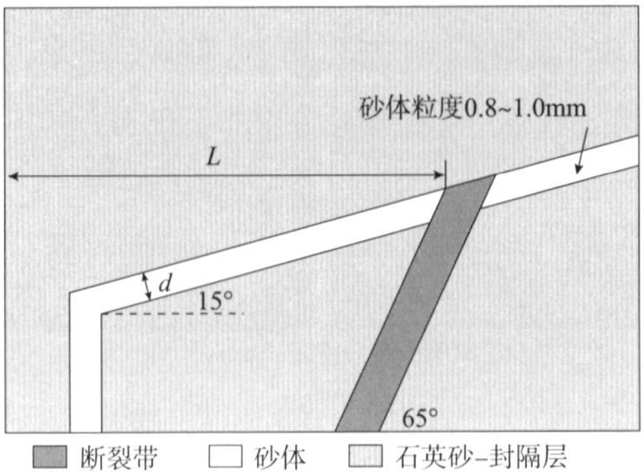

图4－23　不同断裂带物性条件下封闭性物理模拟实验模式图

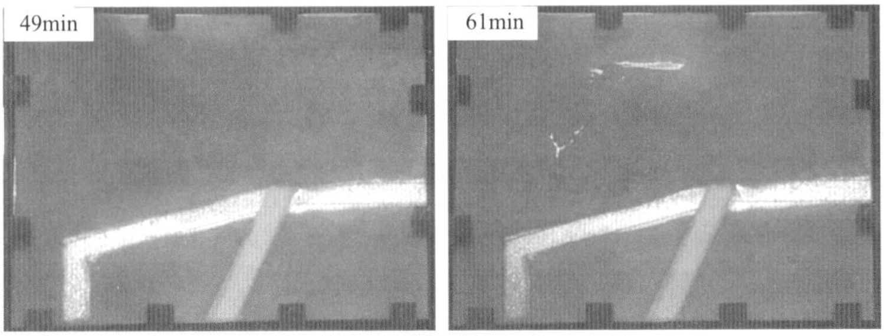

断层岩粒度0.2~0.4mm

图4－24　Efp－1 物理模拟实验现象

当断裂带物性为0.4～0.6mm时，其渗透率升高至103.73μm^2，断层封闭能力下降，油气自充满地层进入断层到穿过断层到达对盘地层经历3min(图4－25)。

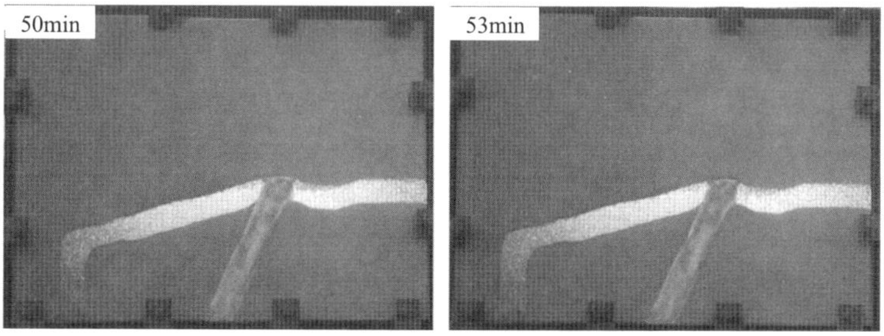

断层岩粒度0.4~0.6mm

图4－25　Efp－2物理模拟实验现象

而当断裂带为0.4～0.6mm与0.6～0.8mm的玻璃微珠等比例混合时，其渗透率继续升高至153.52μm^2，断层封闭能力在三组实验中最弱，对应时间为2min(图4－26)。

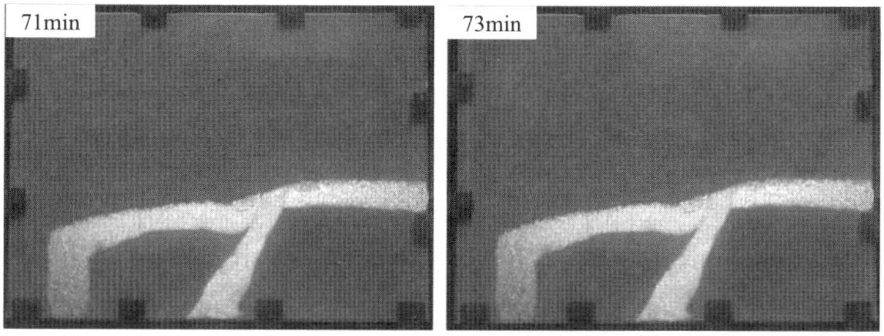

断层岩粒度0.6~0.8mm

图4－26　Efp－3物理模拟实验现象

综合分析实验结果可以发现，随着断裂带物性的增强，断层封闭能力成反比例函数急剧降低。当断裂带渗透率较差时，由地层砂体侧向运移的油气在充满储层后，优先受浮力及超压作用影响向上覆及下伏地层发生缓慢渗漏而非物性较差的断裂带，即油气穿过断裂带的时间趋于无穷大，表明断层具有极强的封闭能力；而当断裂带渗透率增大，断层岩与储层岩石差异渗透能力降低，断层存在丧失封闭能力的可能，且有当断裂带渗透率增大到一定数值时，随着渗透率的增加，封闭能力基本不变(图4－27)。

因此，基于上述理论、地质现象及物理模拟实验的分析得到，同强度－同期断层、相同地层结构下，断裂带物性越好，油气穿过断裂带到达对盘时间越短，断层封闭油气能力越弱。

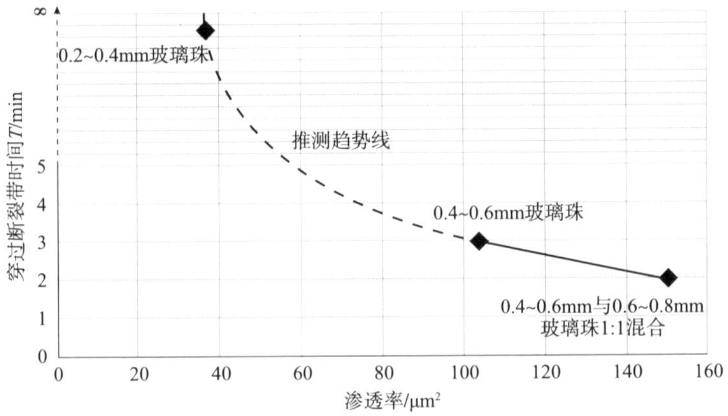

图 4－27　油气穿过断裂带时间随断裂带渗透率变化规律

5. 不同充注速度物理模拟实验

1）理论模型

注入速度的增大，表明油气供给量更充足，油气藏压力及油气剩余压力更大，将导致断层封闭能力降低。

通常将剩余压力视作地层孔隙流体压力与相同深度下静水压力的差值[式(4－6)、式(4－7)]。

$$\Delta P_r = (k - 1) \cdot \rho_w \cdot Z_h \tag{4-6}$$

$$\Delta P_r = (\frac{P_{浮} + P_w}{P_w} - 1) \cdot \rho_w \cdot Z_h \tag{4-7}$$

式中，ΔP_r为油气剩余压力，Pa；k为油气藏地层压力系数(其值等于1时表现为正常地层压力，大于1时为高压异常，小于1时为低压异常)，常数；ρ_w为地层水密度，kg/m^3；Z_h为油气藏埋深，m；$P_{浮}$为油气所受浮力，Pa；P_w为静水压力，Pa。

作为油气在运聚成藏过程中的主要驱动力，剩余压力在不同部位存在一定差异，其一方面可控制油气的运移方向和速率，另一方面也可控制油气的成藏过程与效率。

虽然剩余压力的增大会导致油气藏产量的升高，但在实际的钻探开发过程中，注入速度或注入压力的增大也会导致断层发生再活动从而失去封闭能力。随着注入压力的增加或者其他因素引起超压的不断形成，断层附近孔隙压力明显高于静水压力，相对于形成新断层来说原生断层再活动更易发生，尤其是最优向断层，因为大多数断层由于含泥质相比于母岩地层有更小的内聚力和摩擦系数，并且无内聚力断层比有内聚力断层更易发生滑动。

综上所述，当未超过断层再活动的极限压力时，注入压力越高，越有利于油气开采，但同时也会增加断层丧失封闭能力的概率，若仅从封闭能力考虑，随着注入速度或注入压力的增大，断层封闭能力逐渐降低。

2）实验现象及结果分析

基于上述理论机制及地质现象分析，开展相关实验 Eoi，其中断层倾角设定为65°，地层倾角设定为15°，选取粒度为0.8～1.0mm 的玻璃微珠作为地层，选取粒度为0.4～0.6mm 的玻璃微珠作为断层，不断改变染色煤油的注入速度分别为0.1mL/min 和0.2mL/min。并依据如图4－28 所示的样式对实验中所需的模型进行制作，按照上述物理模拟实验操作流程开展实验。

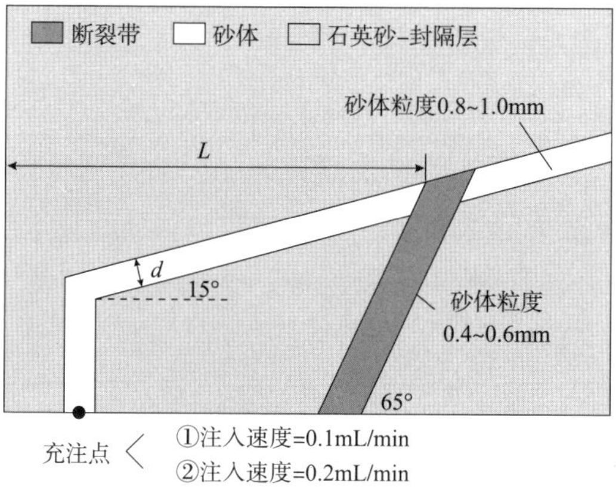

图4－28　不同充注速度条件下封闭性物理模拟实验模式图

由实验现象可以看出，当注入速度为0.1mL/min 时，染色煤油自充满地层进入断层到穿过断层到达对盘地层经历3min（图4－29），染色煤油自实验开始到沿砂体侧向运移至断裂带的时间为50min.

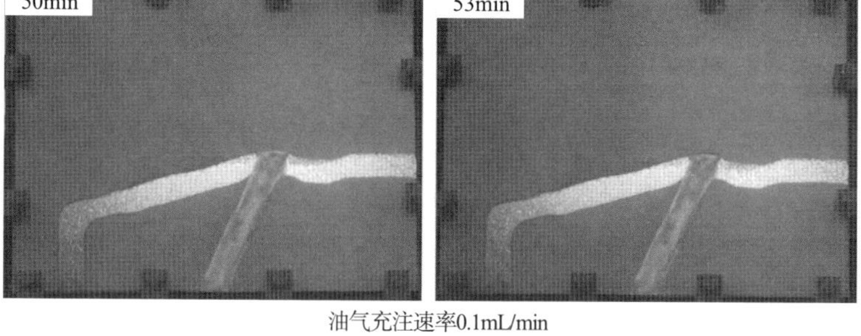

图4－29　Eoi－1 物理模拟实验现象

而当注入速度为 0.2mL/min 时，油气穿越断层的对应时间为 2min(图 4－30)，且染色煤油自实验开始到沿砂体侧向运移至断裂带的时间为 25min，耗时仅为充注速度是 0.1mL/min 时运移时间的一半。

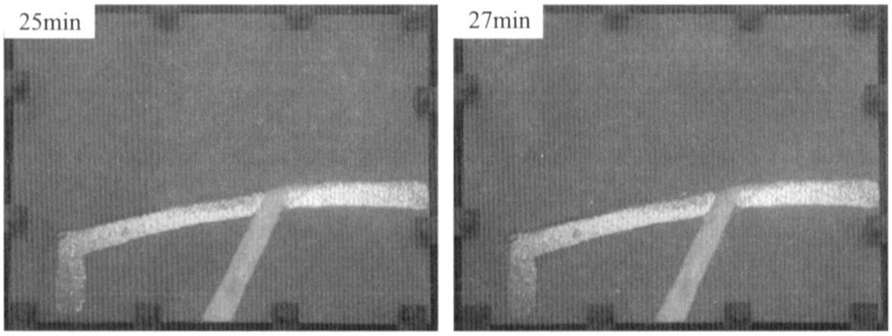

油气充注速率0.2mL/min

图 4－30　Eoi－2 物理模拟实验现象

综合分析实验结果可以发现，随着油气注入速度的增大，断层封闭能力呈 S 形降低趋势，当油气注入速度趋于 0 或小于某一数值时，断层封闭能力极强，对应穿过断裂带时间趋于无穷大；当油气注入速度趋于无穷大或大于某一数值时，封闭能力极差，油气可穿过断层继续发生运移(图 4－31)。油气注入速度(压力)越大，表明油气供给量越充足，断层相关圈闭内油气藏压力及剩余压力越大，断层越易丧失封闭能力。

因此，基于上述理论、地质现象及物理模拟实验的分析得到，同强度－同物性－同期断层、相同地层结构下，注入速度越大，油气穿过断裂带到达对盘时间越短，断层封闭油气能力越弱。

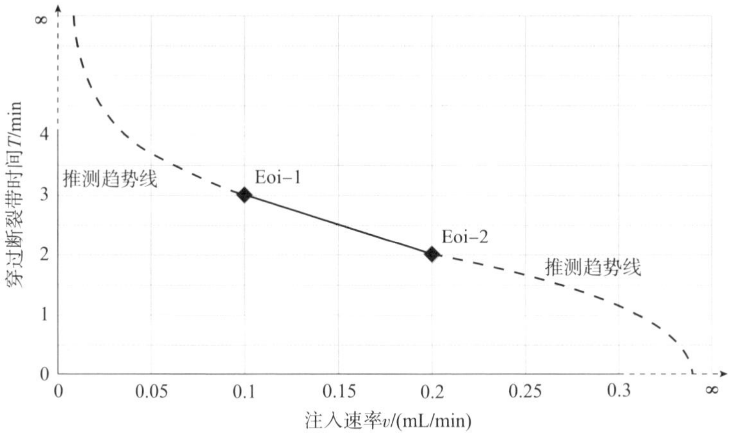

图 4－31　穿过断裂带时间随油气注入速率变化规律

第三节　断层封堵动态地质因素统计分析

一、断层对油气输导与封堵的时间差异

就同一断层而言，其对油气的输导或封堵性不是一成不变的，不同演化阶段断裂带内部结构的差异性导致了断裂带对油气输导和封堵性的时间差异。

断裂发育初期，断裂带内部结构表现为微裂隙发育，尚未形成上下贯通的主断面，断裂带对油气具有局部输导性；随着断层的扩展，形成主破裂面和两侧诱导裂缝带，断裂带的渗透率增高，对油气具有贯通性垂向输导作用；断裂进一步演化，低渗透率的滑动破碎带发育，形成油气侧向运移的屏障，而两侧诱导裂缝带则可为油气的垂向运移提供通道，因此该时期断裂带具有对油气垂向输导和侧向封堵的双重性；随着断裂活动强度的减弱和消亡，充填胶结作用逐渐增强，断裂带孔渗性降低，断裂对油气主要起封堵作用。

就整个地质历史时期而言，断裂在油气运聚过程中所起的封堵作用与输导作用存在“点断平衡”模式，即地质历史时期的油气运聚过程表现为长期稳定的聚集平衡状态不断被短期的运移过程打断；断裂活动状态对应于油气运移状态，相对地质历史时期而言，是“一瞬间”，在时间轴上表现为“一个点”，此时断裂带主要表现为对油气的输导性；断裂带的静止状态对应于油气稳定的聚集平衡状态，占地质历史的大部分时段，是长期的，此时断裂带主要表现为对油气封堵；由于断裂活动的“幕式效应”，导致断裂在油气运聚中长期稳定的封堵性不断被短时间的输导性“点断”。断裂在油气运聚过程中的输导性与封堵性的转换，在油气分布与成藏的规律中可以体现出来。

二、断层对油气输导与封堵的空间差异

首先，同沉积断裂内部结构的垂向差异，可导致断裂带对油气输导和封堵性在垂向空间上的差异。在断裂带的深部，诱导裂缝带是油气垂向运移的主要途径，滑动破碎带及断层泥的发育增强了对断层两盘的侧向封堵；在断裂带的中浅部，诱导裂缝带及主断裂缝的发育使其具有较强的垂向输导性，由于滑动破碎带不发育，使得其断层两盘侧向连通性较好。

其次，断裂带内部结构具有不对称性，滑动破碎带两侧的上、下盘诱导裂缝

带发育程度存在差异，上盘诱导裂缝带的宽度大、裂缝密度大、渗透率高；而下盘诱导裂缝带的宽度小、裂缝密度小，甚至基本不发育，这就导致了断裂带对上盘油气的垂向输导性强、对下盘油气的侧向封堵性强，因此，当断层顺向遮挡时，油气容易沿着具有高渗透率的上盘诱导裂缝带向上运移散失，而当断层反向遮挡时，低孔、低渗的滑动破碎带对下盘油气造成封堵，因而反向遮挡圈闭的有效性更高。

最后，由于断层两侧岩性配置、断层后期充填效应、断面产状等方面的不同，也会导致同一断裂不同空间位置的断裂带内部结构的差异，进而影响其对油气的输导和封堵。

第四节　断层封堵性地质评价方法研究

一、断层静态要素优选

在东营凹陷内总共收集了73个顺向断层控制的断块圈闭，完成了控圈断层断距、砂岩厚度、砂地比、储层孔隙度、断层倾角、地层倾角、两盘对接岩性、埋深等13项静态要素的统计。

影响断层封堵性的要素有很多，已统计了将近20项与之有关的参数，但很多参数如断面正压力、断裂带物性等需要专门的测量工具，需耗费大量的财力。因此如何以更小的成本、更快捷的方式，确定一个或者多个断层静态要素，对断层封堵性能进行量化评价，是目前主流的断层封堵性评价思路。

对筛选出来的73个断块圈闭开展不同数据交汇分析，从断层两盘对接岩性统计图(图4－32)可以得出，在48个成藏的断块圈闭中，储层侧向对接岩性为泥岩的圈闭占圈闭总个数的89.36%，在25个失利圈闭中，储层侧向对接岩性非泥岩的圈闭占圈闭总个数的56%，由此可见，两盘岩性对接关系是顺向断块圈闭成藏极其关键的因素。

对地层中泥岩百分含量进行统计(图4－33)分析，以目的层(包含目的层)之下一个断距厚度段范围作为统计单位，从统计结果不难发现，在48个成藏断块圈闭地层中泥岩占地层厚度比例大于50%的油藏个数占圈闭总数的74%，在25个失利断块圈闭地层中泥岩占地层厚度比例小于50%的圈闭个数占圈闭总数的56%，说明了储层发育段内泥岩发育程度越高，断层岩内泥岩含量越高，断层越易形成泥岩涂抹，封堵性越好。储层之下一个断距内的泥岩含量（*SGR* 为断层泥比率）是顺向断块圈闭成藏的重要因素。

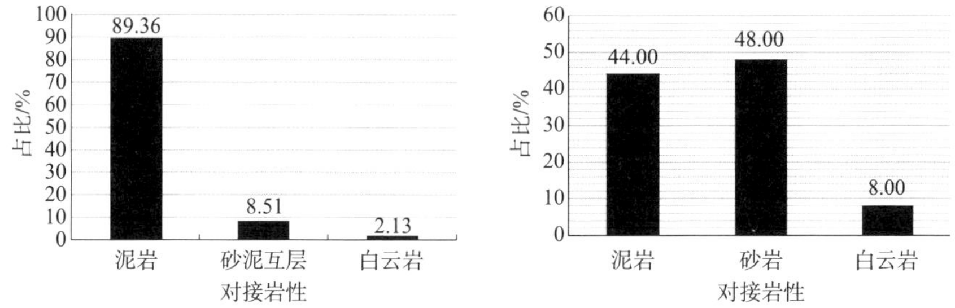

顺向断块油藏对接岩性柱状图　　失利顺向断块对接岩性柱状图

图 4－32　顺向断块储层对接岩性统计图

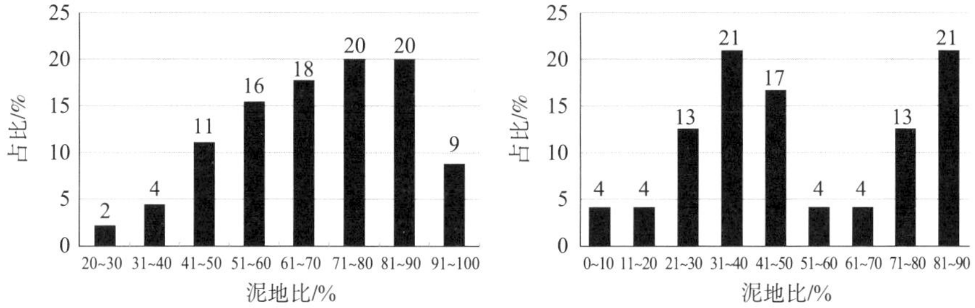

顺向断块油藏泥地比柱状图　　失利断块圈闭泥地比柱状图

图 4－33　顺向断块圈闭泥地比统计图

从成藏顺向断块圈闭控圈断层倾角与油层厚度相关交汇（图 4－34）得出，成藏断块圈闭断层倾角分布区间为 25°～75°之间，散点平面区间分布特点说明控圈断层倾角位于 30°～60°区间时，顺向断块圈闭成藏占比最高，占圈闭总数的 83%。随着断层倾角的增大，成藏概率减小，断层封堵性变差；断层倾角大于 70°，基本不成藏，与物理模拟实验结果吻合。

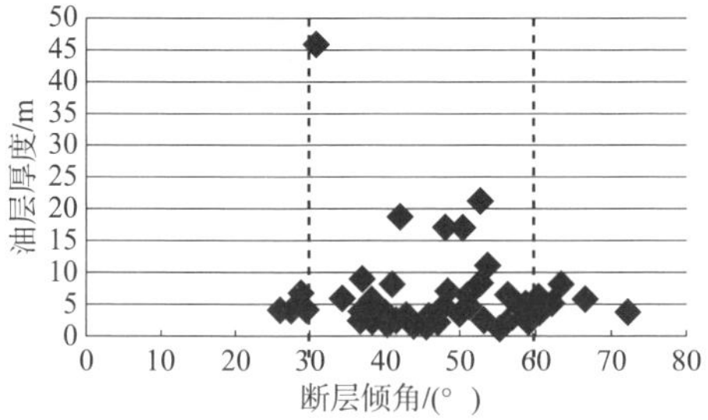

图 4－34　成藏顺向断块圈闭控圈断层倾角与油层厚度交汇图

通过开展控圈断层断距与油层厚度交汇(图4-35)分析，储层单层厚度偏小时成藏概率大，说明地层中砂岩含量越高，断层对储层的封堵作用减弱；断距越大，成藏圈闭个数越少，顺向断块成藏圈闭断距一般小于200m，二级断层封闭能力差。

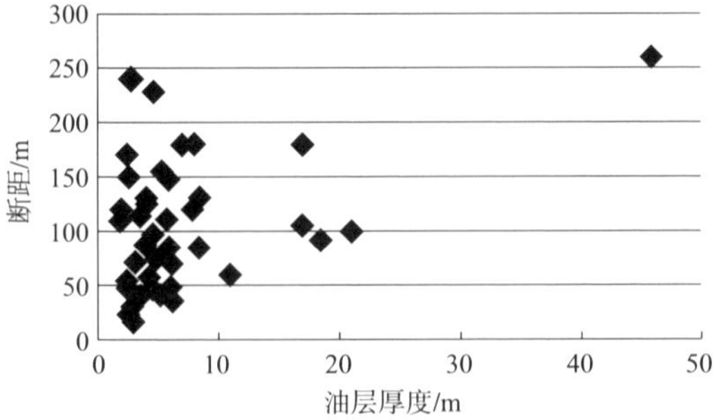

图4-35 成藏断块圈闭控圈断层断距与油层厚度交汇图

将断层倾角与地层倾角进行交汇(图4-36)分析，交汇结果说明控圈断层倾角小于60°、地层倾角小于10°断储组合条件下，顺向断块圈闭的成藏概率高，小倾角地层油气易被断层封堵，其封堵能力强。

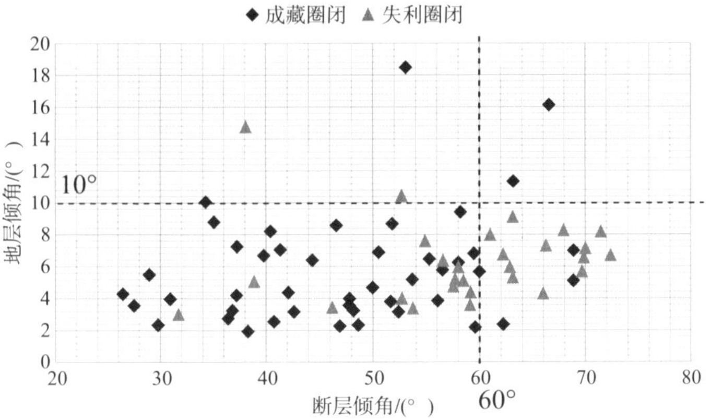

图4-36 成藏断块圈闭控圈断层倾角与地层倾角交汇图

开展油气富集的顺向断块圈闭钻遇储层的孔隙度与控圈断层倾角交汇(图4-37)分析，总结得出顺向断块油藏储层油层孔隙度与控圈断层倾角之间存在一定的正相关，表示储层物性越好，越易被断层封堵。这也与断层封堵性机制吻合，断层封堵性取决于断层岩的渗透性与储层渗透形成差异，储层物性越好，与断层岩物性差异越大，油气越易被封堵。

由成藏圈闭内地层倾角与试油产量交汇图(图 4 - 38)可知，油层主要集中在小地层倾角的范围内，当地层倾角大于 10°时，成藏圈闭较少；当地层倾角大于 10°时，圈闭成藏个数较多，占总圈闭个数的 89.5%。小倾角的地层中，油气向上的浮力分量较小，油气运移的动力较弱，更易被封堵。

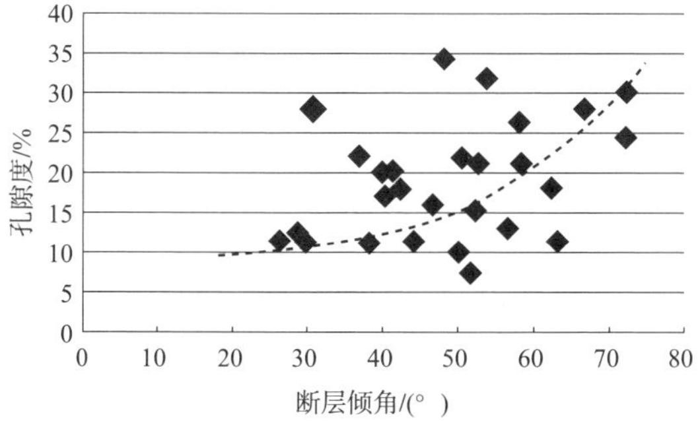

图 4 - 37　成藏断块圈闭储层孔隙度与控圈断层倾角交汇图

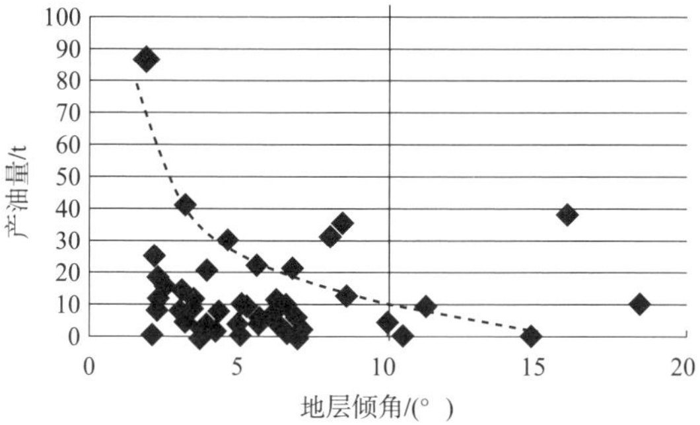

图 4 - 38　成藏断块圈闭地层倾角与油气产量交汇图

分析了断距、地层倾角、断层倾角、泥地比等多个断层静态要素对顺向断块成藏的影响，发现断距对断层封堵性的影响没有明显的相关性，断距的改变，可间接地影响断层两盘岩性对接关系、泥地比等其他条件，可在其他因素中综合考虑。储层之下一个断层内的泥岩含量与断层封闭性能具有明显的正相关性，泥岩厚度越大，断层泥涂抹越好，封堵性越强。控圈断层倾角明显决定了顺向断层圈闭的含油气封堵，控圈断层倾角越大，封堵性能越差。地层倾角一定程度上决定了油气的运移动力，地层倾角越大，断层需要封闭油气的运移要求越高。因此，认为地层倾角、断层倾角、泥地比这三个静态要素对断层封堵性的评价敏感。

不同活动强度的断层，对油气的封堵能力也不尽相同。在断层形成过程中，扮演着输导和封堵双重角色。因此，通过评价断层活动强度，分析其对油气封堵能力的影响，也是评价断层封堵性中很重要的一环。

从成藏圈闭控圈断层活动时间(图4－39)来看，大多数断层下部断开层位为孔店组，上部断开层位为馆陶组、明化镇组，断层活动时间较长。

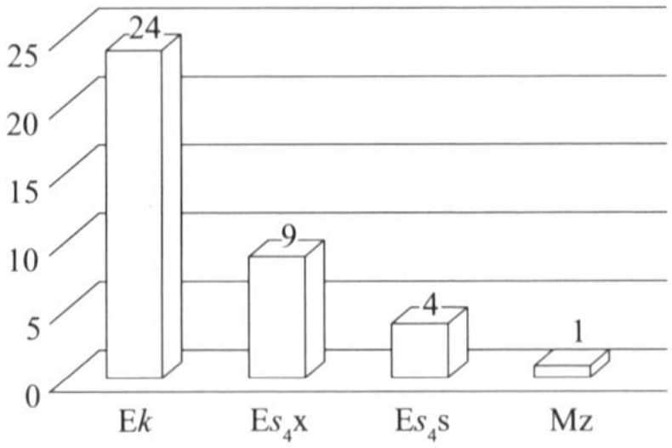

成藏圈闭控藏断层下部断开层位统计图

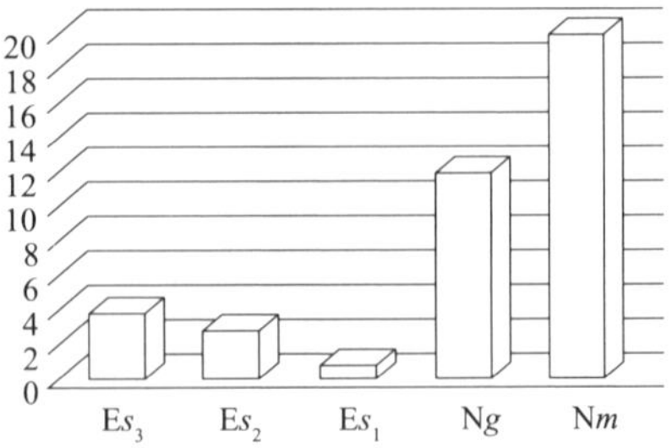

成藏圈闭控藏断层上部断开层位统计图

图4－39　成藏圈闭控藏断层断开层位统计图

从控藏断层开启时间分布(图4－40)可知，绝大多数断层开启时间在沙四段时期，其中沙四下时期开启的断层占比较多。

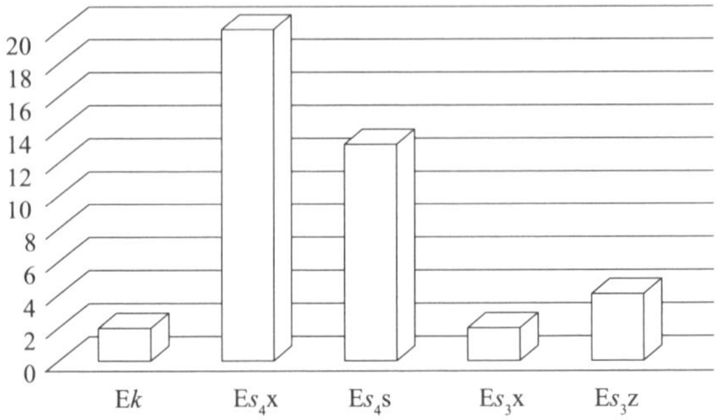

图4－40　成藏圈闭控藏断层开启时间分布

对成藏断块圈闭储层地层归属统计中得出，沙三下、沙四段油层占最大的比重，也就是说圈闭的形成期间往往早于油气运移期。在油气运移与圈闭形成两者时间配置关系上，圈闭的形成期早于油气运移期，圈闭更易成藏。在储层发育时间与断层发育时间两者配置关系上，断层生长早期沉积的储层，比断层活动晚期沉积的储层更易成藏。

对48个成藏顺向断块断层的控圈断层级别进行统计(图4－41)可知，三级断层在圈闭总数中占比达90.24%，二级断层、四级断层作为控藏断层成藏的断块数量较少，分析认为二级断层长期处于剧烈活动中，断层处于开启状态，对油气的输导作用较强，其封堵能力较差。四级断层往往断距较小，断层泥岩涂抹系数较低，封堵能力较差。

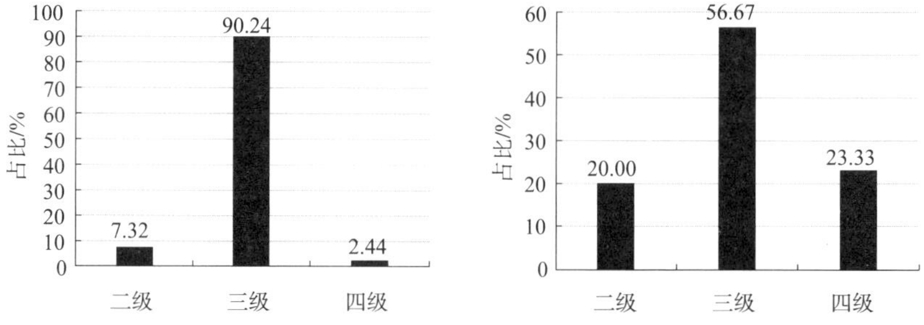

(a)成藏圈闭控藏断层级别分布图 (b)失利圈闭控藏断层级别分布图

图 4－41　顺向断块控圈断层级别分布图

鉴于断层活动性对断层封闭性能具有重要的影响作用，对控圈断层的生长指数进行了统计。由成藏圈闭断层倾角与生长指数交汇图(图 4－42)可知，控圈断层生长指数集中发育在 1.0～1.1 区间内，占所有圈闭总数的 87%；当断层生长指数小于 1.0 或者大于 1.1 时，顺向断块成藏的概率越小。

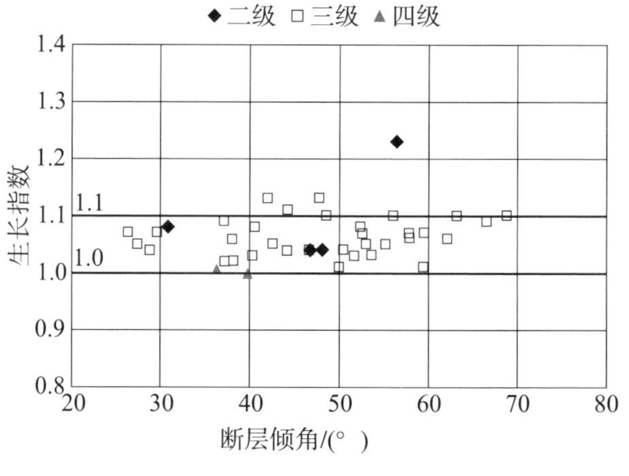

图 4－42　成藏圈闭断层倾角与生长指数交汇图

从失利圈闭断层倾角与生长指数交汇图(图 4－43)可知，控圈断层的生长指数主要分布于 1.1 以上的数值区间，说明断层活动性越大，顺向断块圈闭越不易成藏。

综上所述，在控圈断层为顺向断层时，小倾角、低强度的顺向断层封堵性强，大倾角、高强度的断层封堵性弱。因此，断层活动性对断层封堵性起到至关重要的作用。

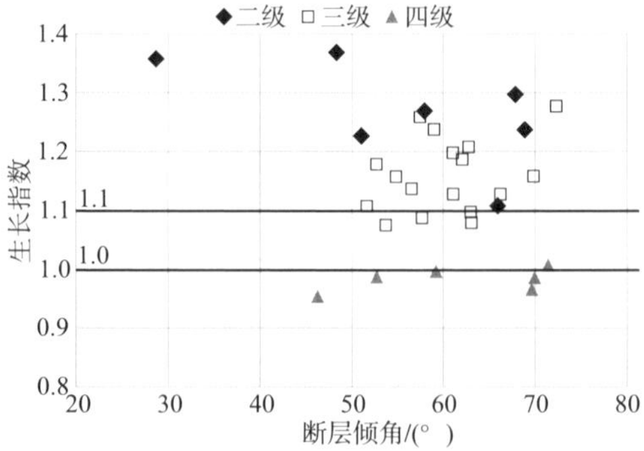

图4-43　失利圈闭断层倾角与生长指数交汇图

通过以上分析，发现在诸多伸展断层静态要素中，断层倾角、地层倾角(输导因子)、断层泥比率、断层生长指数在表征断层封闭性能时较敏感。因此，利用该四个参数来制作成雷达图(图4-44)，从成藏圈闭及失利圈闭雷达图形状来看，成藏顺向断块圈闭四要素雷达图上半部多为非等腰三角形，失利顺向断块圈闭四要素雷达图上半部多为等腰三角形，能够有效地定性判别断层封堵性，为后续开展断层封堵性定量评价奠定了理论基础。

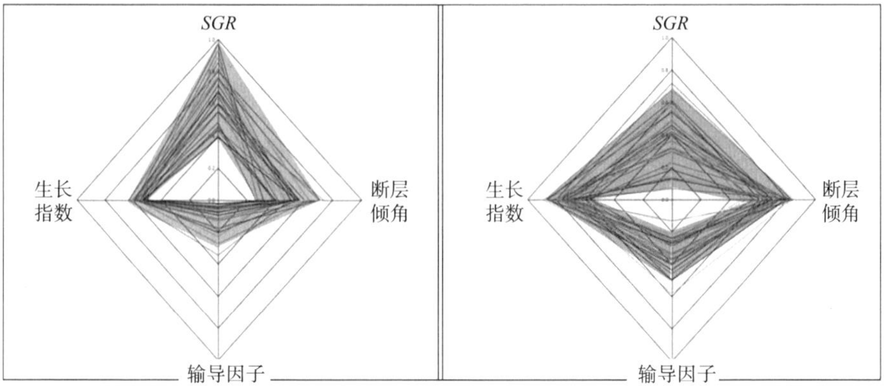

(a)成藏圈闭各要素雷达图　(b)失利圈闭各要素雷达图

图4-44　顺向断层控圈断层四要素雷达图

经过上文中开展的断层静态要素分析，总结了伸展断层静态要素控藏作用分析表(表4-5)，总的来说具有小地层倾角、小断层倾角、高断层泥比率、小断层生长指数、成藏时间早等特征的伸展断层，封堵性较好；反之，伸展断层的封堵性差。

表4-5 伸展断层静态要素控藏作用分析表

静态要素	利于成藏	不利成藏
断层倾角	小于70°	大于70°
SGR	大于0.4	小于0.4
生长指数	1.0~1.1	小于1.0 或 大于1.1
地层倾角	小于10°	大于10°
断层级别	三级	二级、低序级
对接岩性	泥岩、油页岩	砂岩、白云岩
成圈时间	断层活动早期	断层活动晚期

二、断层封堵性分类评价方法

断层面型和断裂带型这两种断层样式，其封堵性评价方法也不尽相同。

断层面型伸展断层，两盘地层直接对接，可通过断层对接岩性结合断层面的泥岩涂抹能力，对断层面型伸展断层的封堵性进行定性或者半定量的评价。目前常用的岩性对接描述方法为Allan图法或者油藏地质剖面绘制法。也可通过砂泥对接概率法，对其进行半定量的评价。在砂泥岩地层中，砂岩地层孔渗性较好，而泥岩地层孔渗性较差。砂泥对接概率是指目的盘砂岩层某一特定砂岩层段被对置盘泥岩层封堵的概率大小。即如果目的盘砂体发育，具有良好的储层物性，通过模拟计算，相对目的盘砂岩层总厚度，仅有很少砂岩层能够被对置盘泥岩层封堵，说明该断层侧向封堵性差，反之，封堵性好。

断层面泥岩涂抹能力目前比较流行的方法是三参数法，计算地层中泥岩涂抹潜力(CSP)、泥岩涂抹因子(SSF)、断层泥比率(SGR)，如式(4-8)、式(4-9)、式(4-10)。*CSP*、*SSF*、*SGR* 的临界值分别为10%、7%、20%，即当 *CSP* 大于15%，*SSF* 小于6，*SGR* 小于20%时，断层具有封堵性。其中泥岩涂抹潜力 *SSF* 为断层内泥岩层厚度的平方之和与断距内某点泥岩距离的比值，泥岩涂抹因子为断距与断距内泥岩层厚度的比值，断层泥比率为断距内泥岩层厚度与断距的比值。

$$CSP = \frac{\sum(\text{泥岩层厚度})^2}{\text{断距内某点泥岩层距离}} \tag{4-8}$$

$$SSF = \frac{\text{断距}}{\text{泥岩层厚度}} \tag{4-9}$$

$$SGR = \frac{\sum(\text{泥岩层厚度})}{\text{断距}} \times 100\% \tag{4-10}$$

当断层以断裂带形式存在时，大量的研究结果表明，影响断层垂向封闭性关键因素是断层面的紧致程度和断移地层的岩性。无论是正断层还是逆断层，当断裂停止活动后，断面上都应受到以下两个压力的作用：一个是上覆地层的重力，另一个是区域主应力。断层面上所受到的总压力等于两者之和[式(4－11)]。

断面正压力＝静岩压力＋应力压力

$$F = H(\rho_{岩} - \rho_{水}) \times 0.009876\cos\alpha + N \times \sin\alpha \times \sin\beta \qquad (4-11)$$

式中，H 为断面某点埋深，m；$\rho_{岩}$ 为上覆岩层平均密度，kg/m^3；$\rho_{水}$ 为地层水密度，kg/m^3；N 为区域主应力大小，Pa；α 为断层倾角，(°)；β 为主应力与断层走向夹角，(°)。

由上述公式可以看出，断层所受正应力为断面埋深、断层倾角、上覆岩层骨架密度、区域主应力以及其与地层走向及大小的函数。

断层面的紧致程度，与断层面所受的正应力大小有关。断层所受正压力越大，断层封闭性越好，反之，则越差。

三、断层封堵性人工智能预测探索

在本章节第一部分已经对伸展断层静态要素进行了系统的分析和优选，确定了四项要素，分别为断层倾角、地层倾角、断层泥比率和断层生长指数，这四项参数对伸展断层封堵性影响大、敏感度高。因此，选取这四项断层静态要素作为函数的四个一致变量，对伸展断层封闭性能函数进行人工智能拟合，得到断层封闭性评价因子 *FQ*。

本次研究主要运用了逻辑迭代运算法，将不同断层的相同要素视为一个样品集，每条断层作为一个测试点，进行逻辑迭代运算，求取各敏感参数的权重值，从而建立封堵性定量评价函数，具体运算流程如图 4－45 所示。

将成藏断层圈闭控藏断层封闭性评价因子 *FQ* 定义成大于 0，失利断层圈闭控圈断层封闭性评价因子定义成小于 0。将两组数据进行人工智能运算，最终得到伸展断层封闭性评价因子 *FQ* 的数学函数[式(4－12)]。

$$FQ = 3SGR - 2.9\alpha - 0.778 \times \beta \times S \qquad (4-12)$$

式中，SGR 为断层泥比率；α 为断层倾角，(°)；β 为地层倾角，(°)；S 为断层生长指数。

利用 73 个顺向断层静态要素进行数据拟合计算，得到各顺向断块控圈断层的评价因子 *FQ* 值。从散点分布图(图 4－46)来看，计算 *FQ* 值与探井实钻符合率达 86.1%。达到了项目规定的技术指标。

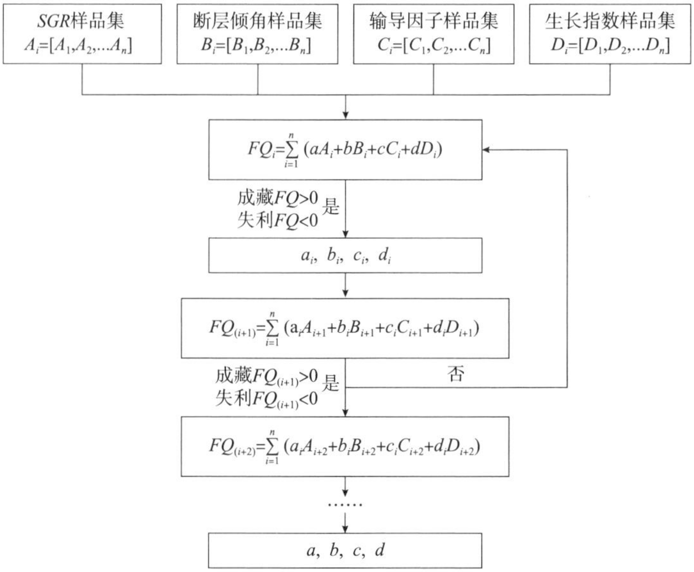

图 4－45　逻辑迭代运算法流程图

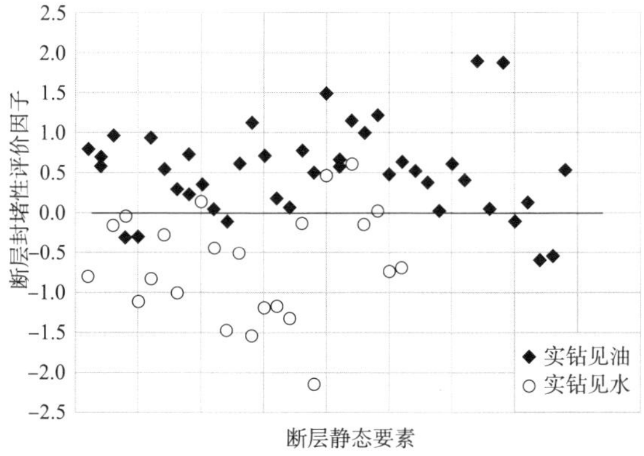

图 4－46　伸展断层封闭性评价因子 *FQ* 与断层静态要素交汇图

对比文中提到的另外两种方法，该方法计算便捷，参数的获取容易，操作性强，可推广度高。

利用断层评价因子 *FQ* 值与单井试油日产量进行交汇，从交汇结果(图 4－47)可以得到，当 *FQ* 值小于 0.2 时，单井试油日产量较低，单井平均日产油 1.16t，属于低产油气流，除去储层厚度因素外，说明断层的封堵能力较弱，储层内油气的充满度较低。

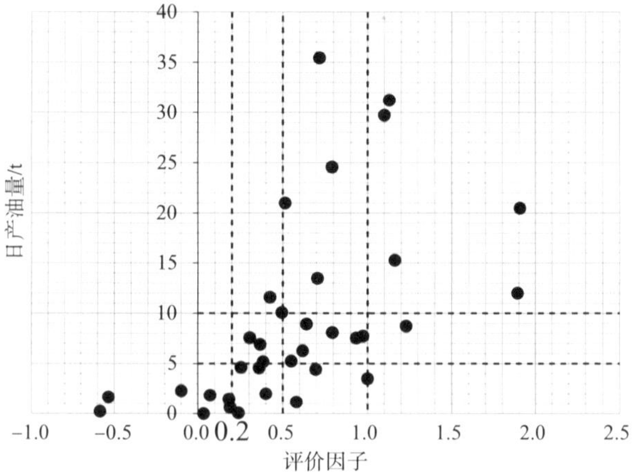

图 4-47　断层封堵性能评价因子与单井日产油交汇图

当 *FQ* 值处于 0.2～0.5 区间时，单井日产油区间为 0.05～11.6t，单井平均日产油 5.86t，相比于 *FQ* 值小于 0.2 时，单井的日产油能力明显提升，说明断层对油气的封堵能力得到提升，断块圈闭内的储层油气充满度增加。当 *FQ* 值处于 0.5～1.0 区间时，单井试油期间日产油量分布区间为 1.2～35.5t，日产油上限和日产油下限都得到了显著的提升，平均日产油能力达到了 12t，说明随着断层封堵能力的提升，断块圈闭内储层的含油丰度相应地增加。当断层封闭性能评价因子 *FQ* 大于 1.0 时，断块圈闭中钻探井位试油日产油分布区间为 3.5～31.3t，平均日产油能力达到 17t，说明，此时断层的封闭性能极强，对油气起到非常好的封堵作用，在油源良好的情况下，断块圈闭的富集程度非常好。

四、实施探井成效分析

王 146 井区钻遇典型的顺向断块圈闭(图 4-48)，圈闭南部 NW 向的顺向伸展断层为整个圈闭的控圈断层，计算获取该断层目的层段的断层倾角、地层倾角、生长指数及断层泥比率值，利用伸展断层封闭性评价因子进行评价，得到评价因子 *FQ* 值为 0.769，评价该断层具有强封闭能力。王 146 井完钻后在沙四段钻遇油层 14.8m/2 层，对 1726～1744m 井段试油，获得 3.35t 工业油流，预测结果与实钻结果吻合。由于该井埋深较浅，原油黏度较高，油气采出率较低。

王152井钻遇伸展断层控制形成的顺向断块圈闭，南部构造高部位受断层遮挡，统计计算该断层 *FQ* 时需要断层倾角、地层倾角、生长指数及断层泥比率值，计算王152断块圈闭南部主控断层封闭性评价因子为0.077，断层处于弱封闭状态。该井在1525～1544m井段试油，日产油量6.35t，日产水2.03m^3。断层封堵性较弱，储层处于未充满状态，钻探效果与预测结果吻合。

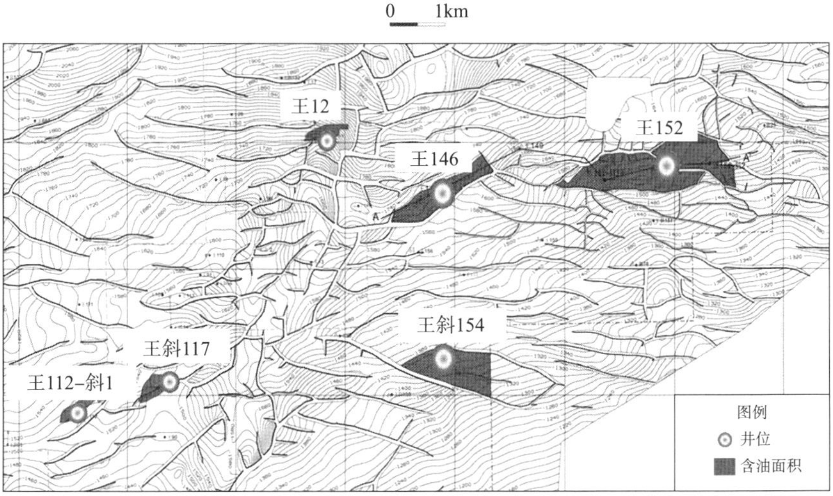

图4－48　王家岗地区沙四纯上3砂组含油面积构造图

官136断块属于典型的顺向断层遮挡形成的顺向断块圈闭(图4－49)，通过计算求取了官136断块构造高部位遮挡断层的断层倾角、地层倾角、生长指数及断层泥比率值，计算 *FQ* 值为0.336，属于中等封闭能力的断层。该井1969～2016m井段试油，日产油量103t，不含水，断层封堵性好于预测结果，说明断块圈闭含油丰度的评价是多因素的，不能单看一个要素。但断层处于封闭状态，这与 *FQ* 值预测结果吻合。

利用三维岩相建模技术，建立了官136井区沙四纯下时期三维岩相体。从过官136井南北向岩相剖面(图4－50)看，官136南断层断距较大，侧向上砂泥对接，具有较好的封堵作用。东西向岩相剖面(图4－51)上，断层两盘砂砂对接，侧向封堵条件差。利用 $FQ=0$ 预测区块最大油水界面方法计算，当断层落差小于121m时，断层封堵能力较弱，此时油水界面埋深为2000m。在此基础上，建立了官136井区油水地质模型埋深小于2000m构造圈闭内为油层分布区。实钻官136－斜1钻遇水层，油层顶面埋深大于2000m，与预测结果相符合。

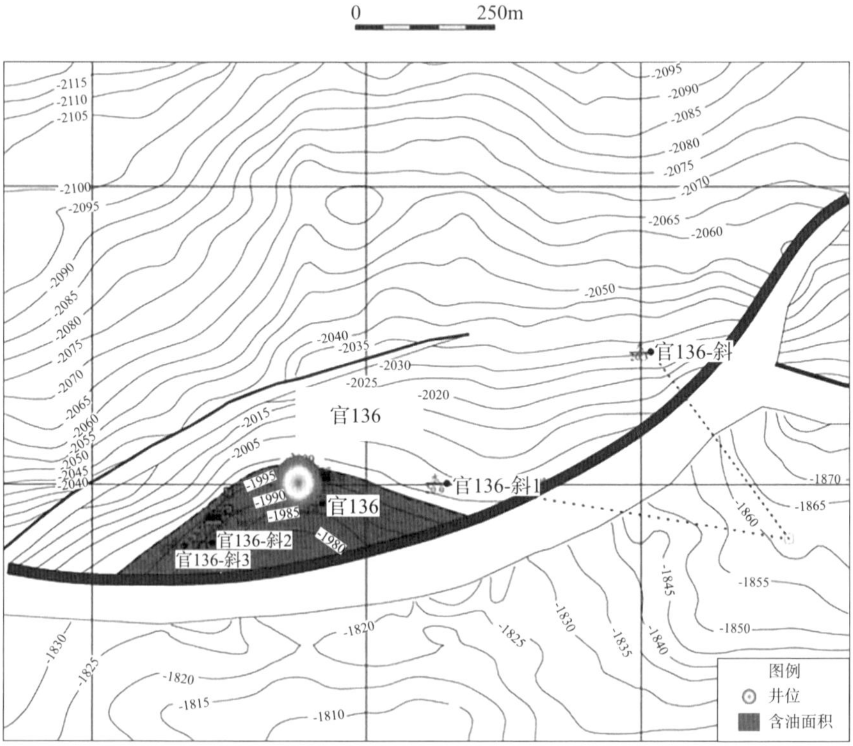

图 4－49　官 136 断块含油面积构造图

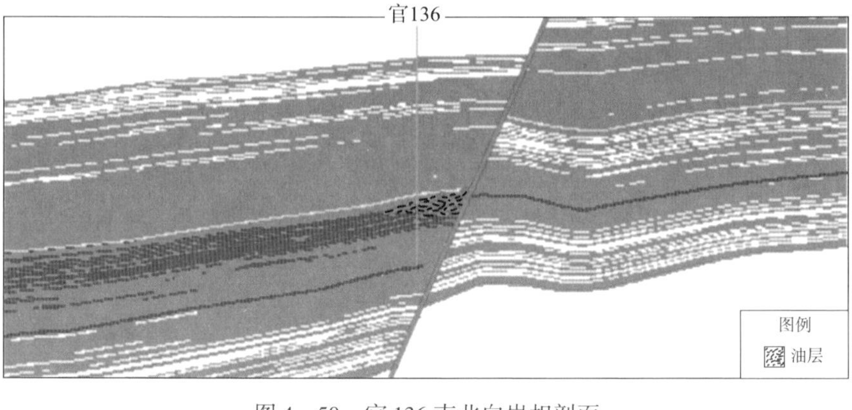

图 4－50　官 136 南北向岩相剖面

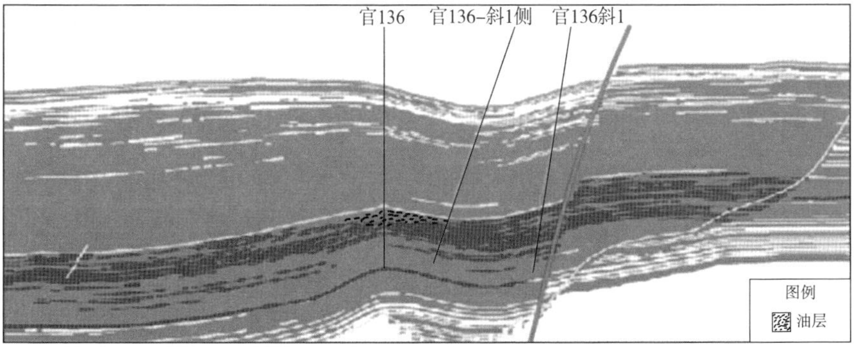

图 4－51　官 136 东西向岩相剖面

近期完钻的辛斜 190 井在沙三中钻遇断块油层，构造高部位被一条近 EW 向的顺向断层遮挡形成断块圈闭(图 4－52)。

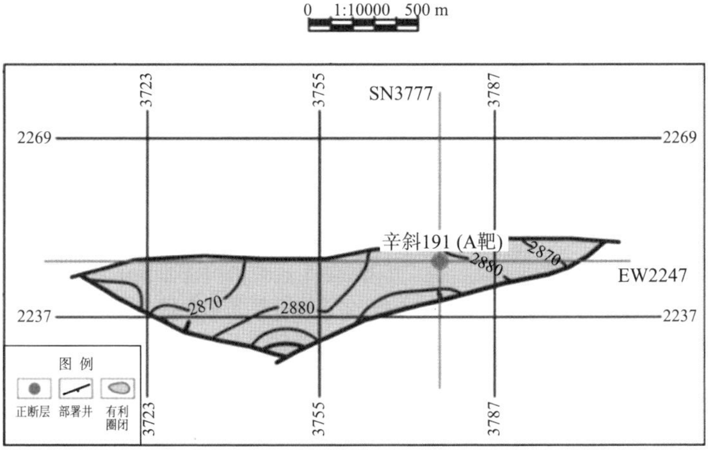

图 4－52　辛斜 190 沙三中砂体顶面构造图

求取沙三中时期该断层目的层附近的断层倾角、地层倾角、生长指数及断层泥比率值，从而计算得到断层封闭性评价因子 *FQ* 值为－0.024，评价断层丰度差，圈闭有效性不可靠。完钻后辛斜 190 井在沙三中钻遇储层 10m/2 层，测井解释为含油水层，实钻结果与预测结果相符合。

利用上述方法，对项目运行期间实施的断块圈闭进行封堵性评价(表 4－6)。断块圈闭实钻成功率为 44.8%，利用 *FQ* 值法预测准确率为 85.7%，由此可见，本文建立的断层封堵性评价方法，能够有效提高断块圈闭钻探成功率。

表 4－6　2020—2021 年断块圈闭随钻分析表

序号	井名	地区	层级	试油	类型	*FQ* 值	预测结果	实钻	预测效果	失利原因
1	商斜 748	商河地区	沙四上亚段	是	顺向断块	1.184	封闭	日油 1.55t	符合	
2	王 676	王 68 断裂带	沙四下亚段	否	顺向断块	0.681	封闭	干层	不符	储层不发育
3	昌斜 682	灶户断鼻带	E*k*3	是	反向断块	0.463	封闭	日油 4.67t	符合	
4	樊 189	高 94 断裂带	沙四段－孔店组	是	反向断块	0.453	封闭	日油 15.42t	符合	
5	罗斜 177	罗家鼻状构造	沙四下亚段	是	顺向断块	0.419	封闭	日油 25.8t	符合	
6	田斜 263	临盘断裂带	沙三下亚段	是	顺向断块	0.411	封闭	日油 3.42t	符合	
7	樊斜 192	高 94 断阶带	沙四下亚段	是	反向断块	0.339	封闭	待试	符合	
8	孤南斜 311	孤南断裂带	沙一段	是	顺向断块	0.278	封闭	正试	符合	
9	王斜 735	王 66 断裂带	沙四下亚段	是	反向断块	0.193	封闭	干层	不符	储层不发育
10	罗斜 581	罗家鼻状构造	沙四段	是	顺向断块	0.198	封闭	干层	不符	储层物性差
11	梁斜 115	纯化鼻状构造带	沙四下亚段	是	反向断块	0.092	封闭	上油层下水层	符合	
12	樊 42	博兴洼陷	沙四下亚段	是	顺向断块	0.072	封闭	干层、水层	不符	油气输导差
13	梁斜 59	小营鼻状构造	沙四下亚段	是	反向断块	0.058	封闭	日油 2.63t	符合	
14	辛斜 190	中央隆起带	沙三中亚段	否	顺向断块	－0.024	开启	含油水层	符合	断层不封堵
15	樊深斜 101	博兴洼陷	孔一段	否	反向断块	－0.047	开启	水层、干层	符合	断层不封堵
16	辛斜 189	中央隆起带	沙三中亚段	否	顺向断块	－0.097	开启	含油水层	符合	断层不封堵
17	高斜 940	正理庄鼻状构造	沙四下亚段	否	反向断块	－0.102	开启	油层	不符	

续表

序号	井名	地区	层级	试油	类型	FQ 值	预测结果	实钻	预测效果	失利原因
18	罗 818	罗家鼻状构造	沙三下亚段	是	顺向断块	-0.103	开启	日油 1.18t	不符	—
19	商斜 241	商河地区	沙四上亚段	否	反向断块	-0.127	开启	水层	符合	油气输导差
20	车斜 106	车西南坡	沙二段	是	反向断块	-0.128	开启	干层	符合	断层不封堵
21	高斜 908	博兴断裂带	孔店组-中生界	否	顺向断块	-0.162	开启	水层	符合	断层不封堵
22	博斜 195	柳桥鼻状构造	沙四下亚段	否	顺向断层	-0.172	开启	干层、水层	符合	储层不发育
23	金斜 327	金家鼻状构造	孔店组-中生界	否	反向断块	-0.232	开启	干层	符合	油气输导差
24	高斜 86	高 94 断阶带	沙四下亚段	是	反向断块	-0.246	开启	油层	不符	—
25	博斜 108	金家鼻状构造	孔店组	是	顺向断块	-0.256	开启	干层、水层	符合	油气输导差
26	莱斜 121	广利构造	沙四上亚段	否	反向断块	-0.376	开启	含油水层	符合	断层不封堵
27	梁斜 130	纯化鼻状构造	孔店组	否	反向断块	-0.539	开启	干层	符合	断层不封堵
28	单 80	滨县凸起北坡	馆陶组-沙一段	否	反向断块	-0.639	开启	水层	符合	断层不封堵
29	孤南斜 158	孤南断裂带	沙三段	否	反向断块	-0.644	开启	干层、水层	符合	断层不封堵

第五节　断层封堵性地震评价方法研究

一、典型构造油藏解剖

针对典型封堵断层进行解剖，系统统计封堵断层的几何学、运动学及相应地震反射特征。共解剖构造油藏33个，解剖封堵断层28条。

1. 金家地区构造油藏解剖

1)金家地区断层分布特征

平面上金家走滑－拉张叠合构造整体呈NNE走向，构造特征从深层到中浅层差异明显，深层主要表现为一条NE向走滑断层，向N终止于博兴断层，向S一直延伸到鲁西隆起，延伸长度15～20km。早期的走滑作用切割了EW向N倾断层，位移量达1.7km。中浅层表现为右旋左阶雁列组合样式，NE向的次级断层依次左阶排列，组成了右旋特征的雁列组合样式(图4－53)。到新近纪晚期金家走滑－拉张断裂基本消亡。

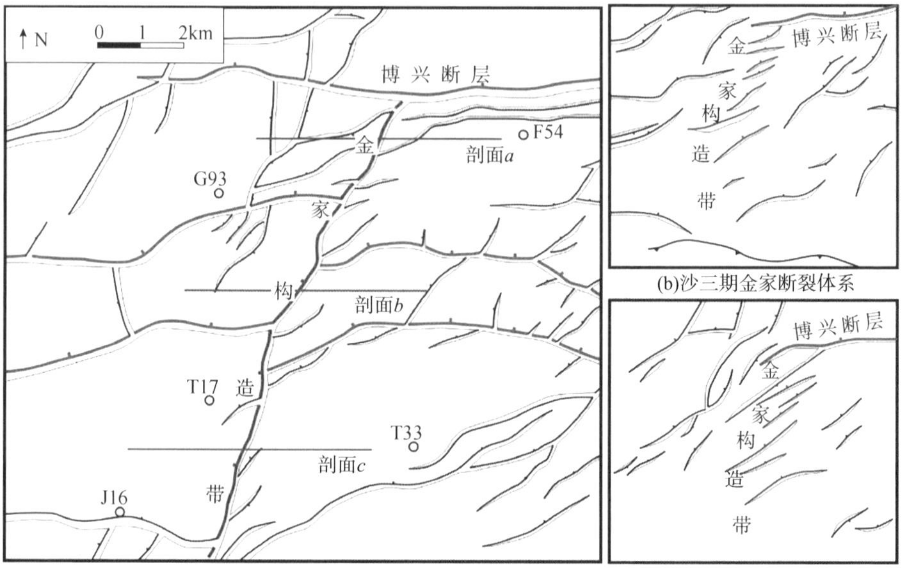

(a)孔店期金家断裂体系　(b)沙三期金家断裂体系　(c)沙一期金家断裂体系

图4－53　金家走滑－拉张断裂带平面分布图

剖面上金家断层倾向NW，断面倾角较大，在55°～65°之间。整体上具有由浅层到深层、由北部到南部断层倾角逐渐增大的特点。垂向断距在50～100m之间，局部地区垂向断距不明显。剖面组合样式由N向S逐渐从负花状到单条直立断层过渡(图4－54)。浅层负花状构造较明显，深层表现为直立断层，断层倾向正西，也有倾向变化的现象。金家走滑－拉张断裂带两侧地层厚度差异较小，沙三段沉积以后局部有地层加厚现象，整体来看，金家走滑－拉张断裂带对沉积的控制作用不明显。

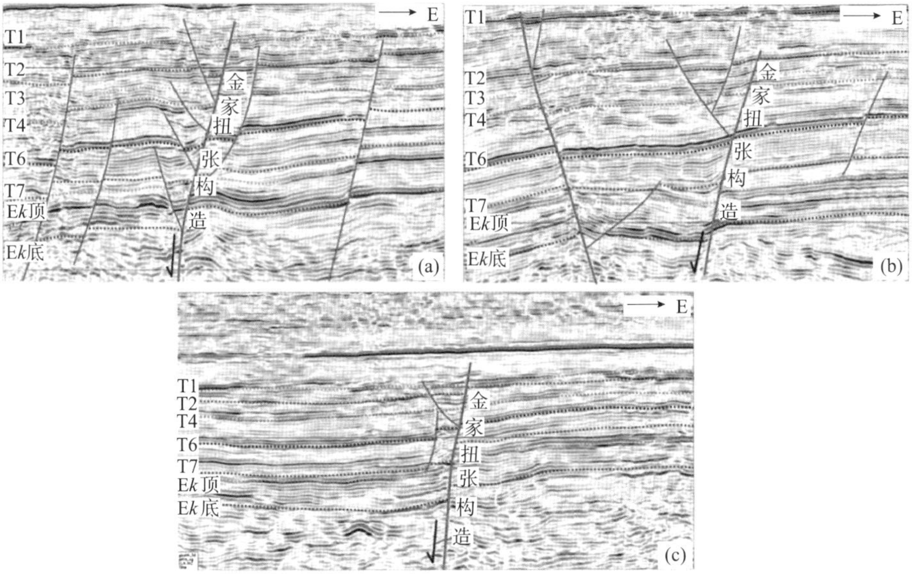

图 4－54　金家走滑－拉张构造地震剖面图(剖面位置见图 4－53)

研究结果表明，在金家走滑－拉张构造演化早期，发育一条 NE 向的走滑断层，断面陡直，倾角在 70°～80°之间，向 N 终止于博兴断层。结合断层活动性分析认为，金家走滑－拉张构造带在孔店期表现为一条连续的走滑断层，切割 EW 向次级断层，形成了以扭应力为主的构造格局。随着盆地进入整体断陷的阶段，金家走滑－拉张构造在沙三－沙四期由单挑连续走滑断层演化成了雁列式组合断层，由一系列 NEE 向的分支断层构成，向 N 由一条分支断层与博兴断层搭接。结合当时的活动性分析结果认为，当时的扭应力逐渐减小，张应力增大，但整体上仍以扭应力为主，对沉积地层的控制作用有限。随着东营凹陷整体进入新近纪弱扭动演化阶段，金家走滑－拉张构造在馆陶期也表现为雁列式组合特征，次级断层的分布，组合特征与沙三期的基本一致。

2)金家地区封堵断层地震反射特征

金 325－1 井位于封堵断层下降盘，通过录井资料确定油层厚度 4m，目的层泥质含量 61%，垂直断距 113m，断裂带宽度达到 100m，泥岩涂抹断层混比率为 0.59，生长指数 1.09。通过地震剖面，确定目的层振幅为 4800，对接盘振幅为 1930，断面呈现断点不干脆，有上下盘穿时连续反射特征(图 4－55)。

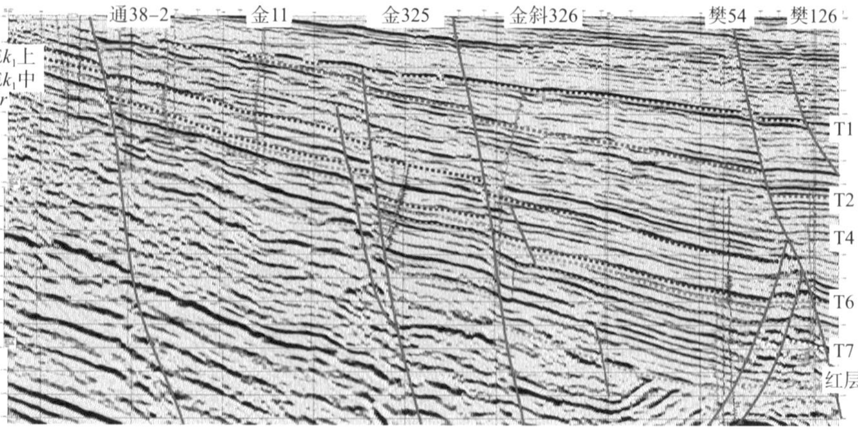

图 4-55　金家地区 SN 向地震剖面

2. 高青地区构造油藏解剖

1) 高青地区断层分布特征

高青扭张构造是典型的右旋帚状扭张构造，主动盘在构造带的右侧主要为新生代沉积。主断层 NE 向，呈向 WN 凸起的圆弧状，次级断层主要位于主动盘，与主断层匹配形成帚状构造。向 WS 收敛，NE 发散。高青扭张构造带分段性明显，自 S 向 N 可划分为花沟段（近 EW 向）、高青段（NNE 向）和平南段（近 EW 向）。孔店－沙四期高青扭张构造带呈 NE 走向的“帚状”，花沟段和高青段南部相对收敛，发育一条主断裂，次级断裂基本不发育，高青段北部及平南段较发散，发育一系列与主断层相交的次级断层。到沙一及馆陶期高青扭张构造逐渐变为由一条连续的断层向断续分布的次级断层组成的马尾状组合（图 4-56～图 4-59）。

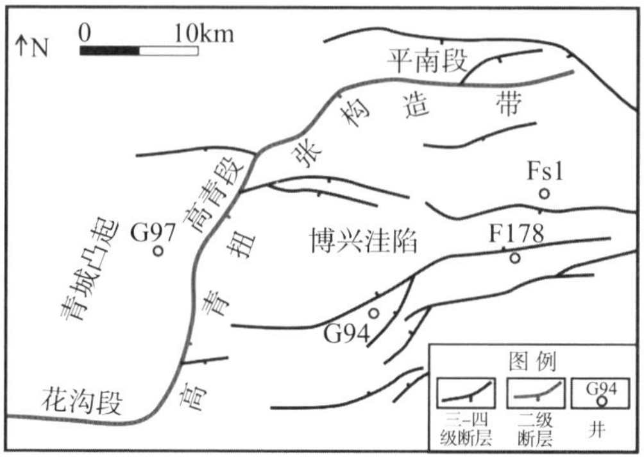

图 4-56　高青扭张构造沙四段断裂体系分布图

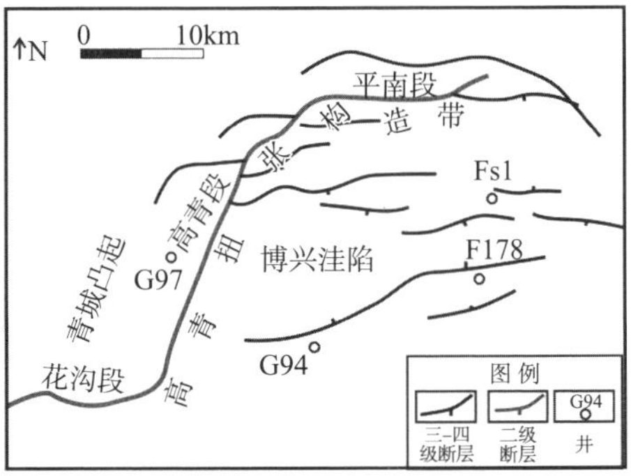

图 4－57　高青扭张构造沙三段断裂体系分布图

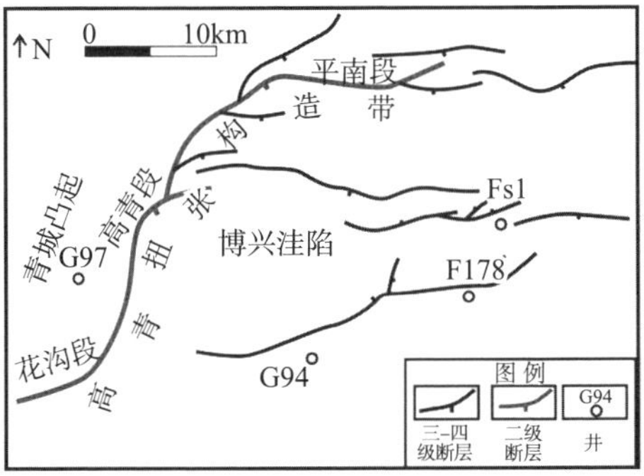

图 4－58　高青扭张构造沙一段断裂体系分布图

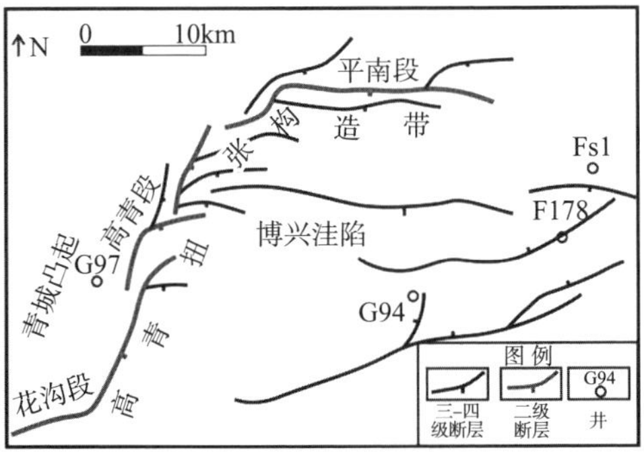

图 4－59　高青扭张构造馆陶组断裂体系分布图

剖面上，帚状扭张构造发育 1～2 条先存断裂，先存断裂一侧次级断裂较发育，且次级断裂与先存断裂依次相交，组成典型的负花状构造(图 4－60)。

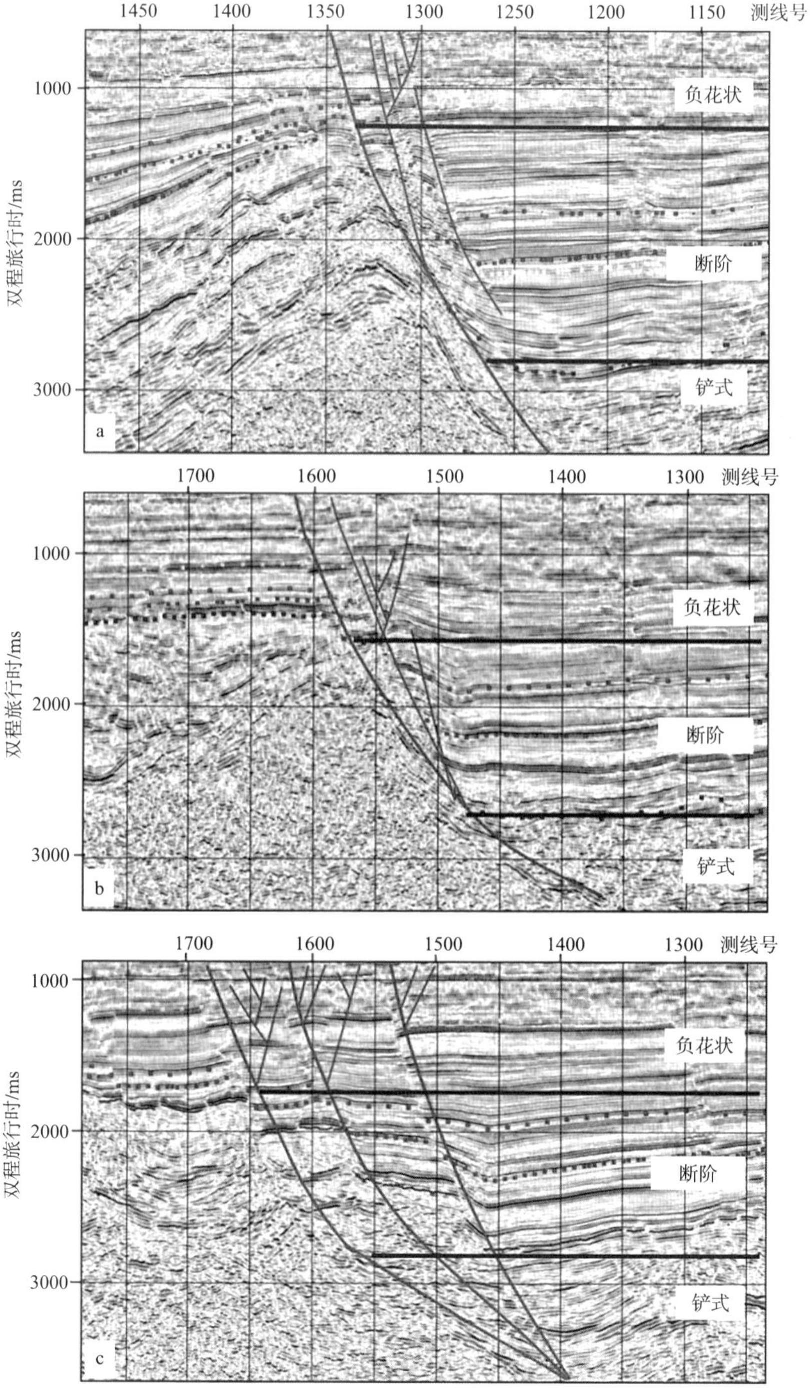

图 4－60　高青构造带地震剖面图

2)高青地区封堵断层地震反射特征

断层两侧相对较干脆，孔店组－中生界以下地层有穿时连续反射特征。断距50～120m，断层多为后期断层，生长指数1～1.23之间。储层为中强反射特征，火成岩较为发育，为强振幅连续反射特征，断面两侧储层段与对接层段地震反射特征差异明显，一般对接中弱反射。断面倾角较大，在50°～66°之间。断裂带发育，宽度100～150m。断裂带内发射特征不明显，以杂乱发射为主，不发育断面波(图4－61)。储层段振幅值2000～5000之间，主频17.5Hz。

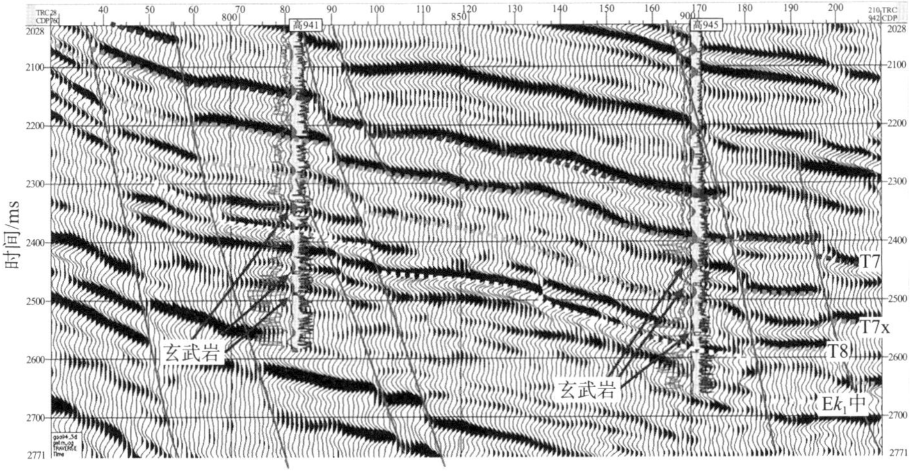

图4－61　高94区块SN向连井地震剖面

3. 王家岗地区构造油藏解剖

1)王家岗地区断层分布特征

雁列式扭张构造主要发育于东营凹陷缓坡带金家、柳桥、王家岗、八面河等地区。平面上，规模相同、性质相同、走向大体一致的断裂平面上呈雁列式展布；剖面上板式断层组合呈"Y"字形或多级"Y"字形。王家岗和八面河地区为典型的雁列式扭张构造。

大型的扭张构造带中的主位移带往往在平面上是线性延伸的，所形成的扭张构造组合都只分布在主位移带附近有限的区域内，使整个扭张构造在平面上呈带状展布，王家岗构造带的扭张构造从不同时期的平面展布特征来看，断裂在平面上等值线具有平移断点，多呈直线延伸，两侧同期构造及断裂呈雁列式展布。但不同的沉积时期又各具特征，孔店组沉积前断裂走向主要为NNE和NE向，发育扭张谷形成的负向构造；孔店组沉积时期断裂走向主要为NE和EW向，叠加改造明显，发育雁列构造；沙四-沙三时期断裂主要为NE向，发育羽状构造，到沙三期次生断裂减少；沙二-沙一断裂走向主要为NE向，断层延伸长度缩短，断层与断层之间的调谐断层基本不发育(图4-62~图4-65)。

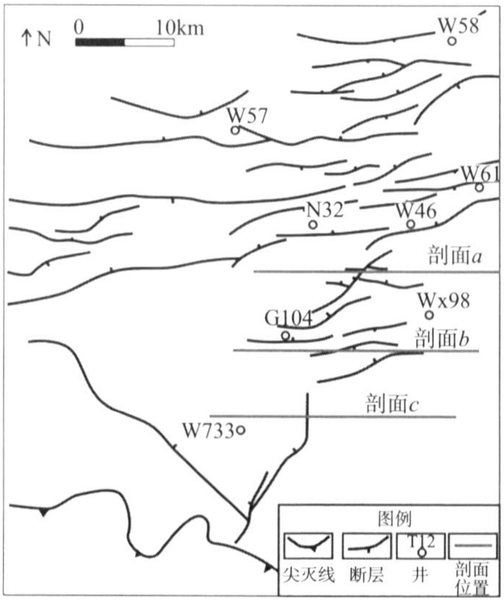

图4-62 王家岗孔店组断裂体系分布图

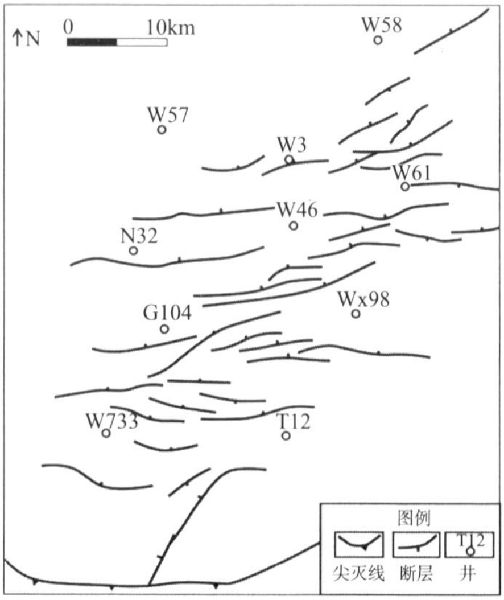

图4-63 王家岗沙三段断裂体系分布图

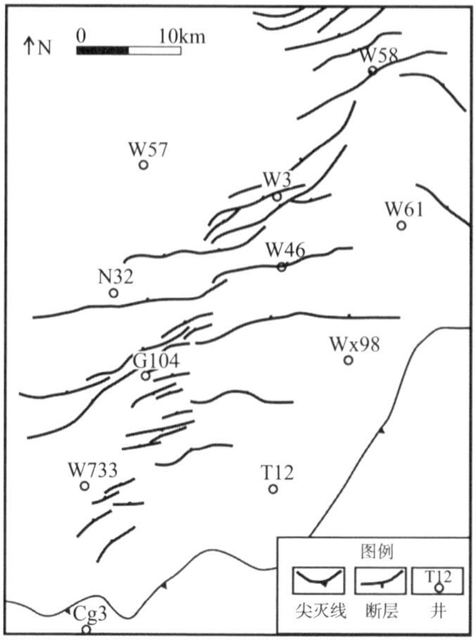

图4-64 王家岗沙二段断裂体系分布图

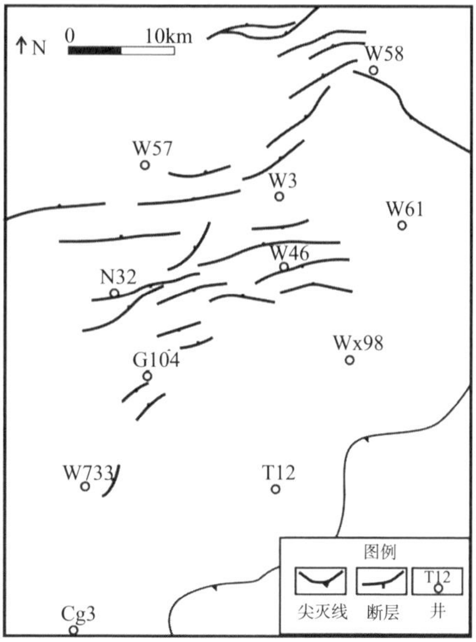

图4-65 王家岗沙一段断裂体系分布图

从不同时期断层平面发布特征来看，王家岗地区发育三类断层，近 NNE 向直线形走滑断层，近 EW、NE 向的羽状、雁列状伴生断层，以及一系列 NNE 或者 SN 向的次生调谐小断层。由早到晚，NNE 向直线形走滑破碎带逐渐变弱，沙四到沙二早期较强，沙二中晚期之后不明显；羽状断层走向由近 EW 向逐渐变为 NE 向，沙四到沙二早期为近 EW 向羽状断层，沙二中晚期之后主要以近 NE 向雁列式断层为主；早期发育次生调谐小断层，晚期发育的较少。

剖面上，主断层与次级断层相互搭接形成负花状构造，断裂带两侧地震信息变化，发育有明显的扭张沟、扭张脊(图 4－66)。主断层一般发育 1～2 条，且主断层倾角大，近乎直立。次级断层在主断层顶部依次相交，形成树形花状构造。构造带两侧地层均有一定的运动距离，且强度基本一致，地层厚度也基本相同。树形花状构造样式反映了扭动强度大，拉张强度弱的应力场特征。

2)王家岗地区封堵断层地震反射特征

王家岗地区油藏一般发育在封堵断层下降盘。通过录井资料确定油层厚度 14.2m，目的层泥质含量 51.6%，垂直断距 96m，断裂带宽度 75m，泥岩涂抹 *SGR* 为 0.36，生长指数 1.19。通过地震剖面，确定目的层振幅为 3803，对接盘振幅为 1930，断面无断面波，断点较干脆。

二、断层封堵地震响应特征

1. 断层地震反射基本特征

断层在地震剖面上具有一定的形态，用于识别其特定要素特征，具体形态如下。

(1)反射波同相轴错断，根据断层规模不同可表现为反射标准层错断和波组、波系错断，在断层两侧波阻关系稳定，波阻特征稳定，一般是小型断层的反映，其特点是断距不大、延伸较短、破碎带较窄。

(2)反射同相轴数目突然增减或消失，波阻间隔突然变化，在断层下降盘地层变厚，而上升盘地层变薄甚至缺失，这种情况往往是基底大断层裂的反映，其特点是断距大、延伸破碎带宽，这种断层对地层厚度起控制作用，一般是划分区域构造单元的分界线。

(3)反射波同相轴形状突变，反射零乱或出现空白带，这是由断层错动引起的两侧地层产状突变，或是断层面的屏蔽作用和对射线的畸变造成的。

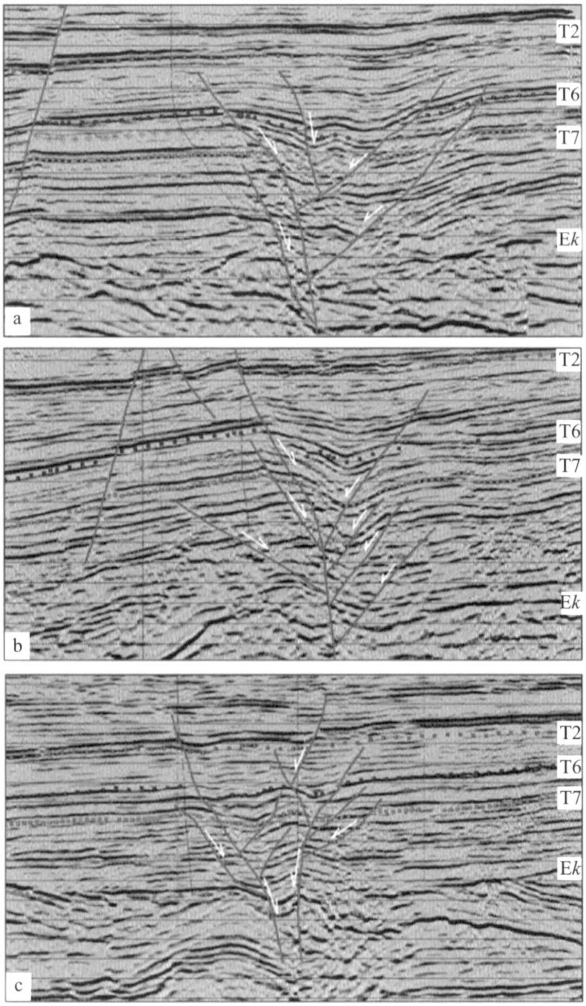

图 4－66　王家岗扭张构造地震剖面图

(4)标准反射波同相轴发生分叉、合并、扭曲、强相位转换等现象，一般是小断层的反映，但应注意这类变化可能是由于地表条件变化或地层岩性变化以及波的干涉等引起，综合考虑上下波阻关系进行分析，对于地表条件引起的同相轴扭曲常表现为对不同深度的同相轴都是一样的影响。

(5)异常波的出现，是识别断层的主要标志，在时间剖面上反射层中断处往往伴随出现一些异常波，如绕射波，断面反射波一方面使记录复杂化，另一方面可成为确定断层的重要依据。

2. 断层反射正演研究

1)正演模型

按照控制变量的原则进行地质模型构建，首先确定砂地比对于地震响应的影响，分别建立砂地比为37.5%、50%和68.7%的地质模型。其次确定不同倾角断层对于地震反射的影响，设定断层倾角分别为85°、60°和45°。最后明确泥岩涂抹厚度的影响，分别设定参数为无泥岩涂抹、发育薄层泥岩涂抹和泥岩涂抹厚度增大三种类型的泥岩涂抹方式(图4-67~图4-69)。

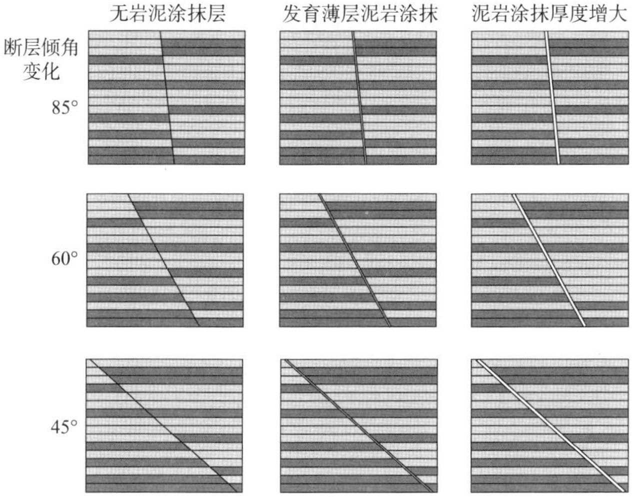

图4-67 砂地比为37.5%的地质模型

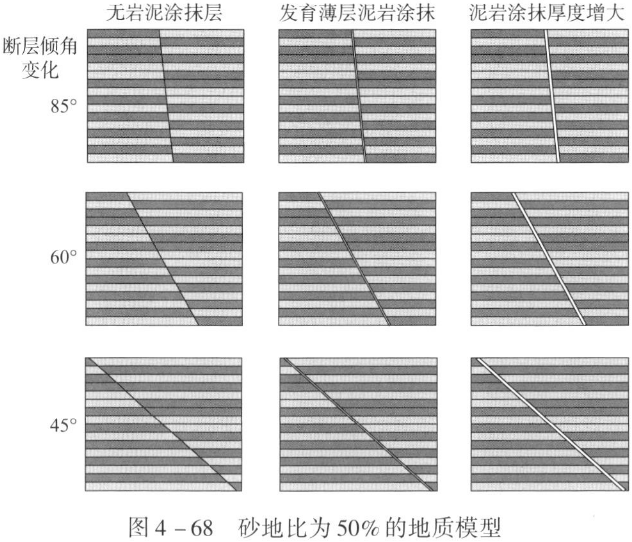

图4-68 砂地比为50%的地质模型

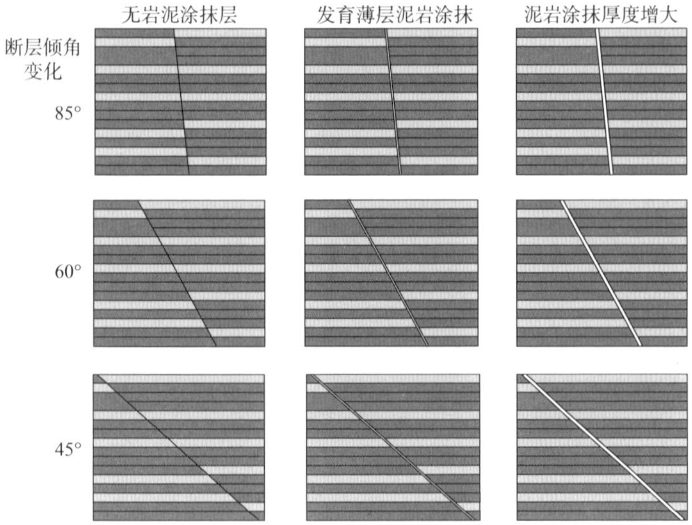

图 4－69　砂地比为 68.7% 的地质模型

2) 地震正演研究

根据建立的模型进行正演研究，对于砂地比为 37.5% 的地质模型，随断层内泥岩涂抹厚度的增加，断面附近形成的地震反射越弱；而随断层倾角增大，断面附近形成地震反射越明显(图 4－70)。

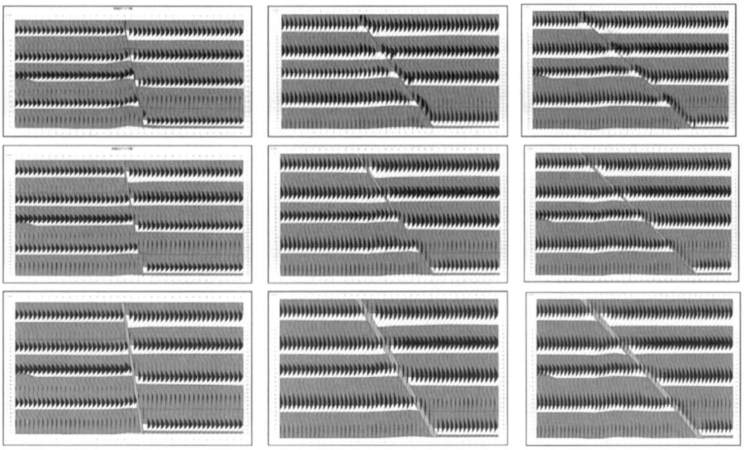

图 4－70　砂地比为 37.5% 的正演结果

当砂地比达到 50%，断层倾角较小，断层产状较平缓时，随断层内泥岩涂抹厚度增，断面越不清楚。而当断层倾角逐渐变大，断面位置开始发生偏移，并且断层内泥岩涂抹厚度的增大也会导致断面位置发生偏移(图 4－71)。

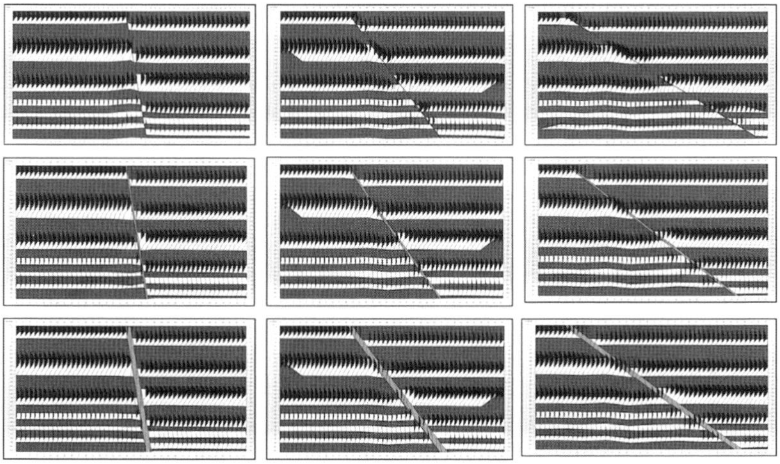

图 4－71　砂地比为 50% 的正演结果

当砂地比为 68. 7% 时，地层之间彼此影响，会造成能量不均衡，随着断层内泥岩涂抹的厚度增加，接近断面的同相轴尾部会出现下拉拖曳的现象(图 4－72)。

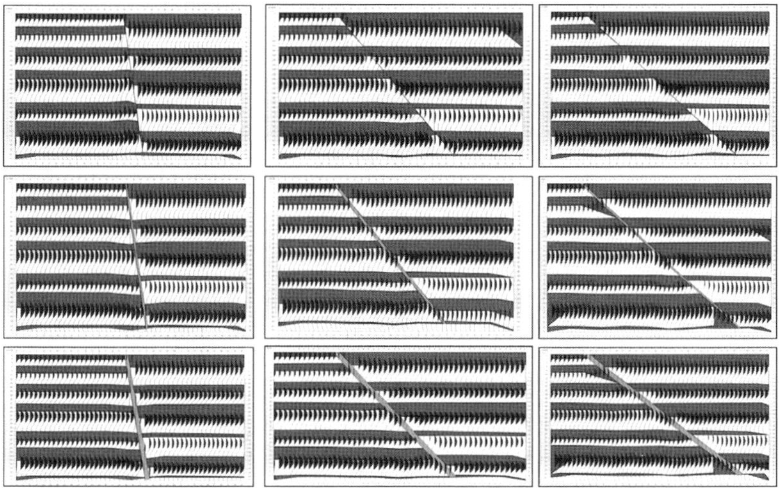

图 4－72　砂地比为 68. 7% 的正演结果

综上所述，断面的反射与断层倾角和断层短距有直接的关系：随着断层倾角减小，断面反射逐渐清晰。当断层未完全错断砂体时，断面两侧同相轴具有较强的连续性，当断层刚错断砂体时，同相轴产生一定的拖曳现象；当断距较大，砂体完全断开对接泥岩时，断面两侧地震振幅能量差距较大，同相轴能够分离，能够进行清晰识别。

3. 封堵断层地震响应特征

1) 对接型封堵断层地震反射特征

通过解剖分析典型构造油藏的地震剖面形态，总结出对接封堵断层的地震反射具有以下三个特点：断面紧闭、断裂带较窄或不发育；断面两侧地震属性差异较大；两侧地震同相轴错断干脆(图4-73)。

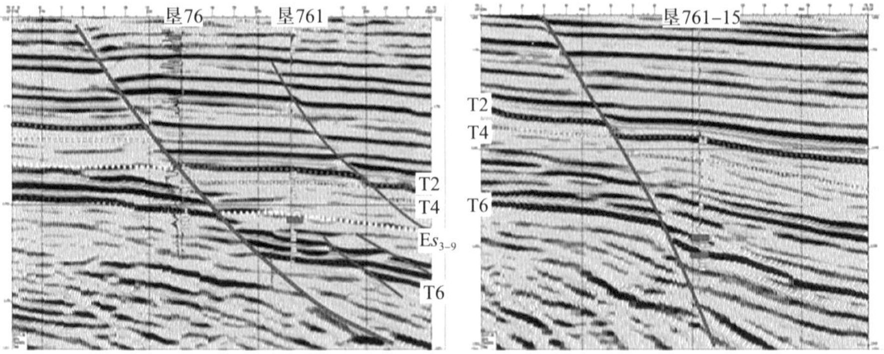

图4-73　对接封堵断层地震剖面

通过分析断面两侧储层段和对接段的地震属性，两侧地震属性差异较大，其中振幅属性差异最为明显，且与含油气性即含油气高度具有一定相关性。随着振幅差值增大，含油气高度逐渐增大，相关系数达0.56。同时也分析了断面两侧储层速度差和频率差与含油气性的关系，分析结果表明，速度差和频率差与含油气的相关性较差(图4-74)。

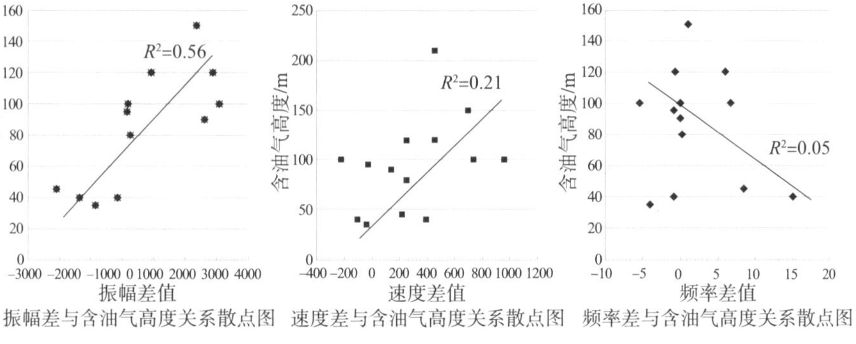

图4-74　断层两侧地震属性与含油气性关系散点图

2) 充填型封堵断层地震反射特征

充填封堵型断层的地震反射则具有断裂带较宽，一般在50~150m；断裂带杂乱反射、油层直接对接断裂带以及油藏受断裂带充填物封堵成藏的特点。根据上述特点，分别建立对接封堵断层和充填封堵断层的地质模型(图4－75)。

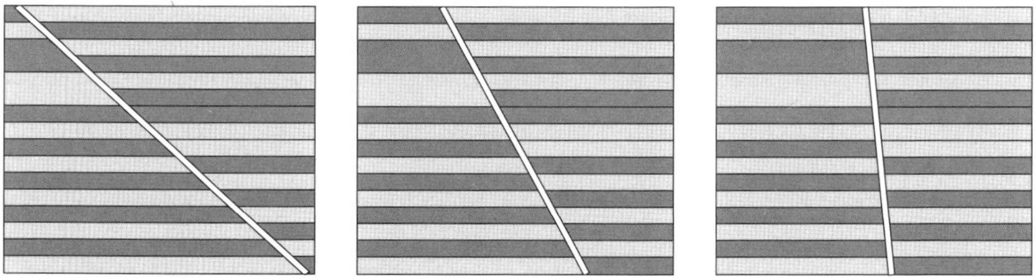

图4－75　充填封堵断层地质模型

充填型断裂带结构存在明显的垂向差异(分层性)：在浅部地层中，由于活动性弱、断距小且沉积物往往没有完全固结成岩，因此断裂带多表现为地层的塑性变形，裂缝不发育；随着断面深度逐渐增大，断层滑距逐渐增大，成岩作用也逐渐增强，断裂带的内部结构由浅至深，表现为“裂缝带→裂缝带与主裂缝(主滑动面)的组合→上、下诱导裂缝带与滑动破碎带的组合”的渐变过程。同时由浅到深，滑动破碎带和其内部的由于地层研磨所形成的断层泥等细粒物质越发育。

同样，断层(或生长断层)在走向上由于活动性的差异(如断距大小的变化)，使得其内部结构特征在走向上具有分段性：通常断层走向上中部断距较大，断裂带结构发育完整，由滑动破碎带和两盘诱导裂缝带组成；往断层末端由于所受应力逐渐减小，断距减小，结构发育不完整，缺失滑动破碎带或下盘诱导裂缝带；至断层末端应力释放区仅发育一些微裂隙。

3)充填型封堵断层断裂带速度特征

基于测井资料，结合地震资料开展了断裂带的测井识别及速度特征分析，常规测井曲线中，由于微球形聚焦(微侧向)测井采用贴井壁测量，且其电极系尺寸小，测量范围很小，其测量结果仅反映井壁附近的地层情况，因此对裂缝的发育情况十分敏感，裂缝发育带多呈现低电阻异常，裂缝密度越大，微球聚焦电阻率降低的幅度也越大，但由于其探测深度浅，所以其受泥浆侵入影响较大，因此在有泥浆侵入的裂缝性地层中，微球聚焦测井值通常比双侧向测井值低很多，且曲线形态呈锯齿状。

双侧向的探测深度、探测范围都比微侧向大得多，由于深、浅侧向探测深度有较大区别，在同一深度往往出现深、浅侧向数值不同，表现为电阻率曲线之间的差异(正差异、负差异、无差异)。研究结果表明，裂缝的发育程度、裂缝角度均可影响双侧向差异的性质及大小，通常遇到高角度缝时双侧向曲线表现为正差异，而遇到水平裂缝、层理裂缝时表现为负异常。

井径测井是在裸眼井内测量井眼直径随地层深度的变化，直接反映井眼的形状、大小，因此也能反映断裂带的情况，裂缝发育段易出现井径曲线摆动、扩径等现象。

声波测井是根据声波在介质中传播的原理，通过测量井壁介质的声学性质(声波传播速度与幅度)判断井壁地层的地质特征，通常声波测井主要是指声波时差测井，测量的是沿井壁传播先后到达接收器的纵波首播的时间差，主要反映地层中纵波的传播速度，声波传播过程中有能量降低或幅度衰减，由于声波在裂缝间经过多次反射和折射，声波衰减较大，因此声波时差曲线可反映裂缝的发育情况。通常声波时差测井对高角度缝不敏感，而当遇到低角度裂缝、网缝时，声波穿过裂缝会大幅度衰减，往往出现异常尖峰值、周波跳跃等现象。

密度测井主要反映的是地层的岩性和孔隙度，如果遇到裂缝时，则测井仪的滑板穿过与井眼相交的裂缝系统，而孔隙度的变化必然在密度测井曲线上有相应显示。

以坨 147 为例开展了断裂带测井识别，坨 147 井断点深度 2360m，断移地层岩性较单一，主要为泥岩，断裂带深度为 2280～2435m。2338～2360m 为滑动破碎带，2280～2338m 为上盘诱导裂缝带，2360～2435m 为下盘诱导裂缝带，其中诱导裂缝带测井曲线整体呈现“一低、两高”的特点(低 DEN、高 CNL、高 AC)，即裂缝发育处声波时差 AC、中子 CNL 测井值增大且声波时差 AC 曲线具有周波跳跃、密度 DEN 测井值减小、井径扩大等特征。滑动破碎带曲线与诱导裂缝带相比整体较平缓，仅在局部中子 CNL 测井值呈尖峰状(图 4－76)。

总体来看，诱导裂缝带不管断裂带母岩为何种岩性，由于大量裂缝发育，孔隙度、渗透率均有所增大，常规测井曲线上多具有高声波时差 AC(或曲线周波跳跃)、高中子孔隙度 CNL、低密度 DEN 的特点；GR 曲线特征与母岩岩性及裂缝中充填的物质有关；电阻率曲线均表现为与原岩响应特征相反的变化趋势；裂缝发育处多出现井径曲线摆动、扩径现象。滑动破碎带则由于细粒的断层岩、断层泥发育，孔隙度、渗透率均有所降低，测井特征表现为声波时差 AC 测井值偏小，且较稳定；中子孔隙度 CNL 曲线较平缓，测井值明显偏小；密度 DEN 曲线较平缓，测井值普遍偏大；井径曲线一般无扩径现象。

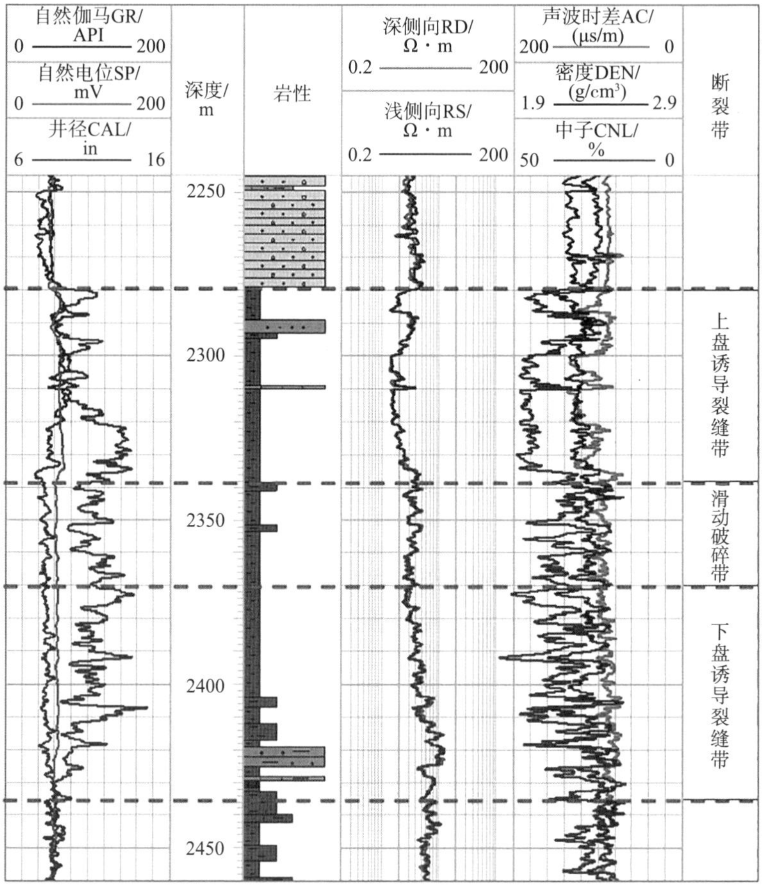

图 4－76　坨 147 井断裂带测井识别图

利用测井资料开展了断裂带速度分析，分析结果表明，断裂度速度受断距和埋深双重控制。在同等埋深条件下，随着断距增大，断裂度内充填物的研磨和胶结程度增大，相应速度增大。随埋深的增大，相同断距条件下，断裂带速度也增大。同时也分析了断裂带速度与围岩速度差的变化规律，分析表明，速度差随断距增大而增大(图 4－77)。

4. 封堵断层地震响应模板

通过分析断裂带地震响应特征，综合正演研究，建立了封堵断层地震响应模板，夯实了地震预测基础。对接封堵主要考虑对接盘的岩性特征及地震反射特征，主要针对低序级的 4～5 级断层。统计分析表明，对接型封堵断层随着断面倾角的变化，封堵能力也随之变化。断层倾角越大，相同条件下封堵性越差。充填封堵主要受控于断裂带的物性变化，随着断层断距的增大，断裂带越宽，断裂带内充填物越致密，物性越差封堵越好，封堵性的主要因素是断裂带的物性。正演结果表明，随着断裂带充填物速度增大，断面的反射逐渐增强(图 4－78)。

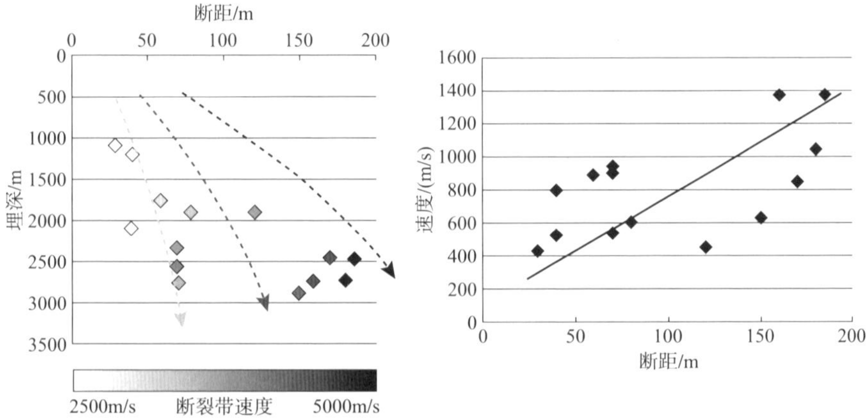

图 4－77　断裂带速度与断距、埋深关系散点图

断层类型	对接封堵			充填封闭		
	地震剖面	正演	响应特征	地震剖面	正演	响应特征
高角度	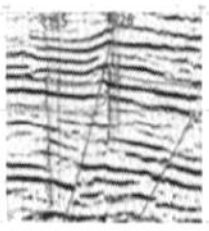	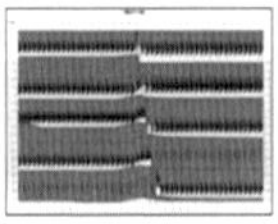	断点不干脆，有上下盘穿时连续反射特征。断距75~80m，断层倾角65°~80°断面两侧振幅差498	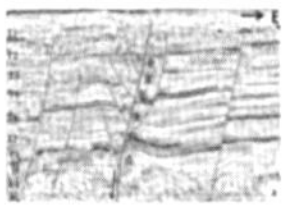	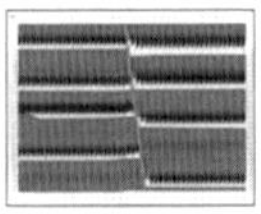	断点不干脆，断裂带不清晰，断面波不发育，断距50m，断裂带宽度60m，断层倾角85°，断面两侧振幅差1520
中角度	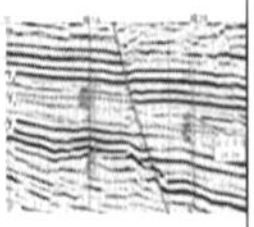	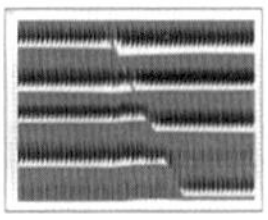	无断面波，断点干脆。断距90m，断裂带宽度50~75m，断层倾角40°~55°断面两侧振幅差1870	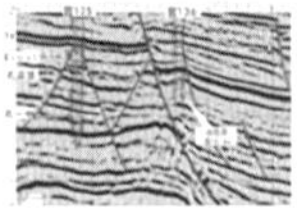	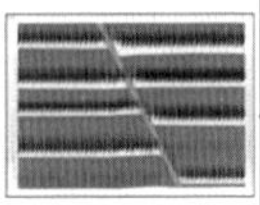	断点不干脆，局部发育断面波，断距150m，断裂带宽度80m，断层倾角55°，断面两侧振幅差495
低角度	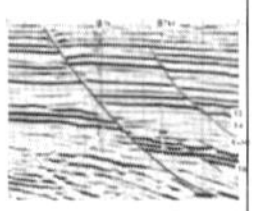	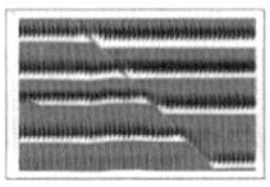	断点干脆，无断面波，断距120m，断裂带宽度30m，断层倾角50°，断面两侧振幅差 2100	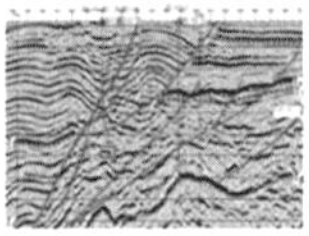	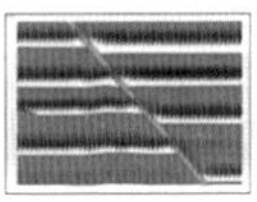	断点不干脆，局部发育断面波，断距170m，断裂带宽度70m，断层倾角45°，断面两侧振幅差710

图 4－78　封堵断层地震响应模板

三、对接型封堵断层地震评价方法

对接型封堵断层依靠岩性之间的渗透差异实现断层的封堵，断面两侧地震属性差异大，且与含油气性即断层封堵性具有较好的相关性。根据这种封堵的特点，建立了基于断面两侧地震属性差值的封堵性预测方法。

首先，进行地震属性的优选，由于振幅属性、速度属性和频率属性能够较直观地反映地层岩性变化的属性，因此对典型构造油藏的低级别封堵断层进行了统计分析，得出的数据库中显示，地震属性差值与含油气高度之间具有一定的线性关联(图 4－79)，其中振幅差与含油气高度之间具有很高的相关性，因此优选振幅差进行对接型断层的封堵表征。

其次，考虑到断层倾角对于断层封堵性的影响，加入了断层倾角影响因子这一要素，通过对统计数据的分析可知，加入了人倾角因素进行约束之后的数据变得更收敛，属性值与含油高度具有更高的相关性(图 4－80)。

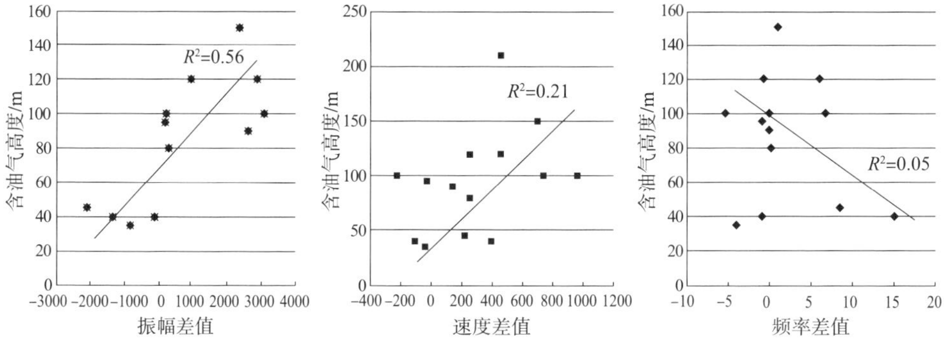

图 4－79　振幅差、速度差和频率差与含油气高度关系散点图

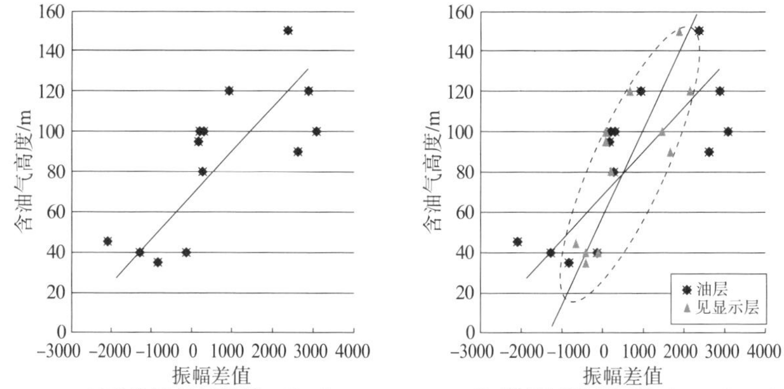

(a)对接封堵地震属性=$A1-A2$　(b)对接封堵地震属性=$(A1-A2)\cos\theta$

图 4－80　振幅差与含油气高度关系散点图

在此基础上形成了基于断面两侧地震属性差值的封堵性预测方法技术流程(图 4－81)。该方法以三维地震资料为基础，充分利用了测井等资料，在精细落实断面构造形态的基础上，获取断层两侧的波阻抗差。同时依据已知封堵性断层对应的波阻抗差值，建立对应波阻抗差值与含油气丰度之间的量化关系，明确基于波阻抗差值的断层封堵性表征阈值。具体步骤如下。

①基于三维地震资料开展断层面的构造解释，形成断层平面构造图；

②利用三维地震资料，对断层面构造图提取断层面两侧振幅属性值；

③将断面两侧振幅属性值进行差值运算，得出断面两侧振幅属性差；

④利用获取的断层面构造图，计算断层面的倾角数据，并进行余弦值计算，得出断层面的倾角余弦值；

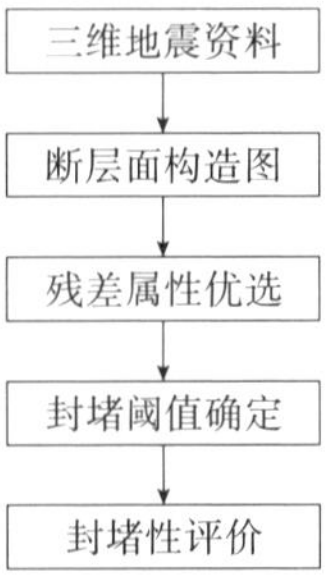

图 4－81　断层封堵性表征方法技术流程

⑤利用对接型封堵断层评价公式进行封堵性评价参数的计算，其中封堵参数 $S=(A-B)\cos(\theta)$（A 为储层段振幅属性，B 为对接盘振幅属性，θ 为断面真倾角）；

⑥利用已知断层油藏进行标定，明确步骤⑤中封堵参数 S 的值域范围，即确定断层封堵时参数 S 的大小；

⑦计算沿断层的封堵评价参数 S 平面分布图，明确在空间上断层的封堵特征。

该方法在平方王地区进行了初步应用，169－斜 10 单元处上下两盘振幅属性差异明显（图 4－82），说明断层西段两盘岩性差异较大，由此推断断层西段端盘两侧对接岩性不一致，若下降盘为砂岩，则对接盘岩性为泥岩，封堵效果较好；振幅属性差平面分布图显示东段差异不明显，说明断层两盘振幅差异不大，岩性基本一致，如断层下降盘为砂岩，则上升盘也会砂岩，断层不封堵；与该区实际含油情况一致（图 4－83）。

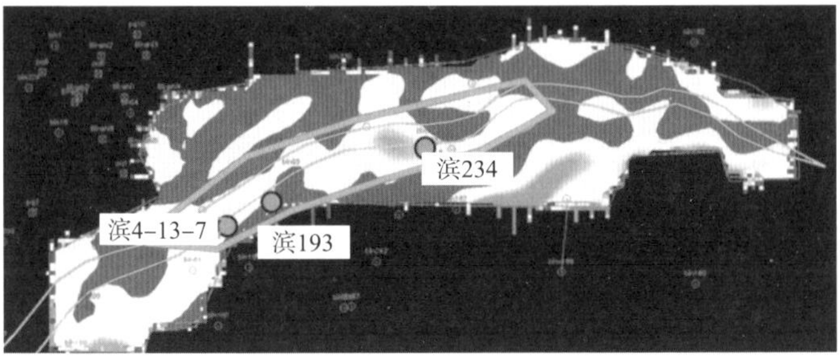

图 4－82　滨 4－13－7 区块振幅差属性图

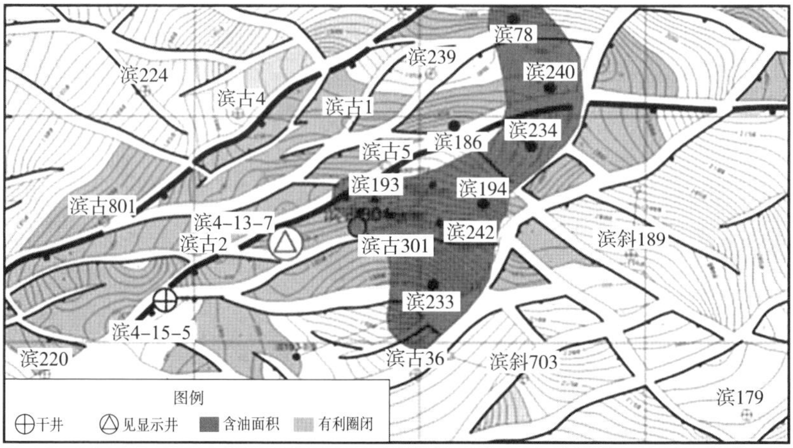

图 4－83　滨 4－13－7 区块含油面积图

四、充填型封堵断层地震评价方法

断层是油气成藏过程中重要的影响因素，一方面在油气运移过程中断层可以作为重要的油气输导通道，垂向输导油气进入圈闭成藏；另一方面，断层也可以作为圈闭的侧向遮挡条件，形成有效的断块圈闭，封堵油气成藏。目前的研究已经认识到，断层不是一个简单的面，而是具有一定宽度和长度的体。在断层封堵性及断层在油气运移过程中往往只把断层当作一个面，而没有当成一个断层体来研究。常规的断层封堵性的评价方法大都着重分析断层对于两盘地层的封堵作用，而忽视了断裂带存在的本身对油气封堵及油气运移的控制作用。针对这一情况，提出了充填性封堵断层地震评价方法。

充填型断层是断面之间被泥岩或压实的砂质颗粒等低渗物质所填充，能够起到封堵上下盘之间的流体交换作用。常规地震资料在相对高陡的断层体成像上主要侧重于断层错断是否干脆，但很难实现对断裂带内部结构的反映。由于地震资料本身品质的限制，基于地震资料的断裂带内部结构的研究相对滞后。随着宽方位地震资料的应用，断裂带内部结构的地震表征成为下一步封堵性评价的关键。

研究结果表明，封堵性与对接盘岩性无关，受断裂带结构控制。断裂带结构及类型有规律变化，断裂带宽度随断距增加而增大，但当短距超过 10m 之后，断裂带的宽度增长速度明显降低。断裂带内的物性变化具有一定的规律。断裂带速度分析表明，随着断距增大，断裂带内部持续研磨胶结成岩，断裂带内部宽度增长深度与越大。速度差异为断裂带内部结构的识别提供了物理基础。

高密度资料具有宽方位、大偏移距的特点，在一定程度上能够对断裂带的内部结构进行一定的成像，因此依据高密度三维地震资料提出一种断裂带结构类型的地震表征方法，解决常规地震资料难以表征内部结构的问题，评价流程如图4－84所示。

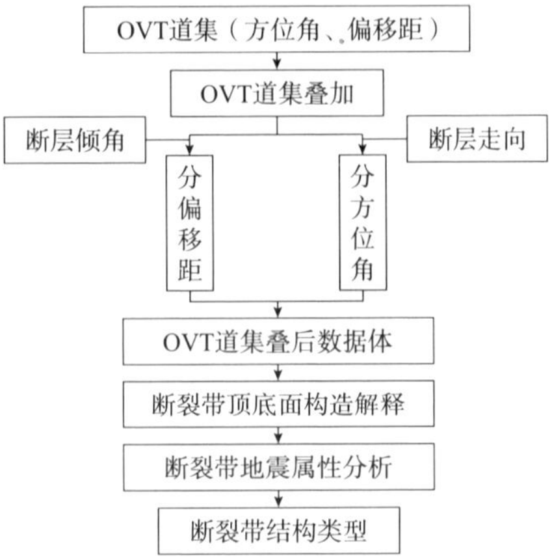

图4－84　断裂带结构地震表征方法技术流程

首先，依据断层走向，分别沿垂直断层走向和平行断层走向两种方式进行了分方位角资料叠加，通过对比，发现垂直断层走向的叠加资料断面成像更干脆，断层延伸更清晰(图4－85、图4－86)，因此优选了与断层走向垂直方向的方位角资料进行叠加。

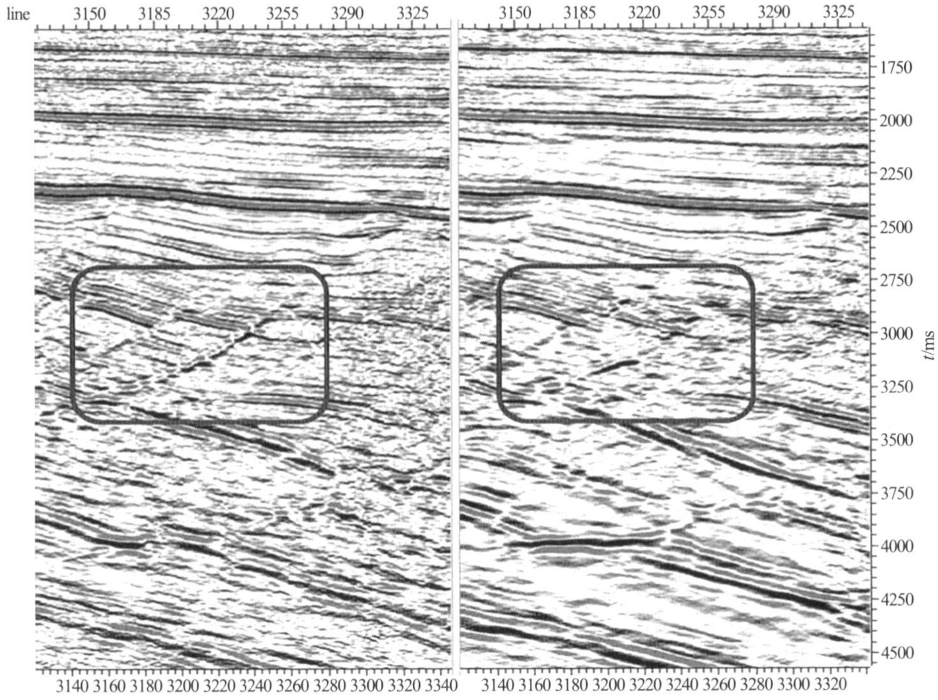

(a)垂直于断层走向方位角叠加资料　(b)平行于断层走向方位角叠加资料

图4－85　分方位角叠加资料

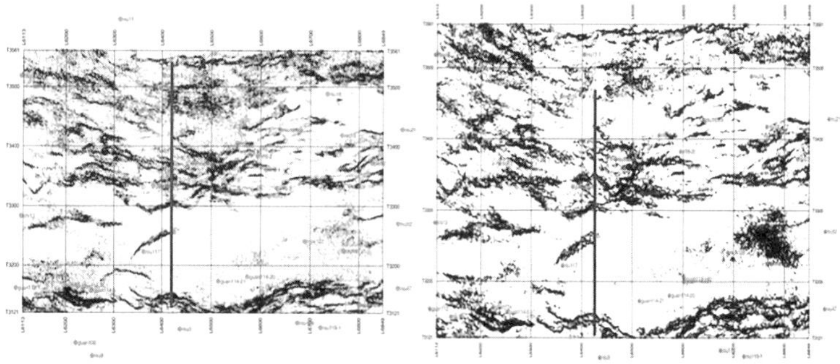

(a) 垂直断层走向　　(b) 平行断层走向

图 4－86　分方位角叠加资料相干

其次，在分方位角叠加的基础上进一步优化偏移距叠加。通过分方位角叠加资料和分方位角、分偏移距叠加资料的对比发现，分偏移距叠加后断层走向更连续，断层的形态更连续(图 4－87、图 4－88)。继而研究入射角度对叠加的影响，发现入射角较大时，断面更清楚，断层反射更连续(图 4－89)。基于优势方位和优势偏移距叠加的叠后地震资料，开展断裂带构造解释，形成断裂带的顶面和地面构造等值线图。

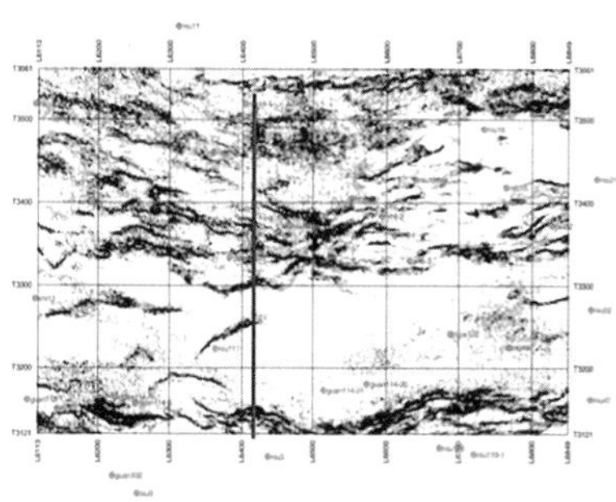

图 4－87　分方位角叠加资料

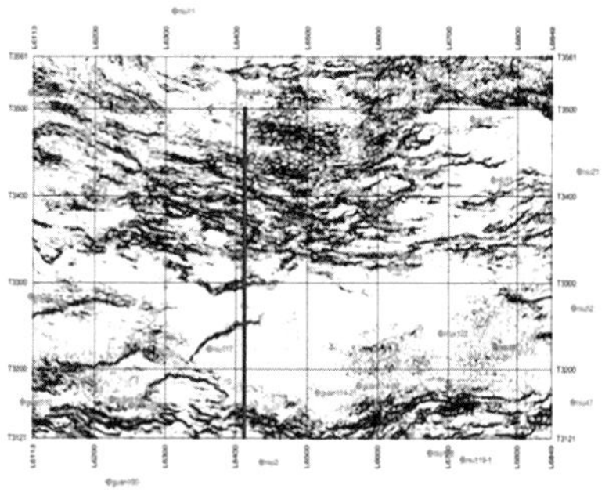

图 4－88　分方位角、分偏移距叠加资料

最后，基于分方位角、分偏移距叠加地震资料开展断裂的地震反射特征及振幅属性分析。统计分析表明，断裂带与围岩速度差随着断距的增大而增大，速度差越大，表明断裂带越致密，越能形成较好封堵(图 4－90)。同时，沿断层面提取振幅属性。用振幅属性平面图表征断层在空间位置上的封堵特征(图 4－91)。为了对不同位置的断层封堵性进行更加直观的显示，可以结合三维立体显示，对断层空间位置的封堵特征进行进一步刻画(图 4－92)。

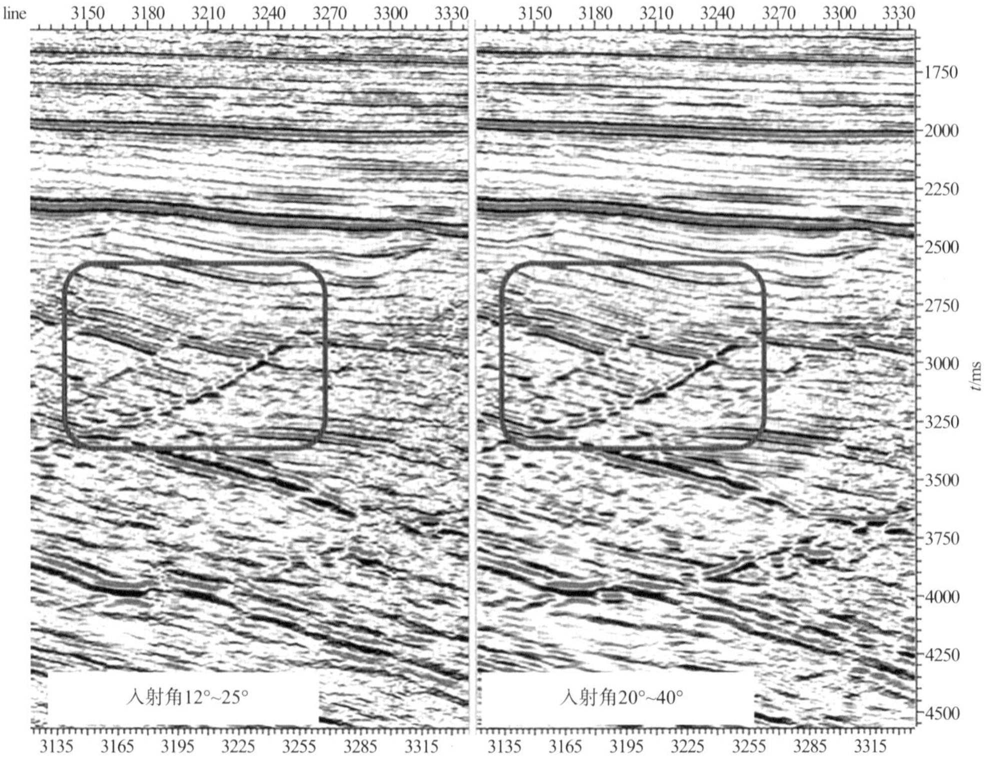

图 4－89　不同入射角度分方位角、分偏移距叠加资料

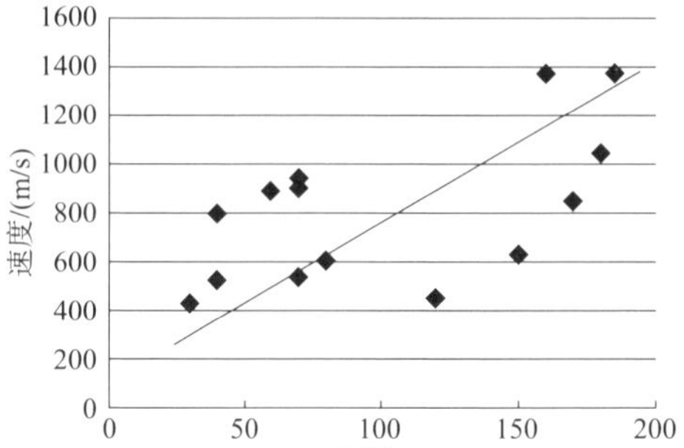

图 4－90　断裂带速度与断距关系散点图

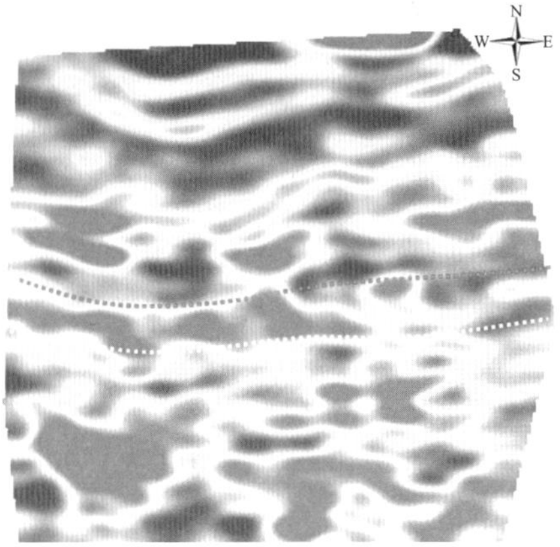

图 4－91　断面振幅属性图

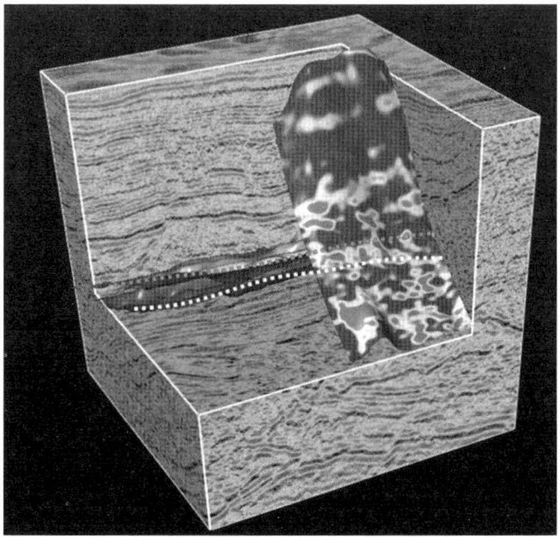

图 4－92　断裂带振幅属性立体显示

五、平方王地区断层封堵地震评价

1. 概况

平方王大型穹窿构造带为三面环洼的复式油气聚集带，探明储量具有层系分布不均衡的特点，目前主要探明储量集中在沙四上亚段的灰岩和滩坝，曾钻遇多口千吨井。该区沙四上亚段灰岩和滩坝均为高效可动用油藏，是主要的勘探开发层系。而沙四下亚段－孔店组红层仅上报探明含油面积 3.5km^2，探明储量 377×10^4t，勘探程度较低。

全区有 74 口井揭示沙四下亚段－孔店地层，其中 33 口井见到良好油气显示，11 口井获得工业油气流，且累计产油效果好，经济效益显著。2018 年完钻的滨斜 178、滨 169－斜 10 均在红层获得成功，滨斜 178 红层试油日产油量 4.62t，不含水；滨 169－斜 10 红层试油日产油量 3t，日产水量 17m^3；说明红层勘探有巨大潜力。

本区沙四下亚段－孔店组红层勘探的难点为断裂系统复杂、低序级断层发育、地震上难以识别、解释难度大；各断块含油高度差异大，油气富集规律认识不清。总体上成藏的主要关键为断层封堵性，断层封堵则成藏，断层不封堵则不成藏。

平方王红层地层与上下地层之间形成了明显的角度接触(图 4－93)，“底超、顶剥”，断裂系统复杂，构造破碎，地震反射连续性差导致地震解释工作异常复杂。

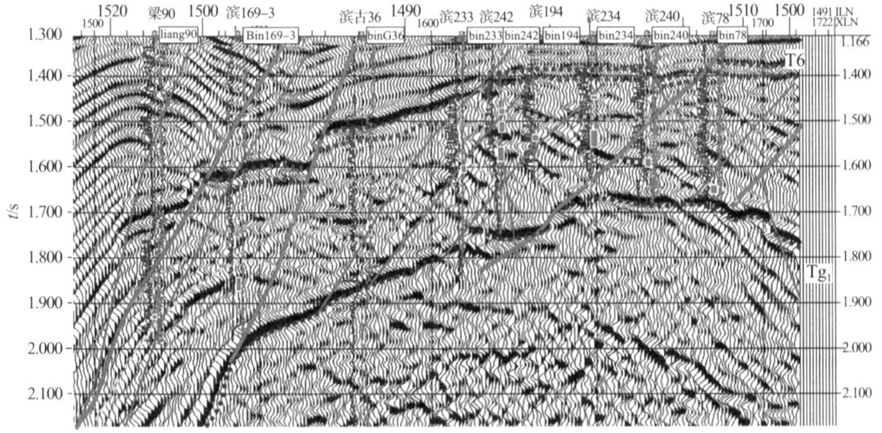

图 4－93　过梁 90－滨 78 井近 SN 向连井地震剖面

沙四下－孔店组红层储层非常发育(图 4－94)，泥岩隔层发育不稳定，砂地比高(0.5～0.6)。

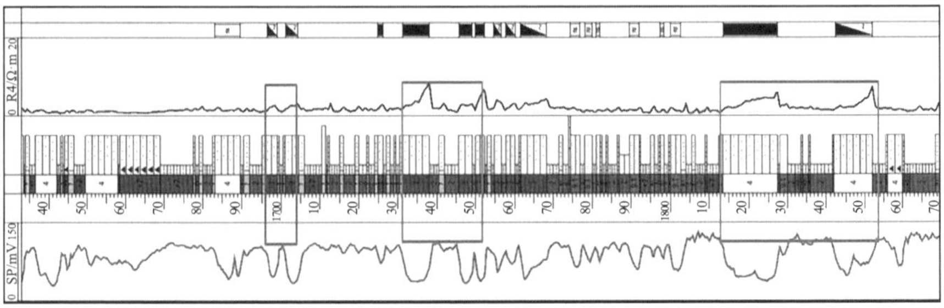

图 4－94　滨 242 井测井曲线图

2. 断层封堵性评价

平方王地区整体受 NE 向高青－平南断裂控制，平方王披覆构造带具有帚状扭张构造特征，是高青扭张构造带的平南段。平面上，由若干条弧形弯曲的次级断层与同向弯曲的高级别主干断层相交组合而成(图 4－95)；剖面上，主干断裂呈铲式，次级断裂与主断裂相交呈多级"Y"字形或似花状构造。

平面上，高青－平南断裂上盘次级断层与主干断层相交呈帚状；振幅切片同相轴错断、拖曳，表明该地区有明显的走滑扭动，高青－平南断裂右侧盘向南运动，反映该帚状构造为右旋扭张构造。在剖面上，高青－平南主干断裂呈上陡下缓的铲式，切穿古生代基底，次级断裂主要发育于沙河街组、东营组和馆陶组。平南断层倾向向南，次级断裂与主干断裂倾向相同或相反，组合呈似花状构造或"Y"字形，多级"Y"字形断层组合。

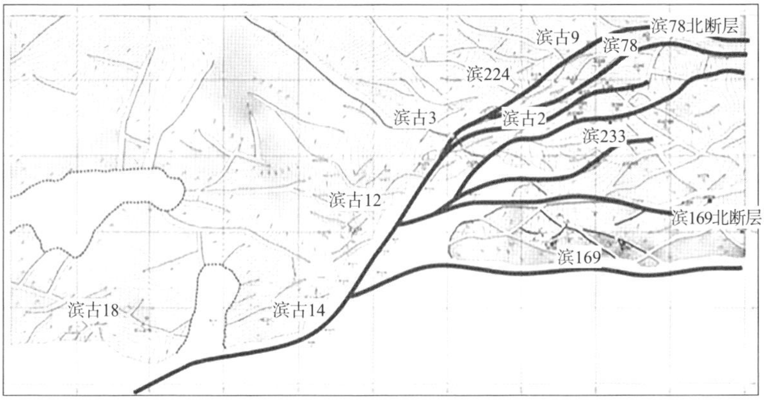

图4－95　平南－平方王地区孔店组2砂组顶面构造图

从地震剖面上看，断裂数量多，多数断裂断至中生界，规模差别较大；在SN向剖面上，多为由顺向断块、反向断块等组成的花状构造或马尾构造[图4－96(a)]，构造样式以扭动构造为主，说明该区存在走滑应力的影响；在EW向剖面上，东部以反向翘倾断块为主，西部发育简单的花状构造[图4－96(b)]，说明该区存在走滑与伸展共同作用的应力场特征。

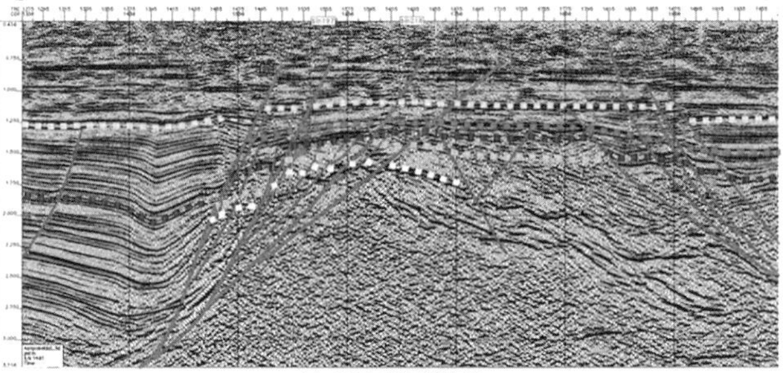

(a) SN向地震剖面

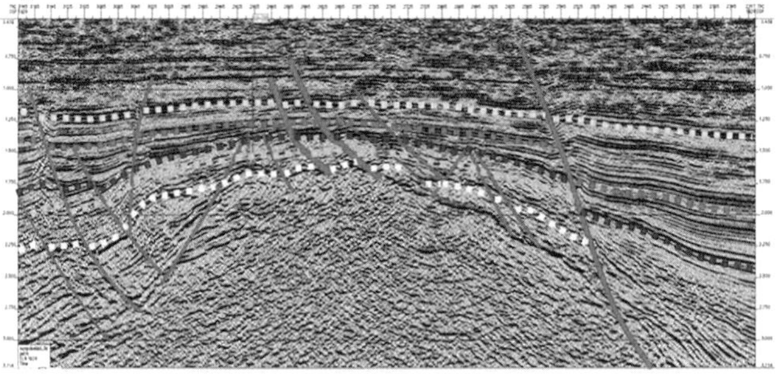

(b) EW向地震剖面

图4－96　平方王披覆构造带地震剖面图

红层内部断层为孔店组－沙四下沉积时期形成的，活动强度自孔店组到沙一段沉积时期逐渐减弱，断距普遍分布在40～100m之间，到沙一沉积期后落差逐渐减至10～50m。后期的高青－平南帚状扭张构造形成的NW向或EW向的大断裂切割了红层内部现存断裂系统，形成了现今的网盘式构造特征。

通过已上报探明储量分析发现，本区沙四下－孔店组红层油藏类型为受断层及构造背景控制的构造油藏，平面上油气具有含油高度由S向N逐渐降低，平南断层以北依次发育南部顺向断阶带和中央反向断阶带(图4－97)。不同断阶带具有不同成藏模式和油气富集规律，其中南部顺向断阶带，孔店组2砂组顺向对接物性差的孔店组3～5砂组地层，成藏条件有利，具有整带含油的潜力，最大含油高度250m，目前已经上报滨169块探明储量137×10^4t；沙四下亚段2砂组依据滨斜178块控制储量参数，最大含油高度80m。中央反向断阶带，*SGR*大于0.5，可形成泥岩涂抹封堵成藏，含油高度孔店组2砂组为70m，沙四下亚段2砂组为60m。

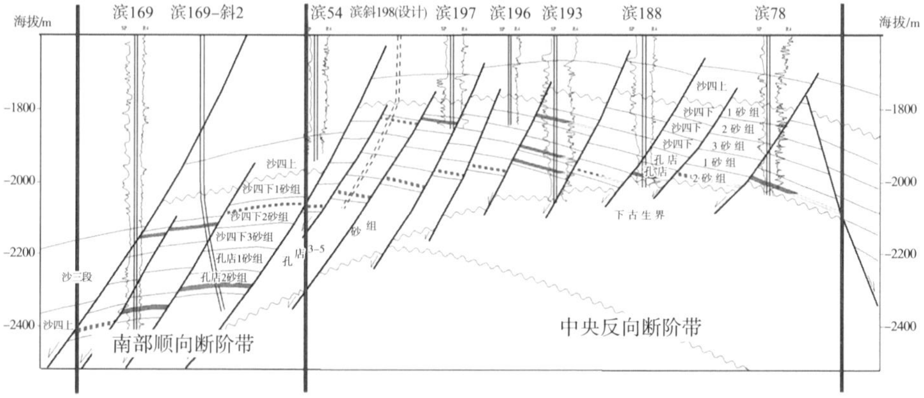

图4－97 平方王地区红层成藏模式

3. 油气富集规律研究

油气正向构造背景更易运聚成藏。从过探明区的连井剖面来看，南部顺向断阶带，油藏普遍有底水或边水；而中部反向断阶带构造背景有利，油气更富集，基本不出水，且产量高，累计产油量平均超过2×10^4t(图4－98)。

对中部反向断阶带两盘岩性对接进行了分析研究，选取反向断阶带滨193南部的一条断层，做了岩性对接关系图，发现反向断阶带断层上下盘同时成藏，砂泥对接可以成藏，砂砂对接成藏难度大(图4－99)，这是中部反向断阶带更易富集的主要原因。

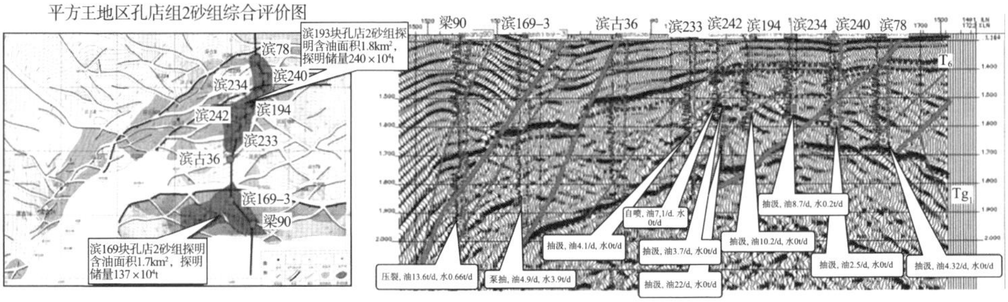

图4-98　平方王地区红层正向构造背景富集模式

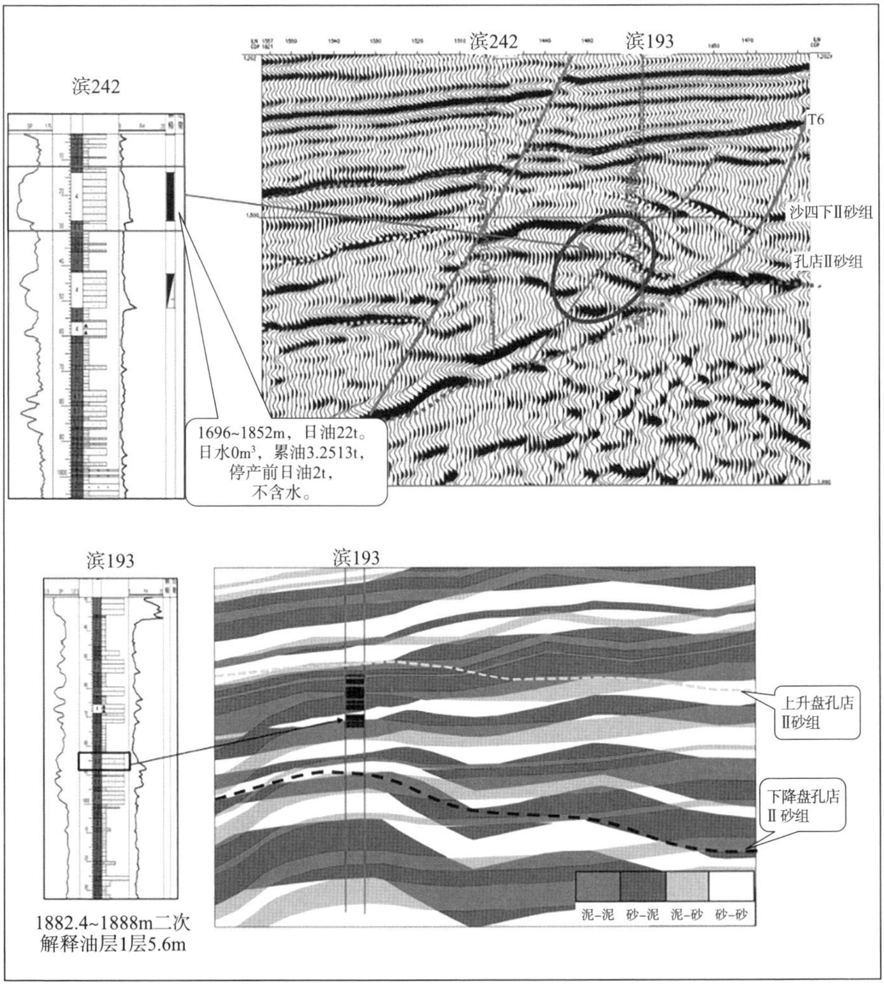

图4-99　平方王地区滨193南断层岩性对接关系图

发育4条活动至馆陶的油源断层(平方王南断层、滨169北断层、滨古2断层、滨古9南断层)，紧邻油源断层圈闭构造高部位成藏条件更有利，在滨古9南断层以西以北地区由于地层下洼，没有井成藏。同时由于沙四上纯下亚段泥岩较发育，因此沙四下亚段－孔店组油水系统，与沙四上亚段滩坝砂岩和礁灰岩油水系统形成了有效分隔(图4－100)。

从钻探情况来看，断层不同位置钻探差异巨大。平方王南大断层东段钻探多口井在沙四下亚段－孔店组未见显示，在断层西段滨169－斜10断块(图4－101)见到良好油气显示，试油日产油量3t，日产水量17m^3，该断层红层发育层段西段封堵性好于东段，说明同一条断层断面的不同位置处封堵性存在差异。该区断层封堵性的最直接影响因素为断层两盘岩性对接关系，砂泥岩对接断层封堵，砂砂对接则断层不封堵。

地震反射波来自地下具有波阻抗差的地层界面，地下地层特征的横向变化，必将导致地震反射波特征也发生变化，即地震属性发生了变化。因此，地震属性中携带有地下地层特征的信息，这是利用地震属性预测地层岩性及油漆储层参数的物理基础，也是研究地震属性的目的所在。地震数据体的振幅、能量、相位、频率等多属性与储层物性、含油气关系以及沉积特征密切相关。

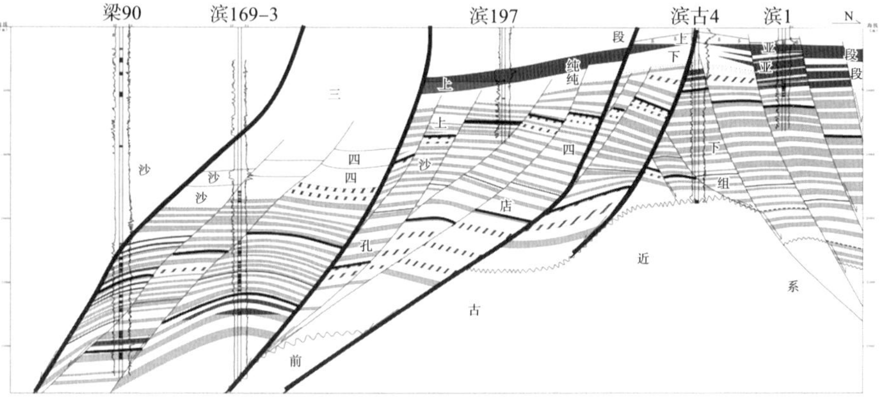

图4－100　过梁90－滨169－3－滨197－滨古4－滨1井近南北向油藏剖面

振幅属性能直接反映反射系数(波阻抗界面)、AVO(振幅随炮检距)和储层孔隙中的流体不同的变化，反映出地下相邻岩性的变化或含油气岩层的存在。振幅横向的逐渐变化通常反映岩性的变化或含油气岩相的变化，其突然变化可能是存在断层或遇含油气岩层的边缘，因此，振幅属性可直接用于描述储层变化，预测含油气性(表4－7)。

地震传播速度与岩性有关，一般情况下砂岩速度高于泥岩速度。当断层两盘地层岩性不同时，地震波传播速度也会不同，产生一定的速度差。

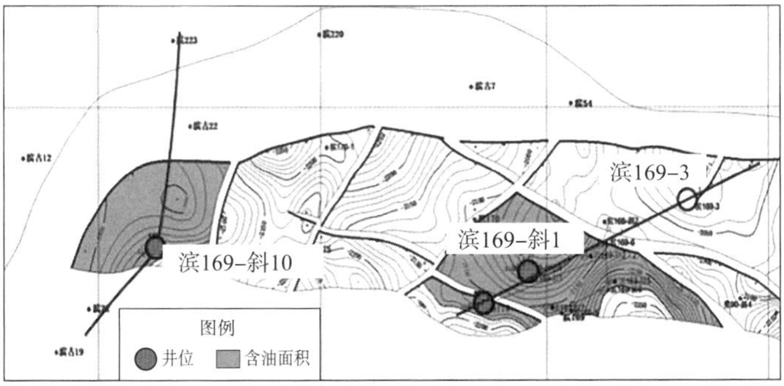

图 4－101　平方王油田滨斜 178 区块 E_2s4_2 含油面积图

表 4－7　地震属性统计表

单元	含油目的层地震属性信息			对接盘地震属性信息		
	振幅/(m/s^2)	主频/Hz	速度/(m/s)	振幅/m	主频/Hz	速度(m/s)
滨 169－斜 10	1957	29.58	3387	1044	30.8	3333
滨 169－斜 1	3100	22	3787	2974	22.9	3816

地震振幅属性能够比较好地反映岩性的横向变化，因此对滨 169－斜 10 北大断层进行断面解释(图 4－102)，并对该断层断面的上下分别提取振幅属性，明确上下两盘岩性关系，对两盘振幅属性进行相减，得到沿断面的振幅差属性(图 4－103)。

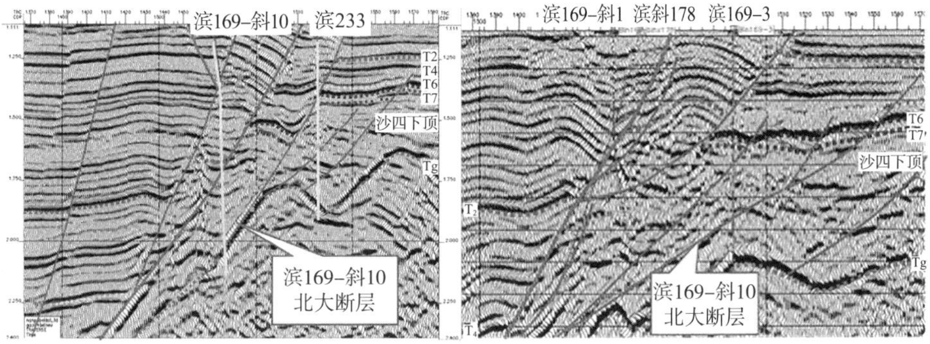

图 4－102　平方王油田滨 169－斜 10 北大断层断面解释图

滨 169－斜 10 单元处上下两盘振幅属性差异明显，说明断层西段两盘岩性差异较大，由此推断断层西段端盘两侧对接岩性不一致，若下降盘为砂岩，则对接盘岩性为泥岩，封堵效果较好；振幅属性差平面分布图显示东段差异不明显，说明断层两盘振幅差异不大，岩性基本一致，如断层下降盘为砂岩，则上升盘也会砂岩，断层不封堵；与该区实际含油情况一致。

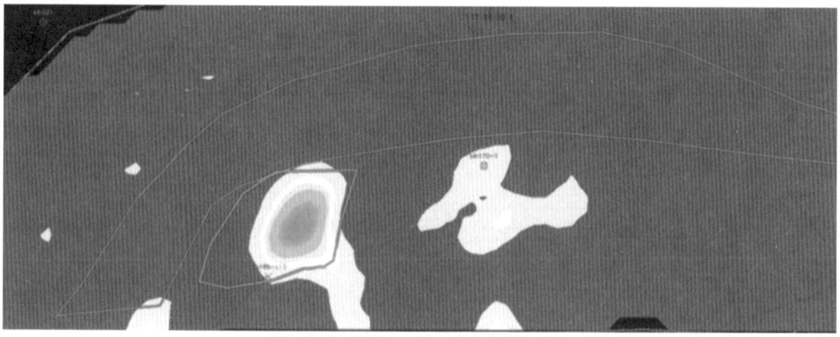

图 4－103　平方王油田滨 169－斜 10 北大断层断面上下振幅属性差图

利用断面上下盘振幅属性差对断层封堵性开展了全面评价，落实各断层不同位置的封堵性。落实孔店 2 砂组剩余有利圈闭面积 16.7km²，预测石油地质储量 900×10^4t；沙四下亚段 2 砂组剩余有利圈闭面积 14.1km²，预测石油地质储量 1000×10^4t。整体控制平方王南部红层储量规模，采纳部署预探井位 2 口(滨南斜 11、滨南斜 12)，井位部署效果显著。滨 169－斜 10、滨斜 178 在红层获得成功，带动了该区 2018 年上报控制含油面积 1.27km²，上报控制储量 115.47×10^4t，说明红层勘探有巨大潜力。整个滨南地区 2019 年采纳部署构造类探井 3 口，上报断块类油藏控制储量 212.31×10^4t。

六、金家地区断层封堵地震评价

1. 概况

东营凹陷为典型的北断南超箕状断陷盆地，受盆地内早期 NW 向断层继承性活动影响，东营凹陷内存在 NW 和 NE 两组方向的断层，NW 向断层主要有陈南断层东段、石村断层等，NE 向断层包括高青－平南断层、陈南断层西段、博兴断层、滨南断层等(图 4－104)。北部陡坡带受高青、滨南－利津及胜北断裂带控制，主要发育 NE 向右旋帚状走滑－拉张构造带；南部缓坡带主要受基底断裂及郯庐断裂带的右旋走滑影响发育了 NE 和 NW 两组雁列走滑－拉张构造带。

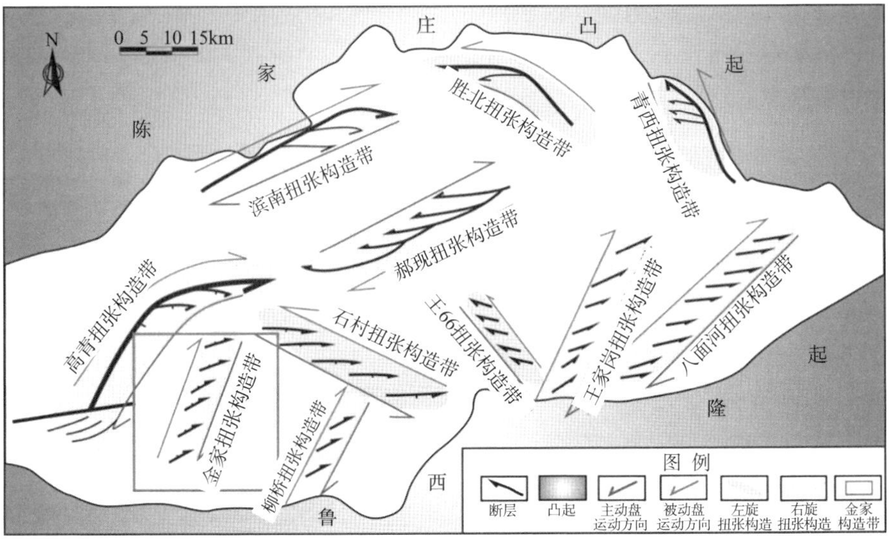

图 4－104　东营凹陷南坡金家构造带区域位置图

东营凹陷南坡金家构造带位于东营凹陷西南部边缘，临近博兴生油洼陷，南部成鼻状构造与鲁西隆起相接。构造整体呈 NNE 向展布，主要构造形变体现在中深层，浅层构造活动逐渐减弱。本区地层发育较全，新生代地层以角度不整合的方式覆盖在中生界之上，新生代地层向南逐渐超覆在南部鲁西隆起之上。金家地区在中浅层已经上报探明储量近亿吨，勘探程度较高，而中深层的沙四下－孔店组勘探程度较低，一直未有规模储量发现。通过对金家走滑－拉张构造带的系统研究以期推动本区中深层的勘探进程，并整体带动东营凹陷南坡其他地区的油气勘探。

2. 构造特征

研究结果表明，在金家走滑－拉张构造演化早期，发育了一条 NE 向的走滑断层，断面陡直，倾角 70°～80°之间，向北终止于博兴断层。结合断层活动性分析认为，金家走滑－拉张构造带在孔店期表现为一条连续的走滑断层，切割了 EW 向次级断层，形成了以扭应力为主的构造格局。随着盆地进入整体断陷的阶段，金家走滑－拉张构造在沙三沙四期由单挑连续走滑断层演化为了雁列式组合断层。随着东营凹陷整体进入新近纪弱扭动演化阶段，金家走滑－拉张构造在馆陶期也表现为雁列式组合特征，次级断层的分布，组合特征与沙三期基本一致（图 4－105）。

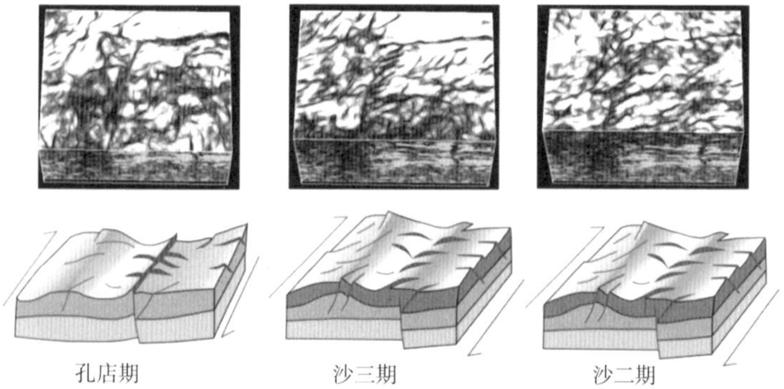

图 4－105　金家走滑－拉张构造三维构造演化

3. 圈闭特征

研究区圈闭发育受金家走滑－拉张构造的控制作用明显，在深层孔店组受金家主断裂受扭应力较强作用的影响，发育了一系列与主断裂平行的走滑－拉张脊，与主断裂匹配形成了断鼻圈闭群。受 EW 向分支断层的控制，形成了一系列平行分布的断块圈闭，这些圈闭由 EW 向被切割断层与近 SN 向小断层共同匹配形成。通过对圈闭有效性分析来看，近走滑断层，应力相对收敛，断面倾角大，应力场以扭应力为主，断面紧闭，封闭性较好。金家断层两侧，应力相对发散，断面倾角相对减小，应力场以张应力为主，扭应力为辅，断面开启性增强，平面上油气可能的运移距离增大。在中浅层主要发育雁列式组合样式，与砂体匹配可形成一系列 NEE 向展布的构造岩性圈闭。

叠合金家地区所有层系的探明储量(图 4－106)可以发现，中浅层已发现油藏均位于金家断层附近，这表明金家走滑－拉张构造与博兴断层搭接，形成以 SN 向为主的油气输导通道。油气沿博兴断层进入金家走滑－拉张构造带后，主要沿走滑－拉张脊向高部位运移，同时也沿砂体和被切割的 EW 向断层向 EW 两侧运移。含油气高度受金家走滑－拉张构造应力场差异性和距离油源主通道双重控制，靠近博兴断层及金家走滑－拉张构造收敛端的圈闭，含油幅度高达 120m；东西向的发散端含油高度由 N 向 S 逐渐降低，既受油源距离的影响，也受金家走滑－拉张构造发散端以张应力为主的影响，断层封闭性较收敛端封闭性差，油气侧向输导距离较远。由北向南含油高度从 100m 降到 40m。

4. 断层封堵性地震评价

通过对金 325 块和金 326 块的振幅、主频和速度进行统计(表 4－8)，发现含油层系和对接盘的振幅差距较大，因此运用对接型封堵断层的评价方法进行该区块研究。首先对目的层系孔店组顶面进行精细构造解释，沿断面上下提取振幅属性并将两盘的振幅差属性相减，从而得到差值属性图(图4－107)。

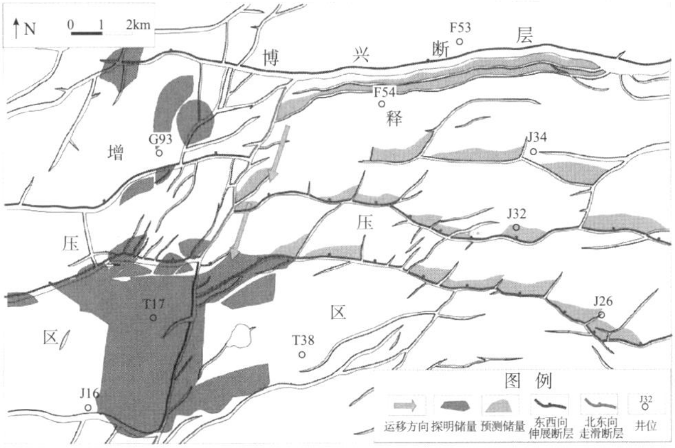

图4－106 金家走滑－拉张构造与油气分布平面叠合图

表4－8 地震属性统计表

单元	含油目的层地震属性信息			对接盘地震属性信息		
	振幅/(m/s^2)	主频/Hz	速度/(m/s)	振幅/m	主频/Hz	速度(m/s)
金325块	4800	21	3425	1930	15	3586
金326块	1790	21.6	3314	3116	22.5	3426

根据振幅差属性图的结果分析，金325断层在金325和金325－1断块处振幅差距较大，推测上下盘之间的岩性差异较大，因此可以实现整体封堵，实钻井金325、金325－1和金325－斜2在孔店组均获得较好的产能，证实了断层封堵。金326断层下降盘的两口井金326和金326－斜1获得工业油流，并且构造位置均处在属性差异较大值区域，即实现了岩性的差异对接。预测结果与实钻结果吻合度较高。

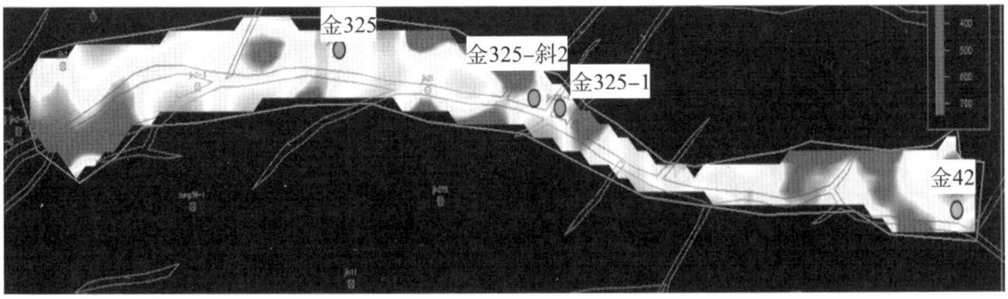

图4－107 金325断层断面两侧RMS振幅差属性图

第五章　断拗转换期构造－沉积耦合关系研究

第一节　沉积相类型与分布

一、沙二段

沙二段时期是东营凹陷勘探开发较成熟的层位，但是作为主力产层，剩余油气资源仍然可观。沙二段沉积时期伴随东营凹陷强烈断陷期向构造稳定期转变、气候由湿润向干旱变化，导致沉积相类型及其分布尚存在一些疑问，使有利储集体的预测难度加大。

1. 沉积相类型与特征

沙二段沉积相类型主要包括扇三角洲、浅水型三角洲、滨浅湖滩坝等。通过精细沉积相解释，明确沙二段主要沉积相特征如下：①东营凹陷内部发育沙二上、下之间的不整合界面，发育风化壳结构(河 56、辛 17)；②沙二下亚段在湖退时期发育短周期快速湖侵过程，以博兴洼陷樊 101 强风浪－风暴沉积、等时对比的湖泊沉积相、泥岩颜色记录的水体加深等为标志，恢复出沙二下亚段的破坏期沉积相分布特征，并对该时期的有利储集体进行了预测；③沙二上亚段早期沉积研究认为河流－三角洲的沉积范围较大，基于多口岩芯资料观察，浪成作用普遍，河流相的沉积范围萎缩，三角洲平原的沉积范围较局限，以浅水沉积、湖平面频繁变化的环境演变为主，发育改造型的有利储集体；④三角洲向湖泊相变化位置，沉积相过渡位置，发育的有利储集体，具备湖浪改造特征，发育三角洲前缘有利砂体、湖泊滩坝等。

2. 沉积体系展布特征

沙二段沉积时期，湖泊断陷作用开始减弱，坳陷作用逐渐加强；特别是沙二上沉积时期，东营凹陷进入断拗转换期，盆地南北地形差异逐渐缩小，北部以陈家庄凸起至东部青坨子凸起一线为物源区，发育了大规模的长轴三角洲体系；南部以鲁西隆起区为物源区，发育了一系列的短轴向冲积扇－三角洲体系(图5－1)。

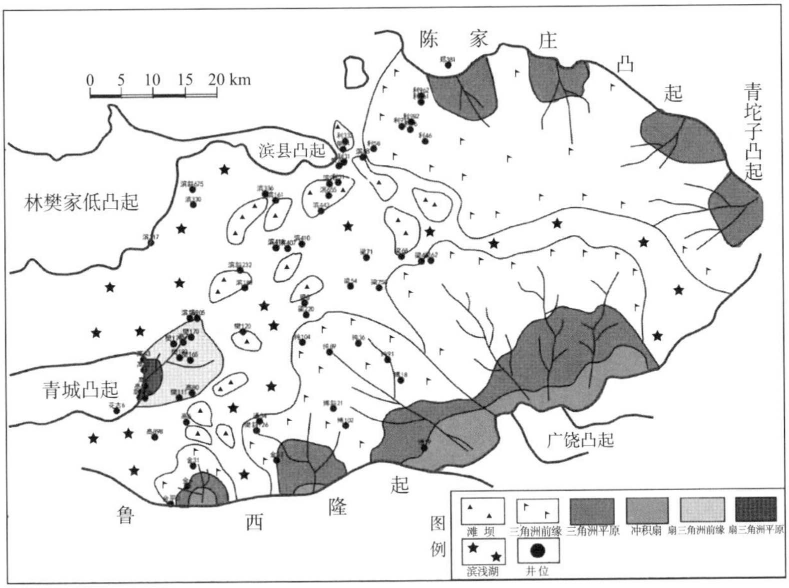

图5－1　东营凹陷沙二段沉积体系图

1)冲积扇(河流)－三角洲体系

沙二下亚段发育扇三角洲体系，平面上主要分布在凹陷东部青坨子凸起和西部滨县凸起附近；沙二上亚段以发育大规模的浅水三角洲为特点，主要包括自动向西推进的东营三角洲与由鲁西隆起向盆地推进的短轴三角洲。

(1)三角洲平原。

沙二下早期，东营凹陷东部北缘的青坨子凸起供源，形成扇三角洲平原沉积，以厚层砾岩、含砾砂岩为特征，出现正粒序。该物源沉积继续向凹陷内部推进，在前部形成扇三角洲前缘沉积，并且可能与南部物源沉积在凹陷内部重叠。沙二下后期，东营凹陷东南部接受来自广饶凸起、潍北凸起北部的物源，发育厚层砾岩，上部发育厚层棕红色泥岩，沉积序列为正粒序，代表扇三角洲平原的分流河道、洪泛平原沉积特征。

从盆地边缘向凹陷方向，在沙二下后期都出现厚层砾岩、砂砾岩与棕红色泥岩沉积特征，具有正粒序特点，为扇三角洲平原沉积。

(2)三角洲前缘。

以陈家庄凸起、青坨子凸起为物源区的三角洲平原前端为长轴三角洲前缘沉积区，自东向西推进至滨县凸起东部、梁家楼一线。岩芯上出现反序砂泥岩组合，泥岩为灰色、深灰色；同时发育正序列细砂泥岩沉积组合；来自缓坡带的短轴三角洲前缘向北推进至王家岗、小营–纯化一线。

(3)前扇三角洲。

沙二段三角洲以浅水型为主，前三角洲半深湖–深湖不发育，三角洲前缘沉积坡折不足以发生前缘滑塌；取而代之的是前缘砂体并湖浪改造形成的广泛的滩坝沉积。

2)湖泊滩坝体系

沙二段沉积时期，在滨县凸起东南、青城凸起以西的广大地区沉积形成了大规模的湖泊滩坝沉积体系。

(1)砂质滩。

在湖泊滩坝体系发育区，滨浅湖泥岩中出现含有生物碎屑颗粒的粉砂岩，代表浅湖或快速湖侵造成的水体加深环境。在湖泊泥页岩中夹有薄层含生屑粉砂岩，属于砂质滩，或含生屑砂岩混积滩，代表了陆源碎屑岩输入被改造，并出现湖泊相碳酸盐岩沉积的过渡环境，滩砂中发育浪成交错层理。

(2)砂质坝。

局部地区发育厚层砂岩，为砂质坝，厚度约为5m，呈反序列特征。砂岩的来源推断为临近三角洲前缘的砂岩，经水动力改造后重新沉积形成，发育平行层理、浪成交错层理、生物遗迹等沉积构造特征。

二、沙一段

沙一段沉积时期以局部薄层碳酸盐岩沉积为最主要特点，其次为泥岩厚度增加、泥岩颜色加深，边缘沉积厚层砂砾岩，在凹陷内部也有砂泥岩沉积组合，为典型的开阔浅水湖泊沉积。

1. 沉积相类型与特征

沙一下亚段为湖平面上升期，湖泊相沉积环境扩张，同时陆源输入有限，使得除发育碎屑岩外，出现普遍的碳酸盐岩沉积，与此同时出现混合沉积岩，成为该时期比较典型的一种沉积类型；沙一上亚段为湖平面下降期，陆源碎屑供应量增加，该时期以砂质、泥质滩沉积为主，发育碎屑岩、碳酸盐岩和混积岩，以发育湖泊滩坝沉积为特点。其沉积特点主要表现如下。

(1)碎屑成分和碳酸盐组分，共同构成岩石主要成分，同时还包括细粒组分，即将黏土成分，由此构成岩石成分分类三组分。

(2)碎屑岩和碳酸盐岩两种岩性直接接触沉积，表现为早期碎屑岩被后期生屑灰岩覆盖的特征，指示强风浪作用使得浅湖碳酸盐岩快速向岸边搬运并沉积，对早期砂岩进行冲刷，岩芯可见明显冲刷特征。

(3)岩性和成分混合沉积，出现成分和岩性的共同混合，碎屑岩和碳酸盐岩各自在某个沉积序列中占优，指示不同的沉积作用。

2. 沉积体系展布特征

沙一段整体表现为开阔浅湖沉积，主要沉积类型包括湖泊滩坝体系，盆缘扇三角洲体系、滨浅湖泥岩；湖泊滩坝体系又可划分为砂质滩、灰质滩与混积滩三种类型(图5－2)。

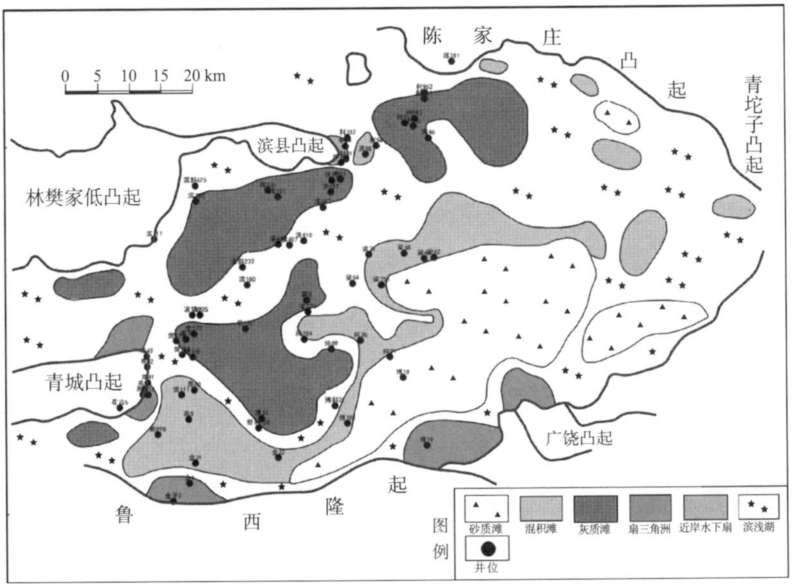

图5－2　东营凹陷沙一段沉积体系图

1)盆缘扇三角洲

盆缘扇三角洲沉积是沙一段沉积时期缓坡带的边缘相，沿南部盆缘一线呈裙带状展布。扇三角洲是盆内内源碎屑的主要来源，在浅水条件小扇三角洲前缘砂体经湖浪搬运进入湖盆内部，形成沿岸分布的砂质滩。

2)滨浅湖泥岩

沙一段整体沉积环境为开阔的浅水湖盆，滨浅湖相作为背景相广泛分布，在碎屑物质输入量较小的滨浅湖区形成滨浅湖泥岩沉积。

3）砂质滩

沙一段砂质滩沉积主要沿南部斜坡带一线分布，由来自鲁西隆起区的碎屑物质并沿岸湖浪改造而成。砂体沿凹陷边缘分布，呈 NE－SW 向展布。

4）灰质滩

灰质滩主要分布在沙一段沉积时期盆内几个主要的洼陷带，包括博兴洼陷、尚店－滨县南次洼带、利津洼陷。

5）混积滩

混积滩沿砂质滩向湖盆边缘分布，发育在早期碎屑岩沉积，后期碳酸盐岩沉积的过渡时期，指示短周期湖平面不断加深，逐渐变为浅湖环境，远离碎屑陆源输入，形成水浅、清澈的生物生长有利环境，岩芯上出现大量螺化石。

三、东营组

东营组沉积时期济阳坳陷沉积发育了广泛的辫状河－辫状河三角洲－滨浅湖体系，东营凹陷形成了稳定发育的三角洲沉积（图 5－3），整个东营洼陷以广泛分布的辫状河沉积为特点，物源方向指向 NE 向。

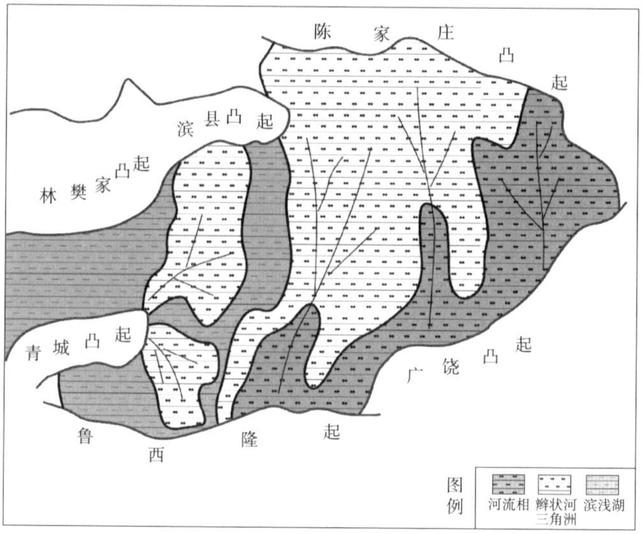

图 5－3　济阳坳陷东营组沉积相图

1．沉积类型及沉积特征

东营组沉积时期，东营凹陷由沉降逐渐转为抬升，水体在轻微扩张后迅速收缩，发育了广泛分布的辫状河沉积体系。

1)沉积背景

东营凹陷的东二段时期广泛发育河流相沉积体系，其中以辫状河沉积体系为主，局部发育曲流河。岩性以灰色砾状砂岩为主，夹灰绿色、红色泥岩，单井上表现为砂包泥的岩性组合特征。剖面上可以分成多个砂层组，每个砂层具有正韵律特征。粒度概率曲线为二段－三段式，自然电位曲线呈指状、齿化箱形，电阻率曲线为锯齿状，地震反射振幅较弱，连续性差。在沉积剖面上，自下而上表现出下粗上细的间断性正韵律特征。

2)沉积特征

辫状河沉积范围较广，岩性以中、细砂岩为主，具有槽状交错层理等明显的沉积构造，并具有牵引流特征。辫状河沉积体系纵向上叠置，剖面上可分为多个砂层组。岩性以砂岩为主，夹河道间泥质沉积。在胜 29 井岩芯观察中见杂色泥岩和砂岩，均较疏松。

砂岩为长石砂岩和岩屑长石砂岩，不稳定组分长石和岩屑含量较高。砂岩以中、细砂岩为主，含少量粗砾砂岩。砂岩具有正韵律特征，但上、下粒度差别不大，即砂岩顶部常为细砂岩与泥岩直接接触，无粉砂岩或很少粉砂岩沉积。泥岩为棕红色泥岩，块状，不含灰质。无化石，炭化植物碎片也很稀少。

辫状河沉积构造有两种类型，一类以板状交错层理和槽状交错层理为主，上部有小型波痕交错层理；另一类为近水平的平行层理，通常在砂层底部有由泥砾和细砾组成的滞留沉积，泥砾呈叠瓦状排列，与下伏泥岩为冲刷面接触。

辫状河沉积体系依据其沉积特征可以划分出泛滥平原和河床亚相，前者以泥质沉积物为主，后者以碎屑沉积为主

2. 沉积体系展布特征

东营凹陷沙一段以广泛发育的辫状河沉积体系为特征，由来自凹陷南部鲁西隆起的河流向 NE 向推进形成。

四、馆陶组

东营组末期区域抬升之后的准平原化为新近纪大范围的河流相沉积提供了条件。区域研究资料表明，济阳坳陷新近系河流相沉积经历了三个阶段，由早到晚分别为馆陶早期的冲积扇－辫状河体系、晚期的辫状河－曲流河体系以及明化镇期的泛滥平原－曲流河体系。东营凹陷馆陶下亚段以河流相粗碎屑沉积为主，不整合于东营组之上，部分地区有基性岩浆喷发。

1. 沉积相类型与特征

1) 冲积扇

冲积扇相主要发育在馆陶组沉积早期、地形高差较大的背景之上，分布于洼陷周缘凸起的边缘。冲积扇扇根以砾岩为主，扇中沉积块中含砾砂岩，扇缘岩性变细，主要为杂色泥岩、泥质粉砂岩。砾岩中多见正递变粒序层理；砂岩中可见交错层理，底冲刷现象明显；粉砂质泥岩层面上见有泥裂。

纵向上一般显示为多个有砾岩、含砾砂岩、粉砂岩、泥岩组成的下粗上细的正韵律的叠加，每个韵律的厚度在 3 ~ 20m。砂砾岩厚度变化大。整体上，冲积扇平面呈扇形或锥形，沉积走向剖面上呈底部不甚规则顶凸的楔形，横向剖面上呈顶凸的透镜状。扇中辫状河道在平面上呈放射状或树枝状，横剖面上呈孤立的透镜状或叠加的透镜状。

冲积扇的不同部位，其测井曲线特征各不相同。扇根在自然电位曲线上为漏斗形或漏斗形 – 箱形组合，具前积式包络线，幅度中等，主要反映扇根部位砂、砾岩体的快速堆积，物源供应及能量逐渐增强。扇中辫状河道沉积自然电位曲线上表现为顶部突变的箱形、齿化箱形，以及钟形等。反映辫状水道水浅流急，河道堆积及迁移速度快，泥质夹层增多。扇缘在自然电位曲线上多表现为齿化漏斗形或指形及其叠加形式等，主要反映受多次洪水影响，且砂质供应明显较扇中辫状河道少的结果。

在沉积走向地震剖面上，冲积扇具有楔状外形，自扇根部位向扇缘方向厚度逐渐减小，扇体内部呈杂乱反射，连续性差。

2) 冲积平原与间歇性河道

冲积平原岩石类型主要为紫红色、灰绿色、杂色泥岩、粉砂质泥岩与薄层砂岩、粉砂岩、泥质粉砂岩互层。砂岩中可见水平层理、波状层理；泥岩中见黄铁矿结核，层面可见泥裂。砂体单层厚度一般小于 15m，砂体横向不稳定，形态不规则。自然电位曲线一般呈指状叠加或表现为齿化泥岩基线，中低幅度。地层反射为中等振幅、中等连续的亚平行结构。

间歇型河道主要沉积砂岩、粉砂岩薄层，孤立分布于冲积平原相泥岩之中。砂岩中可见槽状、楔状交错层理，平行层理、波状层理等。砂体单层厚度一般大于 6m，横向上一般为延伸不是很远的串珠状。自然电位曲线一般呈指状或小的箱形，幅度中等；地震反射一般为较强振幅的连续相，有时为弱振幅的不连续相。

3)河流相

东营凹陷新近系以河流相沉积为主，不仅分布面积广，而且延续时间长；早期馆下段主要发育辫状河沉积。

岩性以砂岩、泥岩组合为主，局部发育薄层含砾砂岩及砾状砂岩；以发育大型槽状、板状交错层理为特征，多见钙质结合、植物化石及冲刷泥砾等典型标志。河流相砂体厚度变化较大，其中馆陶组早期砂体厚度较大，横向连通性较好。平面上多呈宽带状，横切河道剖面上砂体多呈底凸顶平的透镜状或叠加透镜状。

2. 沉积体系展布特征

由于古近系晚期的准平原化作用，馆陶组沉积时期东营凹陷古地形相对平坦；东营凹陷在馆陶组沉积早期属于小型冲积扇－冲积平原沉积体系，物源主要来自南部的鲁西隆起。从整合渤海湾盆地来看，古近纪分割盆地内部各沉积洼陷的诸多凸起不复存在，在东营凹陷周缘如青城凸起、广饶凸起、滨县凸起、陈家庄凸起之上局部或全部有新近系地层覆盖。

冲积扇群主要分布于鲁西隆起边缘；冲积平原位于冲积扇前方，以丰富的细砾沉积物堆积为主，其上发育间歇性河道；河流相沉积在凹陷主体大面积分布。

第二节　构造－沉积耦合关系研究

根据构造演化分析，沙二上－馆下沉积时期为东营凹陷盆地演化的断拗转换阶段，该时期由太平洋板块向欧亚大陆的俯冲及同时期印度板块与欧亚大陆的强烈挤压、碰撞，使郯庐断裂发生强烈走滑作用，渤海湾盆地的裂陷作用开始明显衰减。

在断拗转换早期，即沙二下－沙一段沉积时期，东营凹陷处于广泛的滨浅湖环境，水域面积广，表现为广盆、浅水的沉积特征，形成了广泛的滨浅湖砂泥岩互层沉积，以浅水三角洲、湖泊滩坝沉积普遍发育为特点；断拗转换晚期，东营－馆下沉积时期，盆地水体进一步变浅，东营组、馆陶组形成了大范围的河流相沉积。断拗转换期的显著特点是盆地裂陷作用逐渐减弱，坳陷作用开始加强；各级生长断层伸展作用减弱，走滑作用加强；边界断层断陷控洼作用减弱，沉降中心开始向盆地几何中心方向迁移。由于上述构造作用，断拗期构造－沉积耦合关系在沉积体系类型与分布、沉降中心的迁移以及不同构造部位沉积速率的变化上均有体现。

一、断拗转换控制沉积体系类型

区别于断陷发展期北断南超的构造–沉积格局，由于断拗转换期边界断层活动性降低，盆地伸展–断陷作用减弱，导致陡坡带地形坡度变小，构造坡折对沉积过程控制作用减弱，沉积体系类型也因此发生转变。断陷发展期陡坡带普遍发育的水下扇–深湖(湖底扇)体系，在断拗转换期逐渐转变为扇三角洲体系。另外，由于湖盆整体水体深度的减小，断拗转换期深湖–半深湖环境不再发育，断陷期缓坡带普遍发育的三角洲–滑塌浊积体系向浅水三角洲滩坝体系过渡，开始出现坳陷型盆地沉积体系特点。

根据沙二段–馆陶组沉积相分布特点，自下而上整体表现为水体逐渐变浅，古地形区域平缓的特点。沙二段以发育浅水三角洲–滩坝为主，沙一段以湖泊滩坝体系为主，而东营组以后至馆陶组东营凹陷以河流相沉积为主。

二、凹陷沉降中心迁移特征

断拗转换期由于边界断层活动性减弱，断陷作用逐渐减弱，坳陷作用开始加强，盆地沉降中心从边界断层下降盘逐渐向盆地几何中心方向迁移。

1. 剖面迁移特征

盆地沉降中心在剖面上通常被认定为沉积厚度最大的位置。通过对垂直轴向典型剖的分析，可以认识东营凹陷自始新世以来沉降中心的迁移规律(图5–4)。

断陷Ⅰ期古近纪始新世断陷期的断层剧烈活动造成了凹陷基底的构造沉降，使得凹陷的沉积中心主要位于北部陡坡带的一侧。因此，凹陷在构造演化的初期，整体表现为NW断SE超的构造格局。

构造平静期：早渐新世早期的沙二时期，断裂活动近乎停止，断层对沉积中心的控制作用大大减弱，该时期凹陷以坳陷为主，但由于中央凹陷带断层数量较多，整体沉降中央凹陷带受影响较大，所以沉积中心逐渐向凹陷中央迁移。

断陷Ⅱ期：渐新世中到渐新世晚期，由于区域应力场的变化，断裂重新开始活动，受区域构造应力场和断裂影响的作用，前期形成的沉积中心由原来的偏NW逐渐向S迁移，并主要发育在该时期主要活动的近EW断裂控制区域，凹陷整体沉积中心主要位于中央凹陷带与南部缓坡带之间，在这一期演化中凹陷北断南超整体构造格局基本定型。

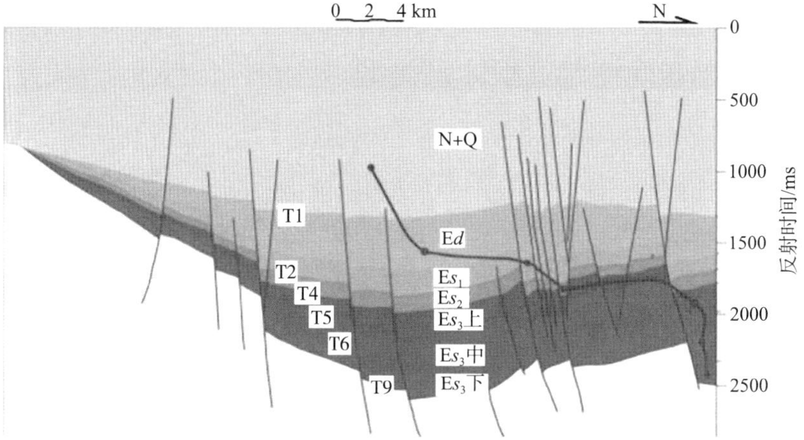

图 5－4　东营凹陷南北向剖面沉降中心迁移特点

裂后坳陷期：进入新近系以后，区域构造应力场运动减弱，断裂活动逐渐停止，凹陷整体沉降，继续北断南超格局，沉积中心向南小迁移，并一直持续至今。

2. 平面迁移特点

新生代各地质时期凹陷的沉积中心在研究区平面上不断迁移，东营凹陷总体的沉积以“近西北厚、东南薄”的特点发育(图 5－5)。

沉降使沉积中心主要发育在中央凹陷带，北西部沉积地层厚度较薄，南部沉积地层依旧不发育。

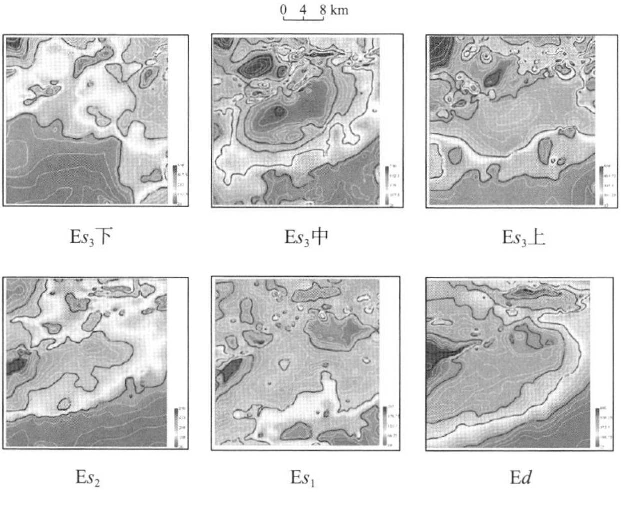

图 5－5　东营凹陷沉积中心在平面上迁移规律图

断陷Ⅱ期：渐新世中后期，由于构造应力场发生变化，早期的发育在中央断裂带的沉积中心继续发育，附近断裂活动较弱，地层发育较薄，该时期凹陷东部近 EW 向断裂较发育，沉积中心发育在东部，在区域构造应力场 SN 伸展作用下，期间沉积中心渐渐沿凹陷长轴方向向南发生迁移，沉积厚度较大。

热沉降坳陷期：从新近系开始，凹陷区域应力场停止活动，改为受区域热事件的影响，导致凹陷整体地层沉积范围明显增大，凹陷内部基本再无沉积中心形成，沉积中心基本位于上一期形成的主要沉降中心附近，厚度与周围相差不大，但是凹陷整体北断南超构造格局导致南部地层厚度较薄。

总体来说，东营凹陷研究区从新生代以来，沉积中心一直向南变迁，但是两次不同构造运动是沉积中心出现的位置不同，即中始新世至早渐新世，在胜永断裂和中央断裂 NE 向断裂部分的控制下沉积中心在凹陷西北部发育向南迁移；早渐新世至中新统以前，沉积中心主要受凹陷东部胜永断裂中央断裂近东西向断裂部分的控制发育并向南部迁移。之所以向南迁移，主要与凹陷构造格局有关，通过研究结果表明，东营三角洲在沙河街组沙三段演化过程中，古地貌整体呈现东南缓北西陡、南部和东南部斜坡逐渐向西迁移的特征。沉积地层的分布范围和沉积样式与古地貌的发育特征具有较良好的耦合关系。三角洲沉积主要沿东部和东南部的广饶凸起和鲁西隆起逐渐向凹陷湖盆推进，受沉积物源供给能力和古地貌沉降发育特征的控制，三角洲朵体沿斜坡向西或北西方向延伸发展；在凹陷的深洼区主要发育有半深湖–深湖相沉积，在坡度较大的斜坡前端沉积物易发生塌陷滚落而形成浊积的砂体，目前东营三角洲砂体和相关的浊积砂体是凹陷内重要的油气资源储集体，蕴含着丰富的油气，是目前凹陷内油气勘探的重要领域。沙一到东营期构造演化沉积模式和物源与前期的相似，但是油气资源和烃源岩主要集中于沙三段。

三、沉积速率变化特征

东营凹陷是济阳坳陷的次一级构造单元和沉积物堆积的重要场所，不同演化阶段沉积速率差异明显，沉积速率控制因素有物源供给和凹陷内构造活动两点，整体上沉积速率自早至晚有减小趋势(图 5–6)。

1. 断陷Ⅰ期(构造平静期)沉积速率特点

该时期断裂所控制的地层沉积范围主要分布在北部陡坡带和中央凹陷带靠西的区域，凹陷东部地区断裂活动较弱，构造沉降幅度较小，造成沉积地层厚度较薄。在研究区内，该构造期基底沉降幅度较大，物源供给充足，从而造成沉积中心的最大沉积速率达到近 304m/Ma。胜永、中央断裂带对凹陷沉降和沉积的控制作用十分明显，地层沉积最厚的区域与该时期胜永和中央断裂带最活跃的 NE 向对应，地层沉积整体特征沿断裂活动特点强弱分布。

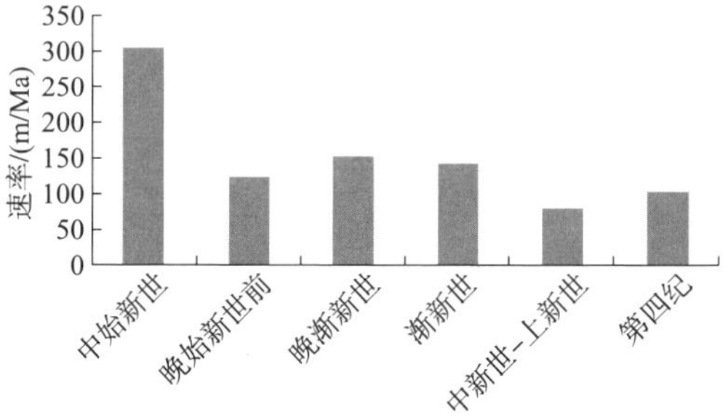

图 5－6　东营凹陷各演化阶段最大沉积速率变化图

构造平静期，凹陷暂时向坳陷运动转化，受边界断层和次一级断裂活动和物源供给地影响，沉积速率较小，沉积中心最大沉积速率达到 122m/Ma。

2. 断陷Ⅱ期沉积速率特点

早－中渐新世，凹陷处于断陷演化第二阶段，沉积速率重新受控于断裂活动，但是由于与前期应力场方向的不同，沉积中心开始在凹陷东侧受东部断裂活动影响而发育，沙一段沉积中心最大沉积速率为 152m/Ma。此阶段东营组沉积地层发育范围有所扩大，整体扩展方向为 EW 方向，可能是该时期沉积中心发育的位置处于青坨子凸起和广饶凸起物源给予较少的位置，物源供给匮乏沉积，导致中心最大沉积速率为 143m/Ma。

3. 坳陷期沉积速率特点

此时沉积速率主要受控于岩石圈冷却造成的基底热沉降活动和重力作用影响。此期沉积速率较小，馆陶组最大沉积速率仅为 80m/Ma，但该时期地层沉积范围大幅度扩大，新近系＋第四纪沉积厚度极值约 1800m，此后沉积中心最大沉积速率约为 103m/Ma，与前期坳陷期相比沉积速率有所升高，其沉积特点从中新世延续至今。

总体而言，凹陷断裂构造活动主要控制的是地层沉积时的沉降中心，而沉降中心和物源供给共同决定了沉积中心的发育，从对东营凹陷两期应力场运动分析以及断裂活动和对沉积中心的控制特征分析得出，东营凹陷断裂活动对沉积中心起主要控制作用，并基本上决定了沉积中心展布的方向和厚度。

四、断层生长阶段性控洼作用

通常认为，边界正断层的同生活动控制陡坡砂砾岩扇体的沉积过程，由于断层活动强弱的不同，可能沿断层倾向发育扇三角洲、水下扇等不同的沉积体系。但从断层生长发展的过程来看，不同生长阶段断层分段活动的差异性、生长连接与连接分散过程对古地形、局部构造格局的影响必然不同，因此导致不同阶段古地理格局与沉积体系类型、分布的不同。

裂陷盆地的形成受控于大型连接正断层组的演化，而盆地边界断裂的累计位移空间分布决定了裂陷早期盆地沉降中心的形状和大小。因此，边界断裂的生长连接过程是控制盆地演化的主要因素之一，明确边界断裂生长连接过程对于裂陷盆地的构造演化研究至关重要。随着边界断裂最大位移的积累，盆地的深度、宽度和长度均随时间延长而增大，表现为同裂陷期的地层单元横向超覆于基底岩层。对于多段连接型边界断层，早期孤立断层控制的多沉降中心随断层连接，出现沉降中心合并现象。在理想的分段断层生长连接模式中，沉积中心通常位于每个分段断层的中部落差最大的位置。转换斜坡构造变形过程还与先存构造密切相关，当转换斜坡发育斜向先存构造时，先存断裂在早期复活并调节两条主断层间的构造形变，这种情况下沉积中心位于斜坡部位附近，并同时受控于分段断层和连接断层。

断层生长连接模式显示，分段型边界断裂往往由较小的断层生长连接形成，而边界断裂的生长连接过程不仅控制同裂陷期盆内沉积充填的几何形态和沉积相展布，还会对含油气系统的范围、油气藏分布以及油气运聚过程产生重要影响，可见深入认识盆地(凹陷)边界断裂生长连接过程对于盆地(凹陷)演化及油气成藏研究均具有重要意义。

以高青断层为例，断层生长的初期阶段，断层各分段独立控洼，在各自中部形成独立的沉降中心；断层生长中期，即生长连接、发展阶段高青南段、高青北段形成共同沉降中心；断层生长后期，及连接分散阶段，高青南段、高青北段再次形成独立沉降中心。

第三节　控砂模式研究

陆相湖盆沉积体系的发育受构造背景及同沉积断裂的控制作用较显著，根据东营凹陷断拗期构造－沉积耦合关系，通过古地貌分析、构造样式与砂体匹配关系研究，建立沙二上亚段－馆下段沉积时期的构造控砂模式，明确断拗转换期盆地砂体时空发育规律。

一、古地貌控砂作用

盆地演化发育的断拗转换阶段，古地形宏观形整体态趋于平缓；同时，同沉积断裂在伸展作用与走滑作用的共同控制下形成的多个扭张构造带对古地形形态也产生了显著的影响(图5－7)。

受伸展和走滑应力场共同控制的复杂构造演化过程中，东营凹陷内形成了基底断层上升盘高地、地垒带背形负花状构造、走滑压扭褶皱构造等多种成因的正向构造带；这些具有凹中隆特征的正向构造带对古地形形态产生重要的影响，因此也影响了沉积体系展布与砂体的时空分布。正向构造带附近水体较浅，波浪作用较强，影响沉积物入湖后的再分配，改造同期各类粗碎屑沉积体系带来的碎屑物质，形成广泛的滩坝砂岩发育区。沙二段晚期东营凹陷中央隆起带、平方王－小营地区就是该类背景，形成了大范围分布的砂质滩坝(图5－1)。

凹陷早期发育的NW向基底断层在沙四上亚段沉积时期逐渐停止活动，但是断层控制的古地貌形态对后期沉积体系发育规律仍有控制作用；根据沉积体系平面分布研究，沙二段浅水三角洲体系石村断裂带走向发育，也证实了早期断裂体系对古地形与沉积体系发育的影响。

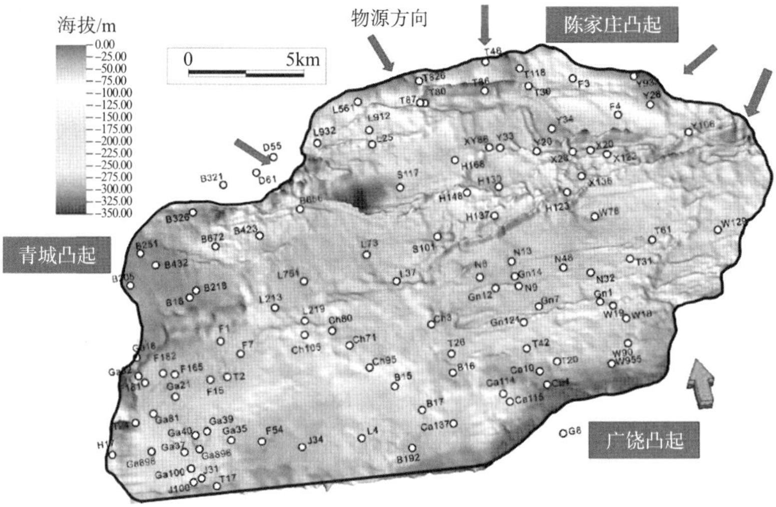

图5－7　东营凹陷沙二晚期古地貌图

二、边界扭张断裂带控砂模式

构造控砂作用主要体现在构造背景、同生断裂样式对古地形以及砂体分布的控制。东营凹陷断拗转换期发育的多个扭张断裂构造带与弱断超的区域构造背景匹配，对洼陷内砂体的形成与分布起到共同控制作用（图 5 - 8）。随着凹陷北部边界活动断层断陷作用的减弱，凹陷形态逐渐由北断南超的箕状向南北略对称状演化。

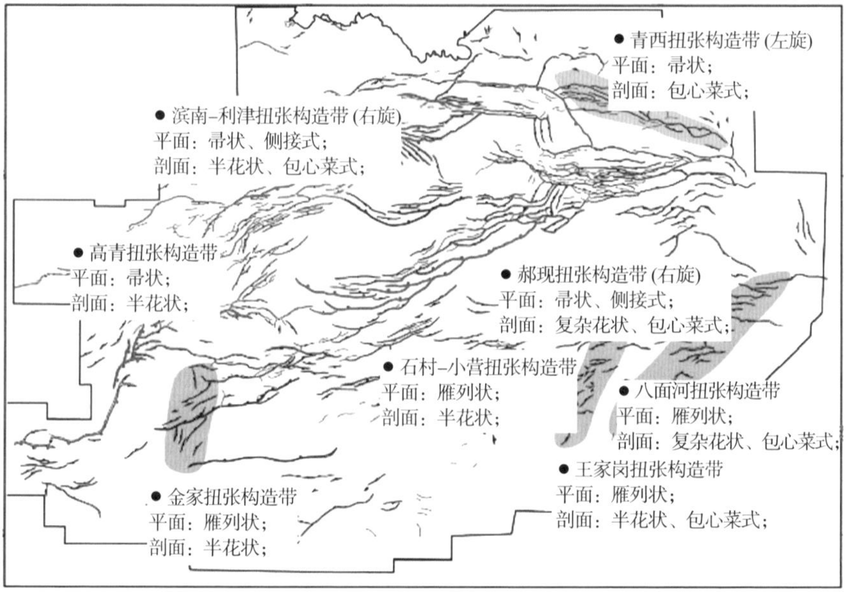

图 5 - 8　东营凹陷断拗转换期扭张断裂构造带分布特征

通过东营凹陷断拗转换期构造分析结果，该时期东营凹陷发育 2 组共 8 个扭张断裂构造带：一组沿 NW 向老断裂发育，包括石村 - 小营扭张断裂带、青西扭张断裂带；另一组沿 NE 向新构造体系发育，包括高青扭张构造带、滨南 - 利津扭张构造带、金家扭张构造带、八面河扭张构造带、王家岗扭张构造带与郝现扭张构造带。北东向扭张构造带中高青、滨南 - 利津构造带沿盆地边界活动断层发育，对沉积体系与砂体发育的控制更明显。

区域构造背景控制了斜坡带、陡坡带沉积体系类型与砂体的宏观分布，洼内扭张断裂体系影响了局部古地形特征与砂体的差异分配（图 5 - 9）。

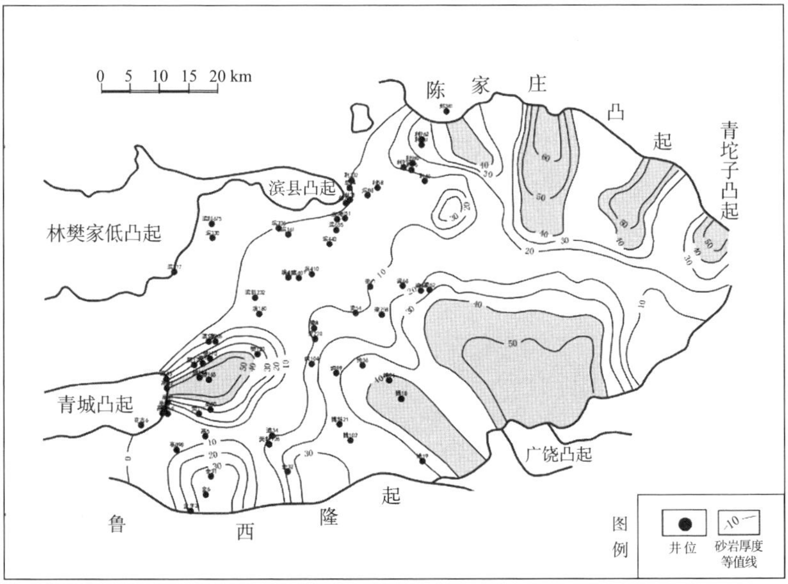

图 5－9　东营凹陷沙二段砂岩厚度图

边界活动断裂生长过程的阶段性特征产生了不同的断裂体系的平面样式，决定了下降盘砂体分布的模式。断拗转换期边界活动断层的生长阶段进入分散期，在分散初期、中期、晚期又表现为不同的构造样式与不同的控砂机制；根据边界断层不同生长阶段的特点，建立了以下三类断裂控砂模式。

1）马尾状构造样式控砂模式

边界断层分散发育初期，在扭张应力的作用下断层一端收敛，一端发散，形成马尾状、帚状平面组合样式。该时期构造－沉积耦合特点既继承了断陷期的特点，又有断拗转换期的雏形；区别于断陷期的近岸扇体模式，该时期由于断层上下盘高差的减小，形成了一种准斜坡的过渡型构造－沉积背景。主断层不再是沉积盆地边界，上升盘转变为沉积区；区别于斜坡带，沉积体系多以近源的扇三角洲为主，前缘砂体在下降盘集中卸载，形成良好的储集体（图 5－10）。

2）雁列叠加构造样式控砂模式

边界断层分散发育中期，断层呈雁列叠加构造样式分段发育，分段之间存在宽窄近似的调节带，由于分段活动造成调节带两侧不均衡沉降，再靠近下降盘一侧形成平行断裂带的负地形，成为断层连接断层两盘的新的通道与新的水系，由此发育形成了一种新的沉积类型。通过调节带输入盆地的水系可以与早期垂直断层的水系共存形成复合型扇体沉积模式，也可以单独发育（图 5－11）。由于调节带的存在，间接增加了碎屑物质的搬运距离，从而使其分选性变好，往往能够形成小规模发育的优质储集砂体。

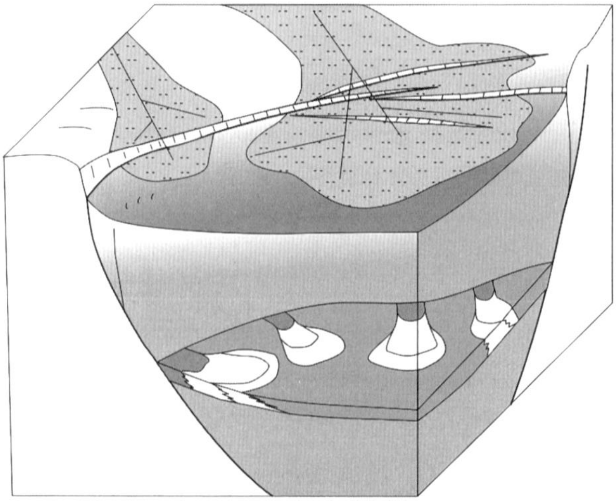

图 5－10　马尾状构造样式控砂模式

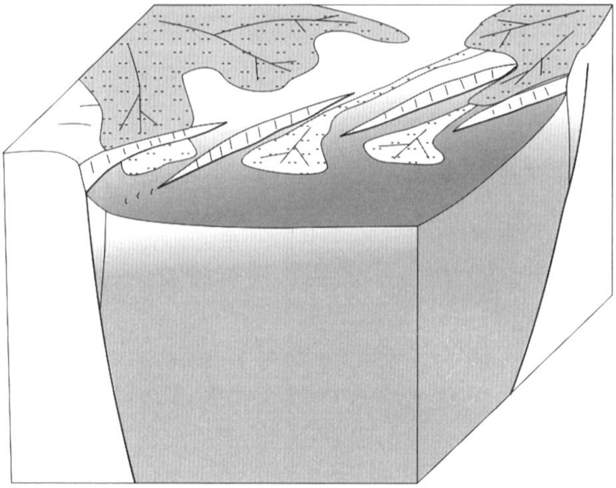

图 5－11　雁列叠加构造样式控砂模式

3）中间消亡型构造样式控砂模式

边界断层分散发育晚期，断层分段完全独立发育，分段之间形成了间隔不一的消亡区。上升盘物源体系可越过断层各分段最大断距处，在下降盘形成近源扇体堆积，或者通过跟段之间的消亡区进入湖盆形成小规模远源扇体沉积（图 5－12）。两类扇体沿断裂带同时活动，独立发育，远源扇体物性更好。

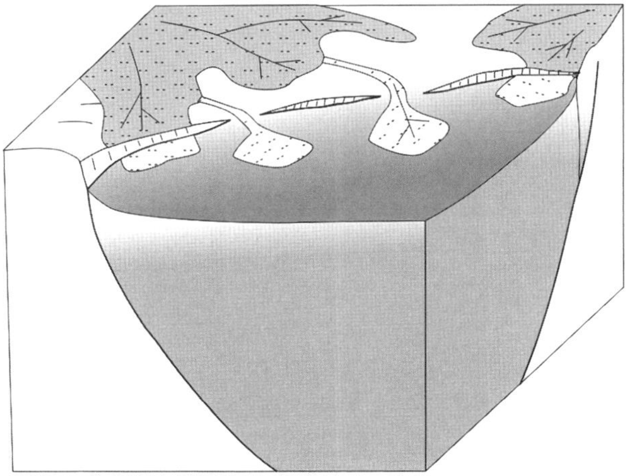

图 5－12　中间消亡型构造样式控砂模式

三、盆内断裂控砂模式

构造坡折带是指由同沉积构造长期活动而引起沉积斜坡明显突变的地带。在断陷盆地内，规模较大的同沉积断裂往往构成古地貌上的坡折带，进而控制盆地内的沉积体系的发育与砂体展布。根据第三系构造发育特征，在研究区内划分出陡坡断裂坡折带、缓坡断裂坡折带 2 种类型。断拗转换期虽然陡坡、缓坡地形坡度差异稍有减小，但两者对沉积体系类型与分布的影响依然明显；陡坡断裂坡折带因地形高差较大、水体较深，多发育近源快速堆积的扇三角洲沉积；缓坡断裂坡折带因地形较缓，主要沿 NW 或 NE 向顺坡断裂发育大型浅水型三角洲。

1. 陡坡断裂坡折带

陡坡断裂坡折带包括单断式陡坡坡折带、断阶式陡坡坡折带与叉形断裂坡折带。

单断式陡坡坡折带是最常见的一类构造坡折带，陡坡带分布广泛，表现为地形反差较大、水体较深，沉积物沿陡坡带低势区向盆地内快速搬运堆积，形成一系列纵向上相互叠置的扇三角洲沉积。在地震剖面上，沿控盆断裂的下降盘同相轴具有明显楔状杂乱反射和弱连续前积的特征，反映单断式陡坡断裂坡折带对扇三角洲沉积的控制作用。

断阶式陡坡坡折带主断裂与其伴生断裂近平行排列，在利津北带较多见，其主断裂形成明显的地形高差，使沉积物向盆地内发生快速的垂向搬运；伴生断裂使沉积物继续向盆地内深水地区快速进积，形成展布范围更广的扇三角洲沉积。在地震剖面上，表现为楔状杂乱反射和弱连续前积的同相轴沿断裂倾向向盆地内发生进积。

叉状断裂坡折是指主断裂与其伴生断裂在平面上呈“叉”状组合，与前述马尾状组合略有相似之处，剖面上呈反向“Y”状。叉状断裂坡折带的主断裂与其伴生断裂相交，伴生断裂作为古沟谷的有利发育部位和物源输送通道，主要发育向盆地内快速堆积的扇三角洲沉积；其沉积范围较单断式陡坡坡折带的沉积范围更广。在地震剖面上，表现为楔状杂乱反射和弱连续前积的同相轴沿断裂的低势部位向盆地内发生进积，形成于边界断裂分散初期，分布在北部陡坡带。在快速进积过程中，东北部陡坡带发育的扇三角洲往往在前缘部位发生滑塌作用，在湖盆中央处可以发育少量的滑塌湖底扇沉积。

2. 缓坡断裂坡折带

缓坡断裂坡折带发育单断式缓坡坡折带。近 EW 向断裂与 NE、NW 向走滑断裂带共同控制了缓坡带的沉积体系发育与展布。NE、NW 向走滑脊形成了洼内正地形，而走滑谷则发育为沟谷成为沉积物搬运的通道，指向低势区，多形成大型的浅水型三角洲沉积。近 EW 向顺向正断层形成的构造坡折带有利于沉积物向盆内进积。在地震剖面上，沿缓坡断裂的下降盘同相轴具有中等振幅、中等连续的 S 形前积反射特征。

第六章　断拗转换期油气成藏规律研究

第一节　构造控圈作用

圈闭是适合于油气聚集、形成油气藏的场所，通常包括三部分：一是储集层；二是盖层；三是阻止油气继续运移、造成油气聚集的遮挡物。圈闭具有储集油气的能力，但圈闭中不一定都有油气，是否储集油气还取决于圈闭的有效封盖能力。东营凹陷油气圈闭类型繁多，但至今尚未发现一个没有被断层切割的完整背斜构造圈闭。凹陷的主要圈闭类型几乎均与断裂有直接或间接的关系。如此之多的圈闭类。平面上星罗棋布，纵向上犬牙交错，形成了东营凹陷独特的油气圈闭组合系列。

一、圈闭类型

东营沙二下－馆陶组已落实圈闭类型主要有构造圈闭、地层圈闭、岩性圈闭、复合圈闭等四类，不同的圈闭种类中又包括多种亚类型(图6－1)。

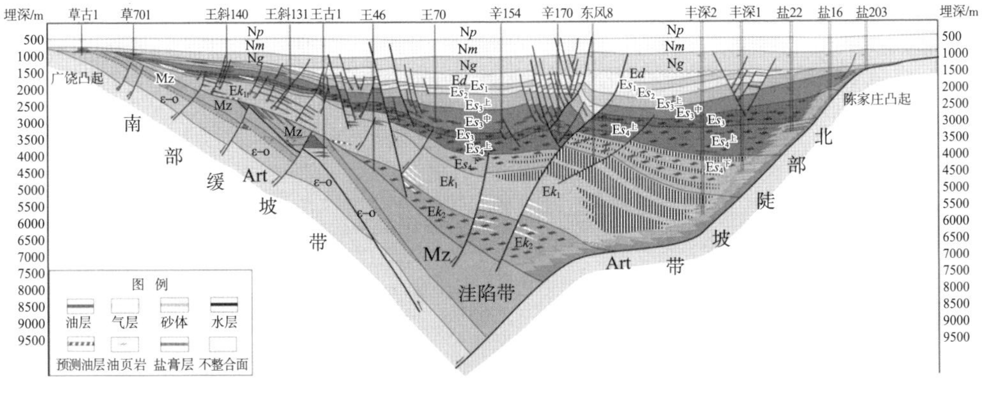

图6－1　东营凹陷圈闭类型图

不同构造带圈闭的类型不同，深洼带到浅洼－斜坡带，再到凸起边缘带依次发育岩性圈闭、构造圈闭和地层圈闭。其中构造类圈闭和复合类圈闭所占比例最大，构造类圈闭为57%，复合类圈闭为45%。构造类圈闭主要发育在中央隆起带、浅洼－斜坡带；地层类圈闭主要发育在凸起－边缘带；岩性圈闭主要发育在深洼带、浅洼带；复合类圈闭主要发育在浅洼－斜坡带、凸起－边缘带。其中，地层类圈闭占8.1%，岩性圈闭占1.3%，复合类圈闭占33.4%。

二、圈闭分布

1. 构造圈闭

构造圈闭主要受构造活动如褶皱、断裂和底辟等作用控制，可划分为背斜圈闭和断块圈闭两类，是盆地早期油气勘探的主要对象，油藏模式如图6－2所示。

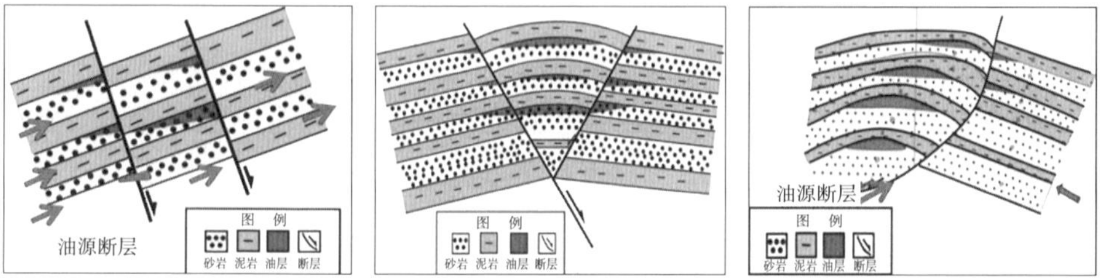

(a) 断块构造油藏模式　(b) "Y"形微幅油藏模式　(c) 滚动背斜断鼻构造油藏模式

图6－2　构造圈闭类型模式图

1) 断块

断块圈闭主要是指储集层上倾方向被断层切割，并被断层另一侧的不渗透层或断层泥等遮挡而形成的圈闭。储集层的上覆岩层必须是非渗透层，构造平面图上也必须是闭合的。

断层的封闭性与断层的力学性质有关。一般说来，张性或张扭性正断层的封闭性较差，但在济阳坳陷特定的地质条件下，这一点显得并不十分重要。其主要原因是，济阳坳陷的断层绝大多数是第三系同生断层，即使是继承性活动的基岩断层到第三系也变为同生断层，断层两侧或一侧的地层较松软，且多为砂、泥岩互层，随着断层的发育，沉积厚度也不断增加，压实作用不断加强，从而提高了断层的封闭性。一般说来，只要断层一盘的储集层与另一盘的非渗透性岩石相接触，这一段的断层面多是封闭性的，反之，封闭性则变差。非渗透层越厚，其封堵的圈闭高度越大。因此，虽然济阳坳陷第三系断层基本为正断层，但仍具有较好的封闭性，对圈闭的形成和油气的聚集起了极重要的作用。

2)微幅构造

微幅构造是指古地形凸起上覆沉积物因自凸起顶部向四周厚度逐渐变厚，粒度逐渐变细，负荷逐渐加大而引起压实幅度也增大的差异压实作用形成的披盖状背斜；这种差异压实的发生有时也与下伏岩层的性质有关。

3)滚动背斜

滚动背斜圈闭与同生断层有关，多分布在三角洲地区，是由于沉积过程中同生断层作用的结果。在断块活动及重力作用下，边断边沉积，堆积在同生断层下降盘上的砂泥岩地层沿断层面下滑，使地层产生逆牵引，形成这种特殊的滚动背斜圈闭。一方面滚动背斜往往发育在斜坡地带，与生油中心相邻；另一方面它又与断层紧邻，当断层是开启性时，油气可直接运移到圈闭中成藏。滚动背斜的封盖条件主要是两方面：一是顶部的泥岩封盖，油气在背斜高部位成藏；二是如果含油高度大，断层侧向封堵也是必须的条件

2. 地层圈闭

地层圈闭主要是在构造运动引起的沉积间断、削蚀和超覆沉积作用下，储集岩体沿地层不整合面或侵蚀面上、下被非渗透岩层围限或遮挡所形成的圈闭。在一般情况下，只有在古地形隆起和古构造的顶部或斜坡上才能广泛发育地层剥蚀或超覆，故其形成都与古地形和古构造有关。按圈闭与不整合面的关系，地层圈闭可划分为地层超覆不整合圈闭和地层削蚀不整合圈闭。

东营凹陷断拗转换期处于应力变化阶段，构造活动由单一伸展转变为张扭性应力环境，因此在T1反射界面形成了复杂的不整合类型，这一不整合面是为裂后不整合面，遍布东营全区，为一级不整合面。

将东营凹陷内不整合进行分类分析，发现有背斜型不整合、披覆型不整合、超覆型不整合、断块型不整合等四类(图6－3)，其中，背斜型不整合与包心菜式、复杂花状构造样式相关；披覆型、超覆型、断块型不整合多与半花状构造样式相关。

在平面上，被楔形不整合多分布在东营凹陷北部、中部，发育于滚动背斜之上，靠近大型铲式正断裂，披覆型不整合主要分布于东营凹陷西北侧，断块型不整合分布在凹陷东侧，超覆型不整合主要分布于凹陷南侧斜坡带(图6－4)。

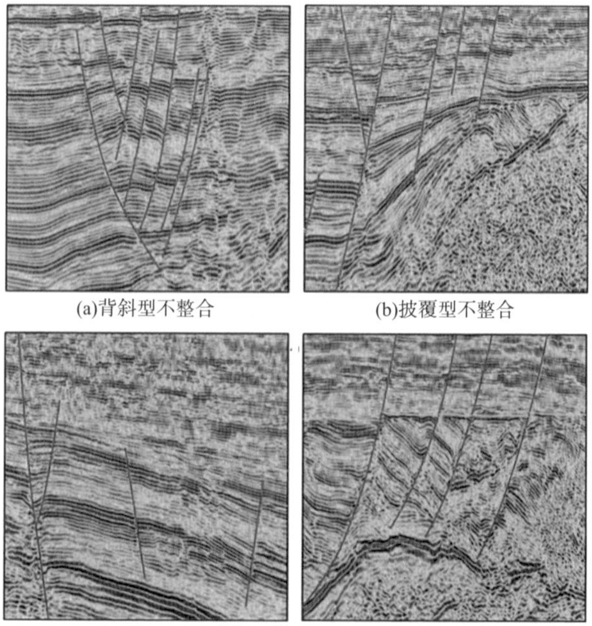

(a)背斜型不整合　(b)披覆型不整合

(c)超覆型不整合　(d)断块型不整合

图6－3　东营凹陷断拗转换期不整合类型分布

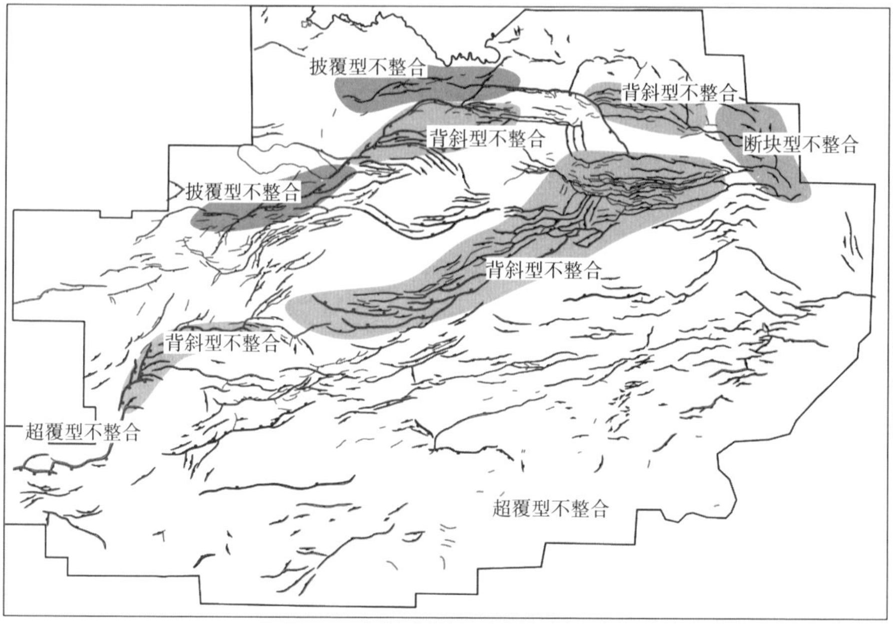

图6－4　东营组不整合分布

3. 岩性圈闭

岩性圈闭是指由于岩性变化形成的圈闭，断拗转换期已发现的岩性圈闭只有砂岩岩性圈闭，一般具有以下特征：储集体往往穿插和尖灭在烃源岩中，油源充足，有良好的盖层条件；与储集岩体同期形成，圈闭形成期早于油气生成和运移期；烃源岩于后期产生的裂缝带和溶蚀带，可形成岩性裂缝封闭油气藏；岩性圈闭分布与河湖沉积相带有关，具带状分布特征。岩性圈闭又包括砂岩上倾尖灭圈闭和砂岩透镜体岩性圈闭。

1)砂岩上倾尖灭

砂岩上倾尖灭圈闭是指在斜坡背景上，由于砂岩储集层沿上倾方向尖灭或渗透性变差而形成的圈闭，油气聚集其中，就形成了砂岩上倾尖灭油气藏。上倾尖灭砂体的形成往往与断层活动有关，后期断层的掀斜活动使砂体的倾向发生了反转。在东营凹陷 NE 向油藏剖面中，在通 2 井的东营组地层中，东二段的 1520m 处发育砂岩上倾尖灭油藏。在断层的共同作用下，砂岩储集体上倾尖灭形成圈闭，在油气来源充足之下，可以成藏(图 6－5)。

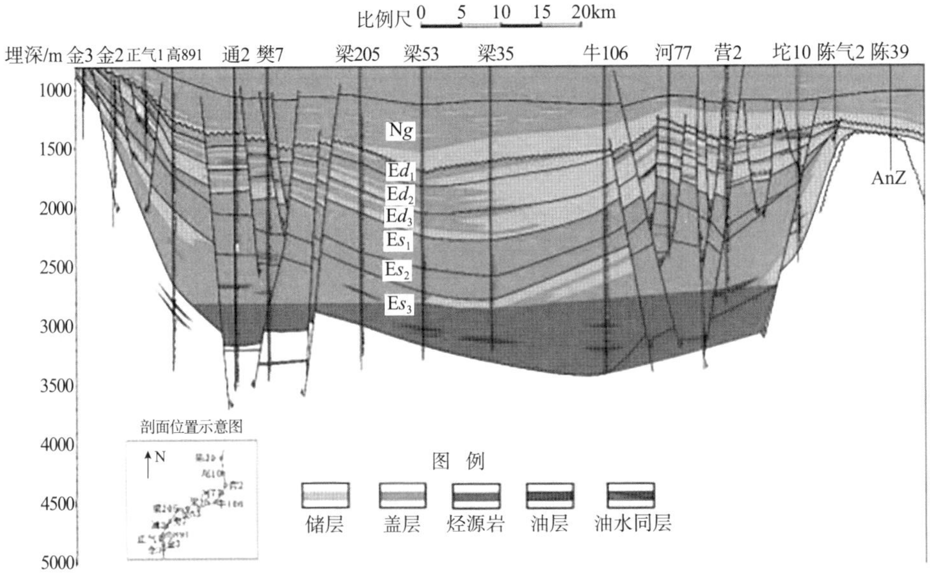

图 6－5 东营凹陷金 3－陈气 2 油藏剖面

2)砂岩透镜体岩性圈闭

砂岩透镜体岩性圈闭是由透镜状或其他不规则状储集层，周围被不渗透性地层所限，组成的圈闭。作为其储集层的有近源浊积扇砂岩体、前三角洲亚相的滑塌浊积岩砂岩体、河流相砂岩体等，其中以各种类型的透镜状砂岩圈闭为主。各种浊积砂岩体，四周被良好的烃源岩包围，具有优越的油源条件和自生、自储、自盖的特点，油气比较丰富。并具有成带分布的特点，勘探成功率较高。砂岩透镜体被泥岩所包围，形成透镜体岩性圈闭。此类型圈闭，只要其周围的烃源岩达到生烃门限后，较易向透镜体内充注油气、成藏，且一般含油较丰富。

3)复合类

圈闭类型往往受多种因素控制，当某种单一因素起绝对主导作用时，可用单一因素归类圈闭；但当多种因素共同起大体相同的作用时，就成为复合圈闭。济阳坳陷东营组的复合圈闭包括构造-岩性圈闭、构造-地层圈闭、地层-岩性圈闭。

构造-岩性圈闭是受构造和岩性双重因素控制形成的圈闭，常见的有背斜-岩性圈闭、断层-岩性圈闭。此类型圈闭在东营凹陷的中央隆起带有分布。其封盖的类型往往是泥岩封盖和断层遮挡油气成藏。

构造-地层圈闭是指储层上方和上倾方向由任一种构造和地层因素联合封闭形成的圈闭，常见的有背斜-地层不整合圈闭、地层不整合-断层圈闭。主要分布在凹陷的浅洼-斜坡带、凸起-边缘带等构造带区域。

地层-岩性圈闭是指受地层不整合和岩性共同控制形成的圈闭，在几个构造带中，凸起-边缘带易发育此类型的复合圈闭。

三、圈闭有效性

以王家岗构造带的官7块为例，该区的总体构造格架呈EW向断背斜，被多条断层切割为条块状，即形成小地堑与地垒，根据其构造特征，可划分为北部断鼻构造、中部地堑断块区和南部断阶带三个区块，每个区块内又可分为若干断块(图6-6)。

圈闭有效性官7块为断层控制的构造类油藏，纵向上泥岩隔层分隔了多套储层，这些储层虽然都与断层相连，但其含油气情况差别很大，有些储层含油，而另一些不含油或含油较差(图6-7)。

通过该区断层的封堵性、泥岩盖层的封盖能力以及泥岩隔层数等几个方面分析该区圈闭有效性。对于断块型油藏，其圈闭的有效性最主要是受断层封闭性的影响。断层的封闭性主要受两个方面因素的影响，一是断层本身构造的影响，二是断层两盘岩性的对接程度。断层的结构介绍如下：滑动破碎带、同沉积断裂带在浅部，由于断距小且沉积物往往没有固结成岩，因而断裂带表现为地层的塑性变形，裂缝不发育；随着断面深度的增大，断层滑距增大，成岩作用增强，断裂带的内部结构自浅至深，表现为“裂缝带→裂缝带与主裂缝的组合→上、下诱导裂缝带与滑动破碎带的组合”的渐变过程，自浅到深，滑动破碎带和其内部的断层泥越发育。构成单元主要由滑动面和滑动破碎带＋上盘诱导裂缝带这两种类型的断层，断距介于100～300m，断点埋深＜2500m，主要为三级、四级断层，由于埋藏浅，断层活动性弱一般不发育滑动破碎带，封堵的控制因素主要为侧向岩性对接封堵。

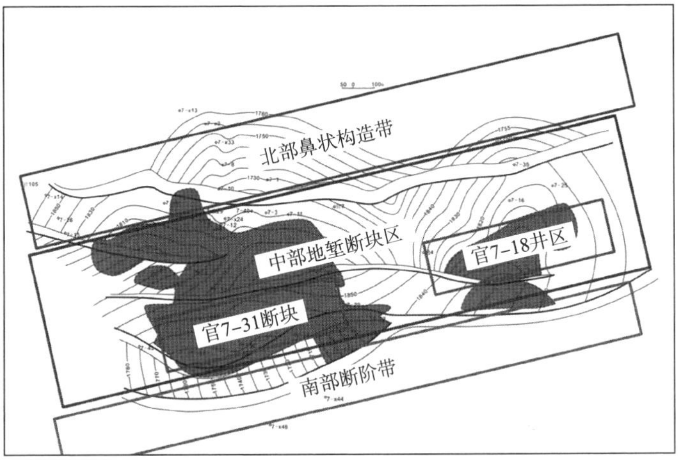

图6－6　王家岗油田官7断块E*d*含油面积图

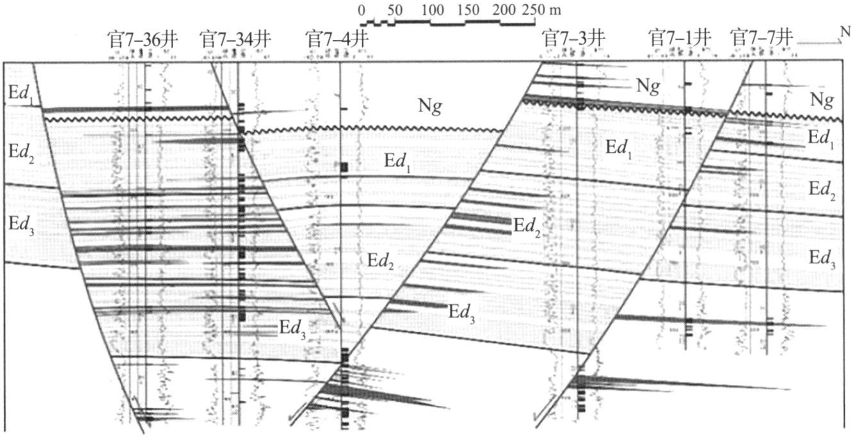

图6－7　王家岗油田官7－36井－官7－7井东营组南北向油藏剖面图

官7块东营组埋深在1850m以上，断距为40～195m，断层的封堵性主要取决于两盘砂泥对接程度，从图6－8油藏剖面看出，该块油藏主要分布在断裂带附近砂泥对接的部位，并沿断层呈梳状分布。因此断层下盘砂泥对接区是油气成藏的有利区域。

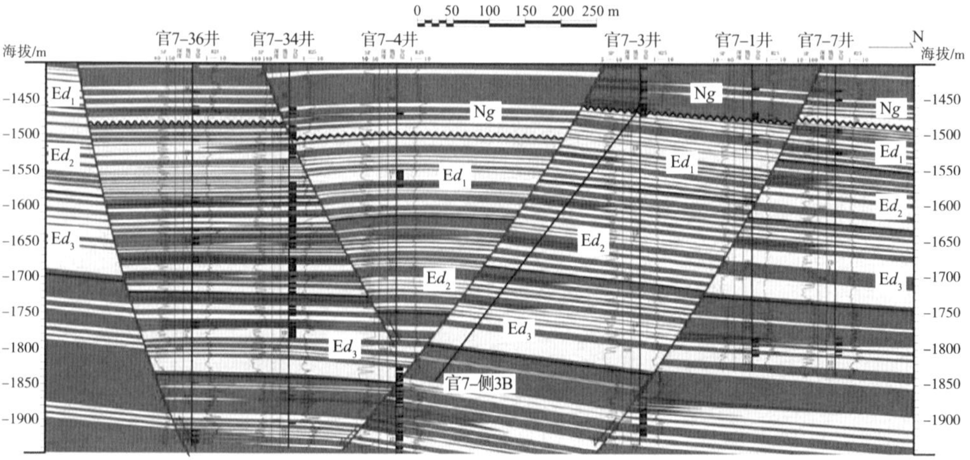

图6－8　东营凹陷官7－36井－官7－7井东营组南北向油藏剖面图

第二节　油气成藏要素

断层生长过程中，特别是断层生长连接阶段，由于特殊应力条件的存在，形成了多种类型的伴生构造。断层生长连接与分段断层控制的同生褶皱(或断层相关褶皱)的生长过程密切相关。断层连接部位最小位移量通常与断层相关褶皱和地层旋转有关，而断层相关褶皱和地层旋转一般位于转换斜坡处，与断层平行的褶皱的发育是对断层端部侧向和垂向扩展的响应，而与断层垂直的褶皱的发育则是对断层走向位移变化的响应，因此，发育于大型分段断层附近的断层相关褶皱也常用于识别断层分段和连接部位(图6－9)。另外，分段断层下降盘发育逆牵引构造，而转换斜坡连接部位则发育正牵引构造。这些构造在特定的条件下会成为后期油气聚集成藏的有利条件，而转换斜坡的形成则会对同期的沉积体系分布产生重要影响。

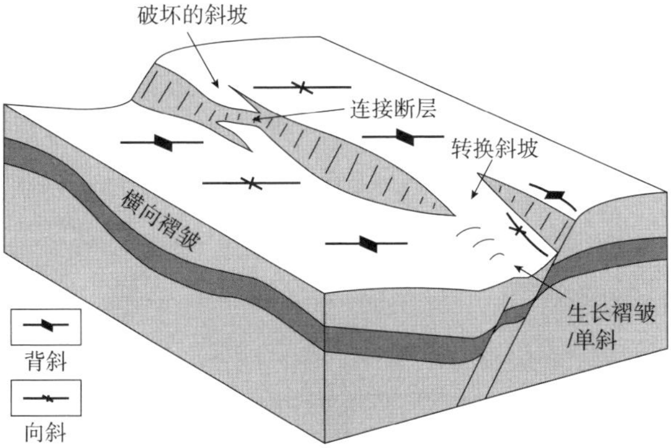

图6-9　断层生长连接过程中形成伴生构造

一、烃源岩

东营凹陷发育有5个生油洼陷，即利津、民丰、博兴、牛庄和广利南洼陷，主要发育有沙四上亚段、沙三段和沙一段三套烃源岩系，其中以前两者为优，烃源岩在利津洼陷厚度最大、埋藏较深，成熟度高。

沙四上亚段沉积时期，东营凹陷整体处于主要沉降时期，以干旱气候条件下的粗碎屑及盐湖沉积的暗色油页岩、深灰色泥岩为主，且沉积厚度大，一般总厚约为200~400m，干酪根类型为Ⅰ型和$Ⅱ_1$型，为有效烃源岩。

沙三段生油岩以大套暗色泥岩为主，夹有油页岩，总厚约为600~1000m，其中又以沙三下亚段生油性能最好。主要是因为沙三下亚段是油泥岩、油页岩沉积，主要分布于四个洼陷中心，干酪根类型为Ⅰ型，而沙三中、上亚段是河流-三角洲沉积，有机质中高等生物成分多。沙三段烃源岩有机质丰度自下而上减小。沙一段主要以页岩和生物灰岩沉积为主，厚度一般在100~350m，且干酪根类型主要为Ⅰ型和Ⅱ型。烃源岩的生烃时期受干酪根类型、埋藏时间、上覆地层厚度等控制。沙四上亚段和沙三下亚段最早在东营组沉积末期、馆陶组沉积初期已进入生油门限。目前处于高成熟演化阶段。南部斜坡带在2003年钻探的王46井发现了孔二段优质烃源岩。

二、储集层

东营凹陷断拗转换期早期沙二段、沙一段、东营组沉积了一套巨厚的砂砾岩体，大都为三角洲砂岩体、河流相砂岩体、冲积、洪积砂砾岩体，是最主要的储

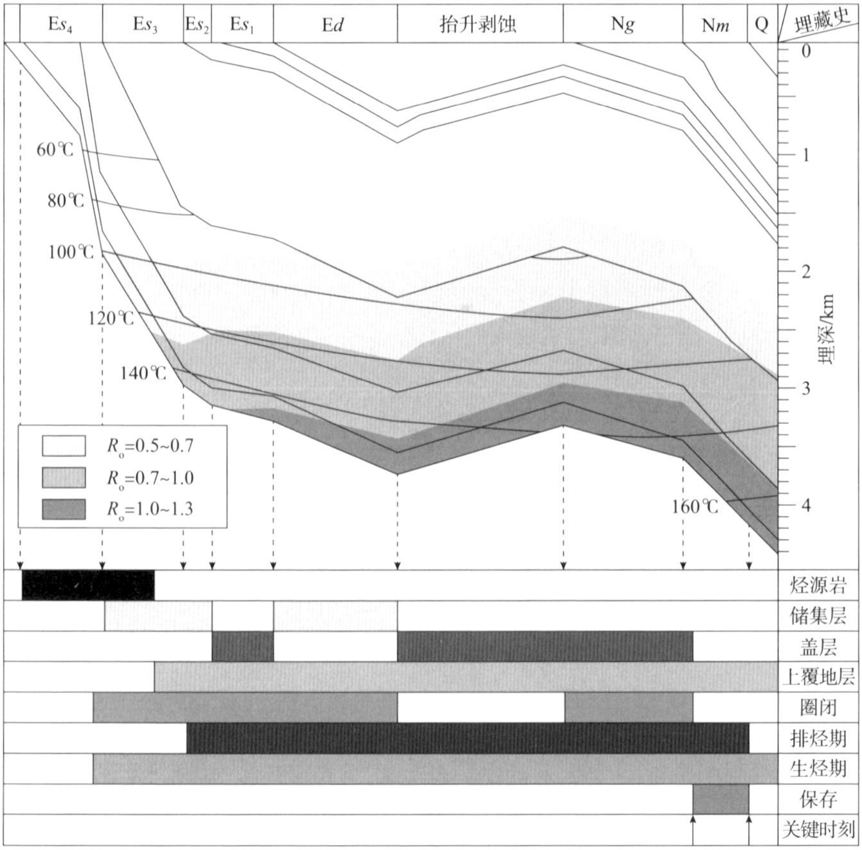

图 6-10　东营凹陷埋藏史图及事件图

集层。断拗转换期早期的馆陶组和明化镇组的河流相砂砾岩体，及部分的冲积、洪积砂砾岩体及席状砂体，也是重要的储集层。不同的沉积体系在条件适宜的环境下均可成为储集层，但储集性能存在一定的差异。

东营凹陷北部陡坡带古近系沙河街组碎屑岩储集层，以近岸水下扇、浊积扇的最好，其次为扇三角洲，冲积扇的最差。近岸水下扇，与具有生油性能良好的深湖相暗色泥岩相邻，扇根孔隙度平均值最好，但泥质含量高，渗透率低，而扇中孔隙度低，但渗透率较高。冲积扇直接被烃源岩包围，周围低渗泥岩起到良好的油气遮挡作用，因此这类沉积体可成为良好的储集层。扇三角洲可直接与湖相烃源岩接触，极有利于垂向上形成良好的生储盖组合；扇三角洲平原距离烃源岩较远，且孔隙差，一般不易成为良好储集体；扇三角洲前缘距离烃源岩近，且孔隙度高，孔隙连续性好，是油气富集的最好部位。冲积扇扇根发育重力流沉积，沉积物分选差、孔隙度及渗透率低，储集性能差；扇中河道砂分选好、孔隙度高，可以较好地储集油气；扇端主要是薄层砂泥岩互层，且以泥岩为主，封闭性好，可形成较好的岩性油气藏。

三、盖层

东营凹陷发育阻挡油气运移的区域性盖层和封闭油气聚集的局部盖层两种类型重要的盖层。区域性盖层主要为沙一段，厚度约200～300m，最厚可达450m，是以还原相泥岩为主的湖相岩层。此外，东营组上部泥岩段，明化镇组中以黏土岩为主的地层也具有区域性盖层的功能。

四、生储盖组合

东营凹陷北部陡坡带、中部洼陷区和中央背斜带整体生储盖组合相近。最主要的烃源岩是沙四上亚段、沙三中、下亚段，与储集层、盖层形成的先后顺序及空间组合关系，生储盖组合有新生古储型、上生下储型、自生自储型、下生上储型。

新生古储型，古近系烃源岩化成的油气通过断层、不整合面等通道，聚集到下部基岩储集层中形成；上生下储型，储集层早于烃源岩发育，上覆烃源岩与下伏孔店组、沙四下亚段、沙四上亚段下部储集层直接接触，油气向下运移，烃源岩又作为盖层封闭油气，但这类组合不常见；自生自储型，烃源岩系与其侧缘发育的同组、段砂体，形成自生自储型组合；下生上储型，油气运移至烃源岩上部的沙三上亚段－明化镇组储集层，其上被沙一段、明化镇组等区域性盖层封盖，这类组合在东营凹陷内极为常见。

南部斜坡主要有三套有利的生储盖组合：发育孔二段、沙四上亚段、沙三下亚段三套烃源岩，孔一段－砂四下亚段、沙三中亚段－沙二段、东营组－馆陶组下段三套储集层，沙四上亚段－沙三中亚段、沙一段、馆陶组上段－明化镇组的盖层。

整体来看，断拗转换期的生储盖组合类型均为下生上储型。

第三节　油气输导体系

油气输导体系是指油气从烃源岩到圈闭过程中所经历的所有路径网及其相关

围岩，包括连通砂体、断层、不整合及其组合。一方面明确了输导体系的要素组成，另一方面说明了输导体系与烃源岩及圈闭的关系，即输导体系必须以某种方式连接烃源岩与圈闭。也是连接油源与圈闭的“桥梁和纽带”，输导体系的分布规律直接决定着油气在地下如何运移、在何处成藏以及成藏类型等。

一、断层与油气运聚作用

孙义梅、田世澄(2001)总结了断层对油气运移作用研究的新进展。断层与油气运移关系复杂，对油气运移的作用一直受到广泛的重视。通过对岩芯和野外露头的研究已经证明，二维地震剖面上看到的断层，一般由断距大小不同的断裂滑动面和断裂体集中在一起组成，统称为断裂破碎带。油气沿断层运移可以渗流和涌流两种方式穿过或沿断层运移。当断层两盘砂岩对置或排替压力小时，油气主要以渗流的方式穿过断层；当断层活动时，造成沿断裂面的垂向低势区和高势梯度带，油气主要以涌流的方式运移。影响断层封堵性的因素很多有断裂带的结构、断面形态和受力性质、断层的平面组合和形成期等。断层除其结构复杂外，还具时空性。表现为断层活动具幕式特征；断层活动阶段性、断层空间组合、断面形态对封堵性有影响；断层两侧砂岩对置点受断距、断层倾向、走向等因素控制；断面的倾角、形态、应力状况对断层的开启性也有影响。

解建民(1995)在研究黄骅坳陷断裂与油气的关系时，提出了断层的三元结构和断裂带的多元结构模型。断裂带结构特征及其岩石物理性质的研究，是评价断裂带性质及其与油气关系的主要依据。断裂带常见的构造单元可以分为变形条带、滑动面、滑壁、压实带、节理、裂隙、断层碎屑、断层泥、液化层、金属氧化物胶结层、钙质沉淀与重结晶等。这些结构单元的物理性质及其后的成岩后生变化，对于流体的横向、侧向和垂向运移，具有极其重要的影响。

对于两盘位错仅在几毫米至几厘米范围内的小型断层来说，在垂直于断层走向的横剖面上，其结构单元则由三部分构成，即未变形的原岩、构造压实带、变形条带。相对于原岩来说，构造压实带虽无碎裂和位错现象，但由于两侧岩层的错动而受到挤压变得致密，孔隙度约减小一个数量级，随着孔隙度和孔隙喉道直径的减小，横向渗透率也大大减小。在变形条带中，岩石因剪切挤压而碎裂，伴随两盘错动，粒度不断减小，大的岩石碎屑通过磨圆而成铁饼状，其长轴与断裂错动方向一致，扁平面与变形条带近于平行。片状矿物也往往被强制拖曳而平行于滑动带，分隔或缩小了孔隙喉道直径。因而，变形条带的孔隙度、渗透率均大大减小。较之围岩，变形条带的孔隙度会减小一个数量级以上，而渗透率则减小 3 个数量级。较之旁侧的压实带，变形条带的孔隙度也损失 2/3 以上。

对于规模较大，结构较复杂的断裂带，其岩石物性特征与变形条带相似，即在垂直于断裂带的方向上，孔隙度、渗透率大幅度减小；但在与断裂带平行的方向上，由于断层位错幅度较大，形成了压实带、滑壁、滑动面等结构单元，各单元的孔隙度差异明显，压实带、滑壁等单元的孔隙度大幅度减小。其中滑壁在物性上类似于变形条带，通常更致密，渗透率更低。但沿断层滑动面孔隙度突然增大，并具很好的贯通性，由此导致沿滑动面的渗透率比原岩的增大一个数量级以上。显然，在这种情况下，断裂带对与其垂直于运移的流体，会起到很好的隔挡作用；对于平行断裂带运移的流体，即沿断裂面（滑动面）流动的流体，则构成良好通道。这就是断裂作用的双重性。

断裂带的厚度和性质，与两盘岩性、断层规模、产状、断层力学性质、活动历史以及区域应力场有关；同时还取决于地下水活动状况。在中、新生代的沉积盆地中，断裂带的厚度多在数十厘米至数十米。断裂带的性质可据其与流体（主要是油气）的横向渗透性关系，定性地分为渗透型、非渗透型和过渡型。值得注意的是，即使同一断裂带，由于岩性、应力状况断层结构及地质背景诸多因素在纵向和横向上的变化，渗透能力也往往有所变化。

王辉等（2000）在进行断层的富水性分析时指出断层的结构特征决定了其富水能力和富水部位。断层的富水性分析包括断裂两盘岩性结构、断裂的力学性质、断裂的活动性、断裂的规模、断裂富水性分段、断裂富水性的水平分带（相当于断裂结构）、断裂富水性的垂向工程分带、地应力场的垂向分带、断裂带内垂向地下水运动性分带的 9 个方面。该文虽然是从水文地质过程角度进行分析，但如果将断层富水与可渗性联系起来，对于分析断层与油气运移关系而言，这些影响因素也值得探讨。

断层对油气的输导能力影响因素众多，通常认为成藏期活动的断层对油气运移起开启作用，可作为油气垂向和侧向运移的通道，不活动时则要考虑断层两盘岩性对接情况，在砂泥岩层系中还要研究泥岩涂抹因子。

二、不整合与油气运聚作用

关于不整合面作为油气运移通道前人做过大量研究。世界上许多大油气田油气藏距生油层的距离较远，主要通过不整合面运移。如在美国堪萨斯中央隆起上有很多奥陶系碳酸盐岩油气藏，石油主要沿着宾夕法尼亚前不整合面运移而来，其运移距离达160km以上。不整合面上下岩性突变是形成地层型圈闭的重要遮挡条件，这通过现今地层型油气藏的赋存状态可以确信无疑。不整合面的分布具有差异性、继承性、迁移性。不整合类型的差异性控制油气分布；不整合类型的继承性控制油气的演化；不整合类型的迁移性控制油气再分配。但不整合面作为地层型油气藏的运移通道，则缺少深入细致的分析。在地震剖面上，不整合面作为上下地层岩性突变的界线，是以一个面的形式表现出来的，但作为油气运移通道，单靠一个面是不行的，必须有实际的载体。不整合面不同于断层，后者作为油气运移通道，可以以裂缝的形式表现出来，而不整合面则缺少因构造活动或其他因素使其张开的条件。因此，要讨论不整合面对地层型油气藏的作用，必须考虑以下两个方面的因素：①作为运移通道的不整合面的物质构成，称之为不整合体，其包括实际连通性、相对物性以及与烃源岩的关系等；②不同类型地层型油气藏成藏过程中不整合所起的作用。但到目前为止关于不整合而输导能力的研究目前还未取得实质性的进展。

对于影响其渗透性的因素主要分为以下几个方面：①不整合面以下地层遭受削蚀程度，不整合面代表一次区域性的沉积间断或剥蚀事件，往往使下伏地层遭受风化剥蚀和溶解淋滤；②不整合面上下岩性分布，不整合面一般有区域性，可形成时空跨距很大的生、储、盖岩性组合；③泥质含量及重新接受沉积后加载沉积物的厚度。

三、断拗转换期油气运移路径

东营凹陷构造活动强烈，地层变形强烈，发育大量生长断层，这些断层具有断距大、活动时间长等特征，与发育的次级断层，沟通了烃源岩与圈闭的联系；同时地层间形成不整合和超覆等，其油气运移通道主要有断层运移通道、小整合面运移通道及砂体运移通道。

以断块油气藏为主的油气聚集带，油气藏的形成、破坏、再形成均与断层作用密切相关，断层是控制油气运聚和散失的主要因素。也是油气纵向运移的主要立体通道，多期断裂活动导致油气多次聚散，在断层活动期间，油气沿断面垂向运移，再分配聚集，断层活动停止后，多数断层逐渐失去通道性。

不整合面是油气运移的重要通道。在南部斜坡，不整合具有明显的削截、上超、下超等现象，向盆地内逐渐转为整合接触，不整合面在生油区和非生油区均可存在，且沟通了两者间的联系，使油气进行长距离运移，使非生油区的圈闭得以捕获油气从而聚集成藏。特别是在北部陡坡带，砂体发育程度较差，但距离油源近，断层和不整合面将油源区和扇体沟通起来，形成畅通的输导体系。

沙三上亚段－东营组沉积大量砂体，分布广泛，其孔隙半径和喉道半径所引起的毛细血管阻力与油气在泥岩中运移所受到的阻力小得多，因此，砂体是油气运移良好的通道。油气从烃源岩向外运移并最终在盆地各个部位的断层圈闭、地层超覆圈闭、地层不整合圈闭、上倾尖灭砂体圈闭、砂岩透镜体圈闭、背斜圈闭、断层－岩性圈闭等有效圈闭内聚集成藏，其运移通道通常并不是单一的断层、不整合面、输导性砂体，而是由三者互相连通而形成的油气运移的立体通道。

东营凹陷在断拗转换期至少发生了三期成藏作用，分别是东营组沉积末期、馆陶组沉积末期和明化镇组沉积末期。采用厚度回剥的方法(未考虑剥蚀厚度和沉积压实)近似恢复不同成藏时期不同三角洲骨架砂体的顶面埋深情况。

由于不同成藏时期，不同骨架砂体对不同层系油气运聚成藏作用不同，因此采用类似单因素分析方法进行了系列图件的编制。如东营末成藏期，利用沙三中亚段骨架砂体剥馆陶组地层后的古埋深图，配置该时期活动的断层，可以分别与不同层系已探明含油气面积图相叠合，从而分析在该成藏期，该套砂体对不同层系油气运聚的“潜在”方向。利用同一时期活动断层与骨架砂体顶面埋深相配置，确定不同时期不同砂体对油气的运聚作用和主要运移方向，从而实现对油气运移过程历史的、动态的分析。

通过对比分析发现，不同成藏时期，骨架砂体顶面埋深的脊线方向往往与油气藏富集区带吻合，骨架砂体与断层配置对油气的运聚具有以下特征。

(1)不同成藏期，同一骨架砂体的顶面形态及与其断层配置的变化，导致油气运移方向的变化，对油气成藏的贡献也不同。

首先通过对沙三上亚段单层含油面积分析，可以看出，在东营组末期这一成藏期，沙三上段三角洲骨架砂体没有明显地向八面河油田运移的路径，而在后期其向南坡东段的运移路线则不断增加，同时西部金家地区的运移路线向东偏移。不同油气藏成藏的期次、早晚可以定性地进行判断，如根据图中运移路线的变化，可以大致判断八面河油田主要成藏时期可能晚于金家油田的成藏时期，金家油田后期可能遭受破坏。当然这还需要准确的地化分析加以验证，只要把握住主要流体输导体系，就能保证油气成藏分析基本结论的正确。即使某一流体输导体系具有多解性，按不同解释方案做多种油气成藏动力学分析，也能够科学地部署勘探方案。在上述分析的基础上，结合不同成藏时期断层的活动性分析，还可以研究断裂对油气运移的垂向分流作用。

(2)同一成藏期，不同骨架砂体顶面起伏不同，受活动断层的分配作用影响，各自有独立的运移路线。具体到某一个油藏，油气是由不同成藏期、通过多套砂体、多个方向运聚而成。

以馆陶组的含油面积为例，研究明化镇组沉积末期油气运移特征，可以看出位于东营凹陷南坡的乐安油田馆陶组油藏远离生油洼陷，不整合而无法与烃源岩直接沟通，骨架砂体是使油气长距离横向运移至此的重要载体。对于沙三中亚段三角洲骨架砂体而言，主要为油气从牛庄洼陷向乐安油田提供了优势通道，而沙三上亚段和沙二段三角洲骨架砂体则有可能汇聚利津和博兴洼陷的油气向乐安运移。同一成藏时期，不同骨架砂体的构造脊具有相似性，反映出运移路线的继承性；但同时又有变化，各自有相对独立的运移路线。反过来，根据运移路线的变化，可以针对不同层系进行有利目标的研究。具体油气会从哪个方向运移、何时运移、运移多少还需要做进一步的定量分析，但从勘探实践的角度出发，盆地范围内宏观的输导体系研究是开展油气预测的基础，也是开展成藏机理研究的重要前提。

第四节　油气成藏模式

油气成藏模式是对油气藏中的油气来源、运移方向及路径、运移动力、充注过程、运聚时期及富集机理等地质特征的高度概括，是对含油气盆地中油气成藏条件和成藏过程相似的一类或一组油气藏群的成因解释模式，具有全面性、代表性及预测性等综合特征。成藏模式的建立应根据实际情况，以一种或多种地质要素为主线，兼顾其他要素，建立的模式应具有一定的普适性和有效性。

不同成藏时期断层的活动性分析主要通过计算古落差实现，断层沟通骨架砂体时根据前人的研究成果以及东营凹陷的勘探实践，以为东营凹陷油气成藏具有以幕式成藏、晚期为主的特点。从现今油气藏的分布来看，断层在相对静止期主要起封闭作用。目前油气藏沿断层纵向上多层分布是多期幕式成藏的结果。因此，与成藏时期匹配的活动断层对油气的影响至关重要。在主成藏时期，活动断层是以纵向运移为主，同时为不同骨架砂体提供油源，根据东营凹陷断拗转换期油气富集特点、富集样式及典型地区油气成藏特征的分析，建立了油气沿马尾状和雁列状扭张构造带运移的北部陡坡带成藏模式和南部缓坡带成藏模式两类模式。

一、断拗转换期油气分布特点

东营凹陷作为济阳坳陷典型的富油气凹陷，新近系油气占有一定的比例，主要发育沙四上、沙三下亚段两套烃源岩。中央隆起带油气具有沙三下、沙四上亚段混源供烃的特点，而凹陷四周的油气则主要来自沙四上亚段烃源岩。受输导条件的控制，东营凹陷断拗转换期油气主要来自古近系主力产层，由烃源岩直接供烃的可能性不大。

前人研究认为，东营凹陷已发现油气藏的平面分布围绕洼陷呈环带状或复合环带状。同时，各层系油气的分布也具有环状、半环状的特点。从构造－储量叠合图可以印证这一观点，同时也可以看出，断拗转换期油气藏分布受到构造带的控制，该时期油气藏分布较零星，受构造控制，沿构造脊、垂直等深线、断层延伸方向油气显示层最多，且具有一定继承性，多与下部层系油气显示集中段发育部位对应。在东营凹陷南斜坡油气聚集有三个明显的集中带，分别是博兴－金家方向、纯化－草桥方向和王家岗－八面河方向；在北部陡坡带也有三个较明显的油气聚集带，分别是滨南－利津构造带、青西构造带以及高青－平南构造带，中部的郝现构造带也是良好的油气藏发育区(图6－11)。

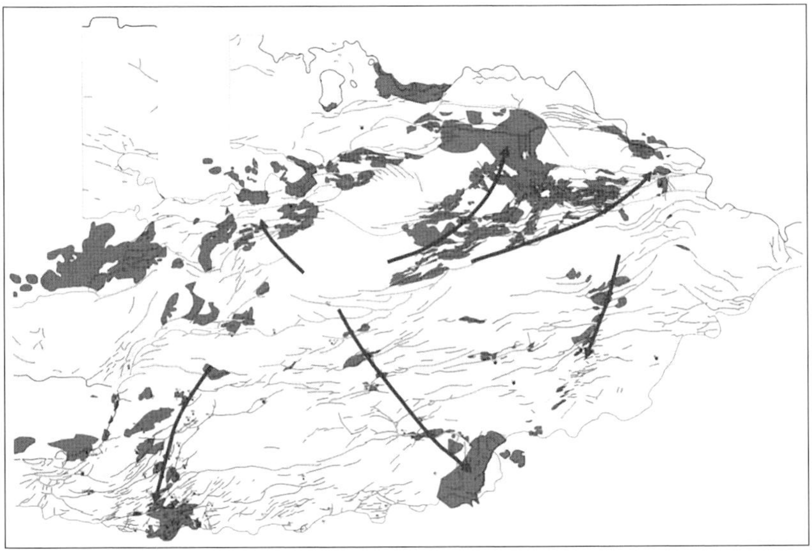

图6－11　东营凹陷断拗转换期构造－油气分布平面图

二、陡坡带成藏模式

高青－平南断裂带是典型的马尾状扭张构造带。在花沟段和高青南段为持续发育的主干断裂，在高青北段以及平南段，由于应力场变化使得主干断裂离散发育为多条次级断层，头部连接，尾部散开，形成马尾状构造。

高青－平南断层生长演化后期，由于区域应力场的变化，断层发生分散，再次进入分段发育阶段。与早期断层分段独立发育阶段不同，该时期断层各分段受统一扭张应力场控制，断层不同部位应力条件不同，由此造成不同部位成藏条件的差异。

从高青扭张构造与油藏分布叠合图(图6－12)来看，帚状扭张构造的收敛端，油气主要分布在上升盘，含油条带较窄，主要紧邻扭张主断裂分布。在帚状扭张构造的发散端，油气主要分布在扭张构造断层的下降盘，含油条带较宽。帚状扭张构造油气分布特征与扭张构造应力场分布的差异性密切相关，在高青扭张构造的收敛端，以扭应力为主，上升盘断层紧闭封堵性较好，易于油气聚集成藏。帚状扭张构造的发散端，受分支断层影响，应力场转变为以张应力为主，断层侧向输导能力增强，油气沿分支断层向高部位运移，形成较宽的含油气条带。

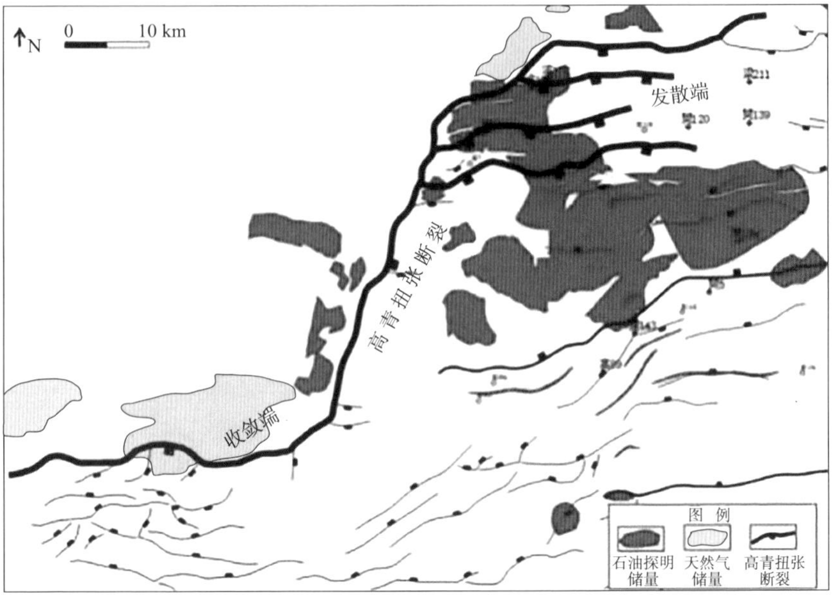

图6－12　高青扭张构造与油藏分布叠合图

帚状构造样式在发散端与收敛端具有不同的成藏模式，发散端一般为较缓的斜坡带，发育扇三角洲、小型水下扇等沉积类型，储层发育。次级断层垂向连通性好，与砂体配置形成有效的油气运移通道，若上倾方向断层形成侧向封堵，则会形成多个断块油气聚集带。收敛端部位应力场特征以扭动为主，断面紧闭易形成断层侧向封堵，下倾方向往往紧邻生油凹陷，有利于来源于下倾方向的油气聚集。总之，帚状发散端以输导为主，油气侧向运移距离远(图6-13)；收敛端以封闭为主，油气近源聚集。

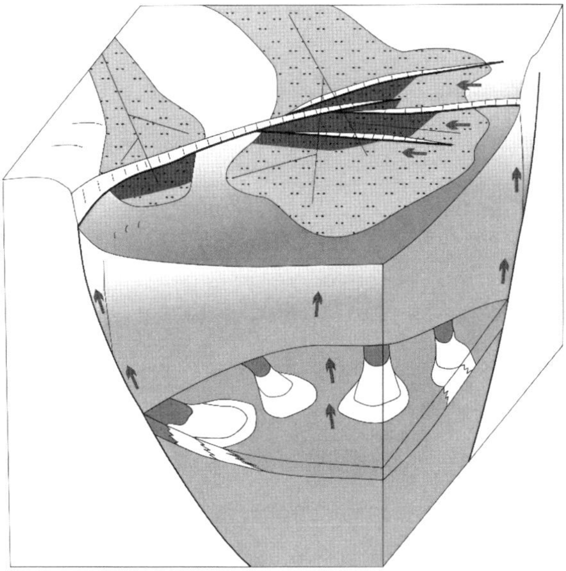

图6-13　陡坡带马尾状油气输导模式

三、缓坡带成藏模式

南部缓坡带发育的金家扭张构造带是典型的雁列状断裂带，控制了金家地区的油气输导，金家地区所有层系的油气藏均分布在断裂带附近，证明其是该地区重要的油气输导通道，并控制了区域圈闭的形成和油藏的分布。

从断层生长连接的角度来看，金家断裂带在断陷期为一条连续的大断层，在断拗转换时期，受到应力场变化的影响，在走滑作用的影响下，早期先存断裂分化成为平面上由单条连续断层演化多条NE向小断层，在平面上呈雁列状展布。

金家走滑断裂带先存断裂与博兴断层相接，成为烃源岩自北向南最主要的油气输导通道。博兴洼陷内部的油沿着博兴断层运移至金家走滑断裂带，在断裂带内部沿构造脊向高部位进行油气输导。油气沿金家断裂带先存主断裂自深部向浅层输导，运移至浅层时，油气开始沿砂体和被切割的EW向断层进行输导，在砂体和断层的控制下形成构造-岩性油藏(图6-14)。

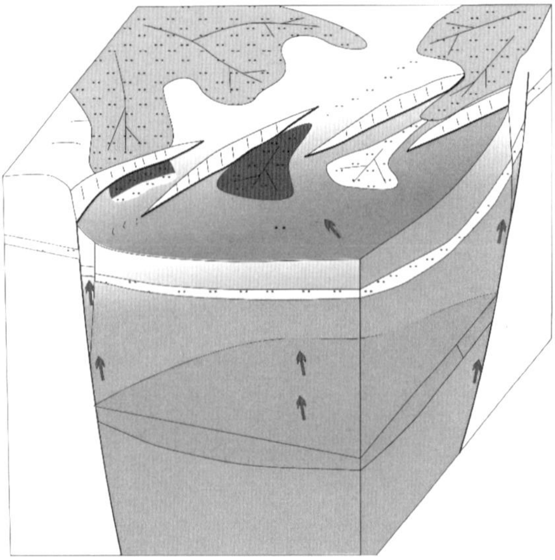

图6-14 缓坡带雁列状油气输导模式

同时，断层还控制油藏的含油高度。影响含油高度的原因除了断裂带应力变化，与主要油气运移通道的距离也是重要影响因素。距离主要油源通道近的圈闭，含油条带宽、含油高度高。东西向次级伴生断层控制的圈闭含油高度自N向S呈降低趋势。这一现象的原因除了距离油源较远，还有雁列状走滑断裂带断层与先存断裂相比，封闭性较差，因此具有较强的侧向输导能力(图6-15)。

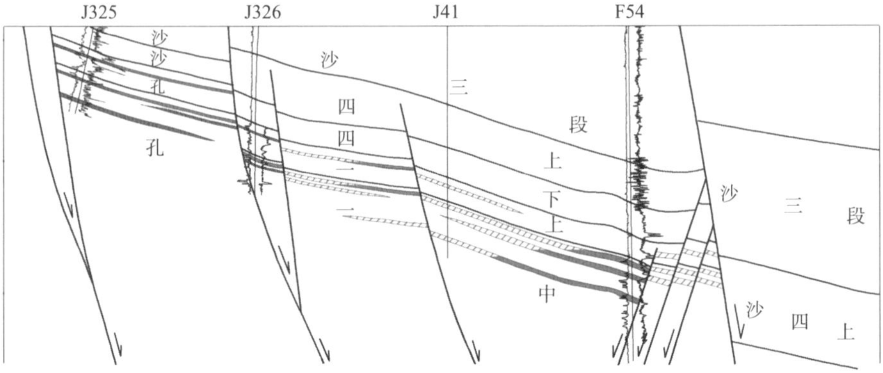

图6-15 金家地区含油高度示意图

结　论

(1)精细解析八个扭张构造带，明确断拗转换期扭张构造带构造发育特征及构造样式分布规律。区域构造格架显示，扭张构造在边界断裂、滚动背斜、斜坡区均可发育；构造样式在盆地北部、中部更复杂，平面上中、北部以帚状、侧接式为主，剖面上呈复杂花状、半花状、包心菜式；南部平面以雁列状为主，多呈简单半花状；扭张构造具有北强南弱的特点。

(2)构建伸展区构造变形面积－深度法，结合构造演化剖面，初步明确扭张构造带发育史。自新生代以来，东营凹陷经历孔店－东营沉积期伸展裂陷阶段和东营末－馆陶扭张构造阶段两大阶段；初步活动史分析发现，滨南－利津扭张构造带经历沙四末－沙三中、沙二－馆陶早期、馆陶晚期－明化镇早期三次生长活动，八面河扭张构造带至少存在沙三－馆陶早期、馆陶晚期－明化镇期两次生长活动。利用构造变形面积－深度法对滨南－利津扭张构造带进行详细计算，结果显示在断拗转换期，该扭张构造带自 NE 向 SW 变形率增大，切中部扭张作用最强。对滨南－利津、郝现、金家、王家岗等扭张构造带进行计算的结果显示凹陷北部浅层扭张构造、深层压扭构造比南部的更强，郝现扭张构造带处于坳陷中央，具有长期弱伸展的特点，凹陷南部长期处于扭动－弱伸展，在断拗转换期扭动稍强。

(3)利用伸展正断裂生长－连接分析法，结合应力数值模拟，明确高青－平南断裂分段性及成因机制。高青－平南断裂可以细分为四段，并分别控制其沉积中心；先存断裂可能由于递进变形而变为弧形断层，是高青－平南等弧形断裂发育的重要原因。构建了东营凹陷扭张构造断裂生长－连接－离散全周期演化模式，认为太平洋板块向亚洲板块俯冲碰撞及俯冲转向(始新世－渐新世)是导致东营凹陷扭张构造形成的根本原因。

(4)断层根据内部结构的不同可分为断层面型和断裂带型两种结构。不同结构类型的断层封闭机理不同，但其核心机理相似，即由储层的排替压力与封堵层的排替压力差异决定。断层封闭油气成藏的理论机制为毛细管封闭，其本质是断裂带与围岩地层之间存在差异渗透能力，封闭类型依据断层断距及其错断地层单砂体厚度可分为对接封闭、断层岩封闭和胶结封闭，不同封闭类型受不同静态地质因素影响。通常情况下，断层倾角越大，地层倾角越大，断裂带物性越好，注入速度越大，油气穿过断裂带到达对盘时间越短，断层封闭油气能力越弱；且断层倾角、地层倾角、断裂带物性、注入速度分别与断层封闭性呈线性、指数、反比例及S形变化关系。总结了断层封闭静态地质因素封闭最优区间，断层倾角30°~60°，与之配置的地层倾角小于10°，断层岩 *SGR* 值大于40%、生长指数处于1.0~1.1之间的断层为最有利的封闭断层。

(5)开展封闭断层地震反射特征统计分析工作，建立济阳坳陷封闭断层地震反射特征数据库和封堵断层地质模型，进行基于地质模型的封堵断层正演研究，形成两类封堵断层地震响应模式。基于封闭断层地震反射特征数据库的断层封闭性地震表征方法研究，提出基于断面两侧地震属性差异性的封堵性地震表征方法。开展了基于叠前地震资料的断裂带结构地震预测研究，建立充填型封堵断层地震预测方法。断层封堵性地震评价方法在金家、王家岗及平方王等地区进行应用取得良好效果，为控制储量上报提供技术支撑。

(6)洼陷型雁列扭张构造形成于斜向伸展。随着基底断层走向与伸展方向夹角的增大，断层平面雁列组合逐渐向平行组合转变，剖面组合由半花状向阶梯状转变。陡坡带成藏模式为帚状发散端以输导为主，油气侧向运移距离远；收敛端以封闭为主，油气近源聚集。缓坡带成藏模式以先存主断裂自深部向浅层输导为主，运移至浅层时，油气开始沿砂体和被切割的东西向断层进行输导，在砂体和断层的控制下形成构造-岩性油藏。

参考文献

[1]漆家福，张一伟，陆克政，等．渤海湾盆地新生代构造演化[J]．石油大学学报：自然科学版，1995，(S1)：1－6.

[2]肖焕钦，陈广军．断层在油气成藏中的作用探讨——以济阳坳陷为例[J]．特种油气藏，2003，(2)：17－19，30－99.

[3]杨中轩．渤海湾盆地的构造单元及构造成因[J]．石油勘探与开发，1984，(2)：26－31.

[4]侯贵廷，钱祥麟，蔡东升．渤海湾盆地中、新生代构造演化研究[J]．北京大学学报：自然科学版，2001，(6)：845－851.

[5]于建国，韩文功，王金铎．中国东部断陷盆地中—新生代构造演化：以济阳坳陷为例[M]．北京：石油工业出版社，2009.

[6]宋国奇．陆相断陷盆地断－拗转换体系与地层超覆油藏“T－S”控藏模式——以济阳坳陷第三系为例[J]．地质学报，2007，(9)：1208－1214.

[7]李丕龙．陆相断陷盆地油气地质与勘探．卷一，陆相断陷盆地构造演化与构造样式[M]．北京：石油工业出版社，2003.

[8]王增明．东营凹陷中央隆起带构造演化及成藏模式研究[M]．北京：中国地质大学出版社，2005.

[9]宗国洪，肖焕钦，李常宝，等．济阳坳陷构造演化及其大地构造意义[J]．高校地质学报，1999，(3)：275－282.

[10]刘建国，孙钰，李世银，等．济阳坳陷断拗转换期基本特征研究[J]．特种油气藏，2007，(1)：34－36，40，105－106.

[11]平贵东．方正断陷断裂演化特征及对油气成藏过程的控制作用[D]．大庆：东北石油大学，2014.

[12]谢通，黄传炎，张宏伟，等．霸县凹陷断拗转换期同沉积断裂的特征及对砂体的控制作用[J]．西安石油大学学报：自然科学版，2015，30(6)：1－9，125.

[13]韩立国．济阳坳陷构造体制转换与郯庐断裂带的关系探讨[J]．岩性油气藏，2009，21(1)：72－74，98.

[14]Serck C S，Braathen A．Extensional fault and fold growth：Impact on accommodation evolution and sedimentary infill[J]．Basin Research，2019.

[15]Serck C S，Braathen A，Faleide J I，et al. Multi－stage rifting，fault reactivation styles and growth basin architecture；evolution of the Terningen Fault Complex and Fingerdjupet Subbasin，southwestern Barents Sea[C]//Winter conference 2019－Geological Society of Norway，2019.

[16]马杏垣．论伸展构造[J]．地球科学，1982，(3)：23－30.

[17]马杏垣，刘国栋，宿俭．华北及东北油区大陆岩石圈构造和动力学[J]．石油实验地质，

1984，(3)：180 - 191.

[18]马杏垣．国际岩石圈计划——八十年代国际地球科学研究的前沿[J]．地质科技情报，1984，(3)：25 - 27.

[19]Wernicke B P，Snow J K，Axen G J，et al. IGC Field Trip T138：Extensional Tectonics in the Basin and Range Province Between the Southern Sierra Nevada and the Colorado Plateau [J]．1989.

[20]Davis J S N L . Seismically active fold and thrust belt in the San Joaquin Valley，central California [J]．GSA Bulletin，1988.

[21]朱志澄．构造地质学．第 2 版[M]．中国地质大学出版社，1999.

[22]Eaton，J. P. Noise analysis of the seismic system employed in the northern and southern California seismic nets[J]．1984.

[23]Reynolds J S，Lister S G，彭少梅．滑脱断层带内流体与岩石相互作用的构造样式[J]．世界地质，1989，(1)：25 - 31.

[24]Carmignani L，Kligfield R . Crustal extension in the northern Apennines：The transition from compression to extension in the Alpi Apuane Core Complex[J]．Tectonics，1990，9(6).

[25]Kennedy W Q . The Great Glen Fault[J]．Quarterly Journal of the Geological Society，1946.

[26]Moody J D，Hill M J . WRENCH - FAULT TECTONICS[J]．Bull. geol. soc. am，1956，67(9)：1207.

[27]Dokka R K . Displacements on late Cenozoic strike - slip faults of the central Mojave Desert，California[J]．Geology，1983，11(5)：305.

[28]Sylvester A G . Strike - slip faults[J]．Geological Society of America Bulletin，1988，100(11)：1666 - 1703.

[29]方仲景，丁梦林，向宏发，等．郯庐断裂带的基本特征[J]．科学通报，1986，(1)：52 - 55.

[30]李方全，刘光勋．我国现今地应力状态及有关问题[C]//中国地震学会．中国地震学会第二届代表大会暨学术年会论文摘要汇编．国家地震局地震地质大队；国家地震局地震地质大队，1984，2.

[31]黄汲清．中国东部大地构造分区及其特点的新认识[J]．地质学报，1959，(2)：115 - 134.

[32]万天丰．郯庐断裂带的演化与古应力场[J]．地球科学，1995，(5)：526 - 534.

[33]刘和甫，夏义平，殷进垠，等．走滑造山带与盆地耦合机制[J]．地学前缘，1999，(3)：121 - 132.

[34]吴海威，张连生，嵇少丞．红河 - 哀牢山断裂带——喜山期陆内大型左行走滑剪切带[J]．地质科学，1989，(1)：1 - 8，109 - 110.

[35]钟大赉，P. Tapponnier，吴海威，等．大型走滑断层——碰撞后陆内变形的重要形式[J]．科学通报，1989，(7)：526 - 529.

[36]周雁．从阿尔金走滑断裂带的特点和作用看中国西部大陆构造格架的形成[J]．青海地质

科技情报，1994，(1)：5(1－5).
[37]蔡学林，魏显贵，刘援朝．阿尔金山走滑断裂构造样式[J]．成都地质学院学报，1992，(1)：11－20.
[38]郑剑东．阿尔金断裂与大陆走滑断裂[J]．内陆地震，1988，(2)：123－130.
[39]张鹏，王良书，钟锴，等．郯庐断裂带的分段性研究[J]．地质论评，2007，(5)：586－591，721－722.
[40]李慧勇，肖述光，李飞，等．渤海郯庐断裂西支构造特征及对潜山形成的控制作用[J]．地质科技通报，2021，40(5)：33－41.
[41]漆家福，肖焕钦，张卫刚．东营凹陷主干边界断层(带)构造几何学、运动学特征及成因解释[J]．石油勘探与开发，2003，30(3)：8－12.
[42]张云银，张伟忠，毛振强，等．走滑－拉张断裂活动性量化表征及控藏作用——以东营凹陷南坡金家地区为例[J]．断块油气田，2021，28(2)：200－204.
[43]张伟忠，张云银，查明，等．渤海湾盆地东营凹陷扭张断裂成因模式及控藏作用[J]．石油与天然气地质，2019，40(2)：262－270.
[44]张伟忠，查明，张云银，等．东营凹陷新生代扭张构造样式及控藏规律[J]．石油与天然气地质，2017，38(6)：1052－1058.
[45]陈海云，于建国，舒良树，等．济阳坳陷构造样式及其与油气关系[J]．高校地质学报，2005，(4)：622－632.
[46]侯旭波，吴智平，李伟．济阳坳陷中生代负反转构造发育特征[J]．中国石油大学学报：自然科学版，2010，34(1)：18－23，28.
[47]戴俊生，陆克政，漆家福，等．渤海湾盆地早第三纪构造样式的演化[J]．石油学报，1998，(4)：27－31，4－5.
[48]张鹏，王良书，丁增勇，等．济阳坳陷中－新生代断裂发育特征及形成机制[J]．石油与天然气地质，2006，27(4)：467－474.
[49]衣学磊，侯贵廷．济阳坳陷中、新生代断裂活动强度研究[J]．北京大学学报：自然科学版，2002，38(4)：504－509.
[50]郑德顺，吴智平，李伟，等．济阳坳陷中、新生代盆地转型期断裂特征及其对盆地的控制作用[J]．地质学报，2005，79(3)：386－394.
[51]吴笑荷．济阳坳陷走滑场域构造特征及其石油地质意义[D]．北京：中国地质大学(北京)，2018.
[52]胡贤根，谭明友，张明振．济阳坳陷东部走滑构造及其形成机制[J]．油气地质与采收率，2007，14(5)：42－45.
[53]程燕君，吴智平，张杰．济阳坳陷长堤地区走滑构造特征及对油气聚集的控制作用[J]．油气地质与采收率，2020，27(2)：35－42.
[54]刘传虎．济阳坳陷盆地结构特征与断裂控藏作用[C]．//“全球构造、盆地与油气响应”学术研讨会暨纪念朱夏先生诞辰九十五周年论文集，2015：55－59.
[55]毕磊．济阳坳陷桩西潜山关联断层体系分析[D]．河南：河南理工大学，2012.

[56]王亚琳．油气沿断层走向运移的地质特征及相关问题探讨——以济阳坳陷沾化凹陷邵家断层为例[J]．石油实验地质，2018，40(5)：684－690.
[57]吴智平，李伟，任拥军，等．济阳坳陷中生代盆地演化及其与新生代盆地叠合关系探讨[J]．地质学报，2003，77(2)：280－286.
[58]帅德福．济阳坳陷油气勘探[M]．北京石油工业出版社，2004.
[59]贾红义，路慎强，陈海云，等．惠民凹陷南斜坡构造体系研究[J]．石油物探，2012，51(1)：91－97.
[60]颜世永，吴智平，李月，等．渤海湾盆地惠民凹陷临商断层特征及其活动机制[J]．地质论评，2010，56(5)：647－652.
[61]赵利，李理，刘卉．鲁西隆起北部磁村断层走滑特征及其控藏意义[J]．大地构造与成矿学，2015，(1)：44－52.
[62]张锡明，张岳桥，季玮．山东鲁西地块断裂构造分布型式与中生代沉积－岩浆－构造演化序列[J]．地质力学学报，2007，13(2)：163－172.
[63]李三忠，臧艺博，王鹏程，等．华南中生代构造转换和古太平洋俯冲启动[J]．地学前缘，2017，24(4)：213－225.
[64]李理．鲁西地区晚中生代以来伸展构造与隆坳演化对比[D]．北京：中国科学院地质与地球物理研究所，2006.
[65]唐智博．鲁西隆起与济阳坳陷新生代隆拗关系[D]．东营：中国石油大学(华东)，2010.
[66]王振兰．济阳油气区箕状断陷的形成演化及油气地质意义[D]．东营：中国石油大学(华东)，2008.
[67]吴智平，李伟，任拥军，等．济阳坳陷中生代盆地演化及其与新生代盆地叠合关系探讨[J]．地质学报，2003，77(2)：280－286.
[68]李伟，吴智平，周瑶琪．济阳坳陷中生代地层剥蚀厚度、原始厚度恢复及原型盆地研究[J]．地质论评，2005，51(5)：507－516.
[69]郑德顺，吴智平，李伟，等．济阳坳陷中、新生代盆地转型期断裂特征及其对盆地的控制作用[J]．地质学报，2005，79(3)：386－394.
[70]李丕龙，金之钧，张善文，等．济阳坳陷油气勘探现状及主要研究进展[J]．石油勘探与开发，2003，30(3)：1－4.
[71]宗国洪，施央申，王秉海，等．济阳盆地中生代构造特征与油气[J]．地质论评，1998，44(3)：289－294.
[72]谭明友，郦进营，金学新，等．山东北部滨海地区负反转断层及古生界负反转结构成因分析[J]．石油地球物理勘探，1996，(6)：844－850，906.
[73]陈洁，董冬，邱明文．济阳坳陷内的负反转构造及其石油地质意义[J]．石油实验地质，1999，21(3)：201－206.
[74]任建业，于建国，张俊霞．济阳坳陷深层构造及其对中新生代盆地发育的控制作用[J]．地学前缘，2009，16(4)：117－137.
[75]时秀朋，李理，龚道好，等．构造物理模拟实验方法的发展与应用[J]．地球物理学进

展，2007，22(6)：1728－1735.
[76]王颖，王英民，赵锡．构造模拟实验在构造研究中的应用——以桩西潜山为例[J]．石油实验地质，2004，26(3)：308－312.
[77]李理，钟大赉，杨长春，等．伸展作用序列及其深部背景：以晚中生代以来鲁西隆起和济阳坳陷为例[J]．地学前缘，2012，19(5)：255－273.
[78]Hubbert M K . Entrapment of petroleum under hydrodynamic conditions[J]. AAPG Bulletin, 1953, 37(8): 1954－2026.
[79]Smith DA. Theoretical considerations of sealing and non－sealing faults[J]. Aapg Bulletin, 1966, 50(2): 363－374.
[80]Smith DA. Sealing and nonsealing faults in Louisiana Gulf Coast Salt Basin[J]. American Association of Petroleum Geologists Bulletin, 1980, 64(2): 145－172.
[81]Engelder J T, Evans K F. A study of stress in devonian shale: part 1－3D stress mapping using a wireline microfrac system[J]. 1986.
[82]Watts K J. Theoretical aspects of cap－rock and fault seals for single and two－phase hydrocarbon columns [J]. Marine and Petroleum Geology, 1987, 31(4): 274－307.
[83]Bouvier JD. Three dimensional seismic interpretation and fault sealing investigtions, Nun River Field, Nigeria[J]. Aapg Bulletin, 1989, 73(11): 1397－1414.
[84]Cowie P A, Knipe R J, Main I G . Special issue. Scaling laws for fault and other fracture populations: analyses and applications. Introduction[J]. Journal of Structural Geology, 1996, 18: R5－R11.
[85]Knipe RJ. Juxtaposition and Seal Diagram to Help Analyze Fault Seals in Hydrocarbon Reservoirs [J]. Aapg Bulletin, 1997, 81(2): 187－195.
[86]Lindsay N G, Murphy F C, Walsh J J, et al. Outcrop Studies of Shale Smears on Fault Surface [M]. [Sl]: Blackwell Publishing Ltd. , 2009, 113－123.
[87]Berg R R, Habeck M F . Abnormal pressures in the lower Vicksburg, McAllen Ranch field, south Texas[J]. Gulf Coast Association of Geological Societies, 1982, 32: 247－253.
[88]陈发景．伸展断陷盆地分析[M]．北京：地质出版社，2004.
[89]曹瑞成，李春柏，蒋鸿亮，等．海拉尔—塔木察格盆地地质特征与油气富集规律[J]．大庆石油地质与开发，2014，33(5)：124－130.
[90]张树林，田世澄．不同溢出类型的差异聚集作用与断层的封闭性分析[J]．现代地质，1993，(2)：235－243.
[91]赵永祺，王华崇，贾玉梅．复杂断块油藏断层封闭性研究[J]．断块油气田，1996，(1)：21－25.
[92]杨克明，龚铭．塔里木盆地断裂的输导和封闭性[J]．石油与天然气地质，1996，17(2)：123－127.
[93]吕延防，王帅．断层封闭性定量评价[J]．大庆石油学院学报，2010，34(5)：35－41，166.

[94]王志欣，信荃麟．关于地下断层封闭性的讨论：以东营凹陷为例[J]．高校地质学报，1997，3(3)：293－300.
[95]李亚辉，刘泽容，陈利．断层封闭演化史研究方法及其应用[J]．石油大学学报：自然科学版，1998，(3)：18－21，4.
[96]付广，张靖，李庆章．断层侧向封闭模式及研究方法[J]．中国海上油气．地质，1998，(1)：42－46.
[97]鲁兵，刘忠，孔宪政，等．断层折射与断层封闭性的关系[J]．石油勘探与开发，1999，(3)：48－50，4－5，13.
[98]付广，孟庆芬．断层封闭性影响因素的理论分析[J]．天然气地球科学，2002，13(3)：40－44.
[99]刘志宏，朱德丰，吴相梅，等．东北地区拉布达林盆地的构造特征及早白垩世变形序列[J]．地球学报，2008，29(4)：427－433.
[100]吴元燕，路波，付建林，等．利用逻辑信息法研究断层封闭性[J]．古地理学报，2003，5(1)：103－109.
[101]沈传波，梅廉夫，刘立林，等．基于三维古构造应力场数值模拟的断层封闭性研究[J]．石油实验地质，2004，26(1)：103－107.
[102]高先志，陈祥，原建香，等．焉耆盆地博湖坳陷断层封闭性与油气藏形成[J]．新疆石油地质，2003，24(1)：35－37.
[103]王伟，吕延防，付广，等．利用拟声波约束反演求取泥质含量的新方法及在断层侧向封闭性评价中的应用[J]．地球物理学进展，2017，32(2)：737－744.
[104]鄢继华，张鹏，陈世悦，等．沾化凹陷断拗转换期层序地层及沉积特征[J]．新疆石油地质，2007，28(4)：465－467.
[105]聂春林．松辽盆地北部断拗转化时期层序地层与沉积体系研究[D]．大庆：东北石油大学，2013.
[106]李邦勇，黄传炎，张宏伟，等．断拗转换期物源体系分析：以霸县凹陷东三段为例[J]．地质科技情报，2016，35(3)：56－64.
[107]张晓庆，宋明水，侯中帅，等．裂陷盆地构造－沉积耦合关系及其控藏作用——以渤海湾盆地埕北凹陷古近系为例[J]．中国矿业大学学报，2019，48(6)：1317－1329.
[108]李易隆，贾爱林，何东博，等．松辽盆地长岭断陷早白垩世断拗转换期沉积体系特征与演化过程[J]．天然气地球科学，2014，25(5)：709－720.
[109]De，Vera，J，et al. Structure of the western Brooks Range fold and thrust belt，Arctic Alaska.[J]．Trabajos de Geologia，2009，29：218－222.
[110]范振峰．车镇北部陡坡带断拗转换期成藏机理研究[J]．断块油气田，2005，(4)：14－16，90.
[111]付晓飞，许鹏，魏长柱，等．张性断裂带内部结构特征及油气运移和保存研究[J]．地学前缘，2012，19(6)：200－212.
[112]平贵东，吕延防，付晓飞，等．海拉尔盆地乌尔逊——贝尔凹陷构造演化对油气成藏的

控制作用[J]. 地质科学，2014，49(1)：114－130.
[113]谢通，黄传炎，张宏伟，等. 霸县凹陷断拗转换期同沉积断裂的特征及对砂体的控制作用[J]. 西安石油大学学报：自然科学版，2015，30(6)：1－9，125.
[114]汤良杰. 塔里木盆地演化和构造样式[M]. 北京：地质出版社，1996.
[115]刘和甫. 沉积盆地地球动力学分类及构造样式分析[J]. 地球科学，1993，(6)：699－724，814.
[116]刘玉萍，张洁，尹宏伟，等. 面积平衡法与川东大池干推覆带区域滑脱面预测[J]. 大地构造与成矿学，2008，(4)：410－417.
[117]Verrall P. Structural interpretation with application to North Seaproblems[J]. Geological Society Course Notes，1981，3：13－27.
[118]Williams G，Vann I，刘少峰. 犁式正断层的几何特征及其上盘变形[J]. 地质科学译丛，1988，(4)：34－40.
[119]Cartwright J A，Trudgill B D，Mansfield C S. Fault growth by segment linkage：an explanation for scatter in maximum displacement and trace length data from the Canyonlands Grabens of SE Utah[J]. 1995，17(9)：1319－1326.
[120]Walsh J J，Childs C，Imber J，et al. Strain localisation and population changes during fault system growth within the Inner Moray Firth，Northern North Sea[J]. 2003，25(2)：307－315.
[121]Kim Y S，Sanderson D J. The relationship between displacement and length of faults：A review[J]. Earth－Science Reviews，2005，68(3)，317－334.
[122]Walsh J J，Nicol A，Childs C. An alternative model for the growth of faults[J]. Journal of Structural Geology，2002，24(11)，1669－1675.
[123]Schlische，R W. Geometry and origin of fault－related folds in extensional settings[J]. AAPG Bulletin，1995，79(11)，1661－1678.
[124]Morley，C K. Patterns of displacement along large normal faults：Implications for basin evolution and fault propagation，based on examples from east Africa[J]. AAPG Bulletin，1999，83(4)，613－634.
[125]童亨茂."不协调伸展"作用下裂陷盆地断层的形成演化模式[J]. 地质通报，2010，29(11)：1606－1613.
[126]孙义梅，田世澄. 断层对油气运移作用研究的新进展[J]. 地学前缘，2001，(4)：252.
[127]解建民. 断陷盆地中断裂作用与油气的关系[J]. 西安工程学院学报，1995，(3)：48－55.
[128]王辉，罗国煜，李艳红，等. 断层富水性的结构分析[J]. 水文地质工程地质，2000，(3)：12－15.

附彩图

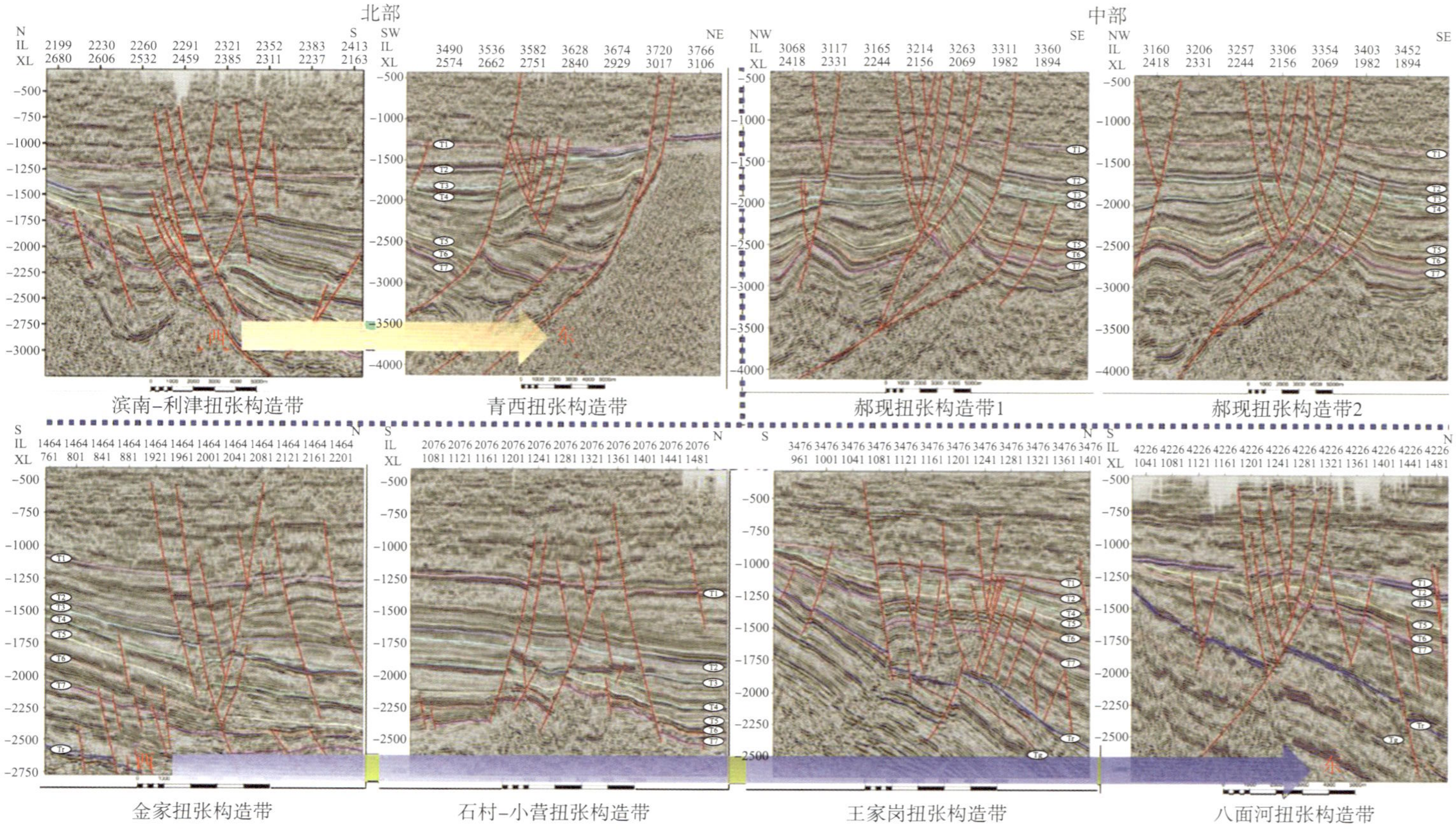

图 2－5　东营凹陷扭张构造带剖面构造样式分布规律图

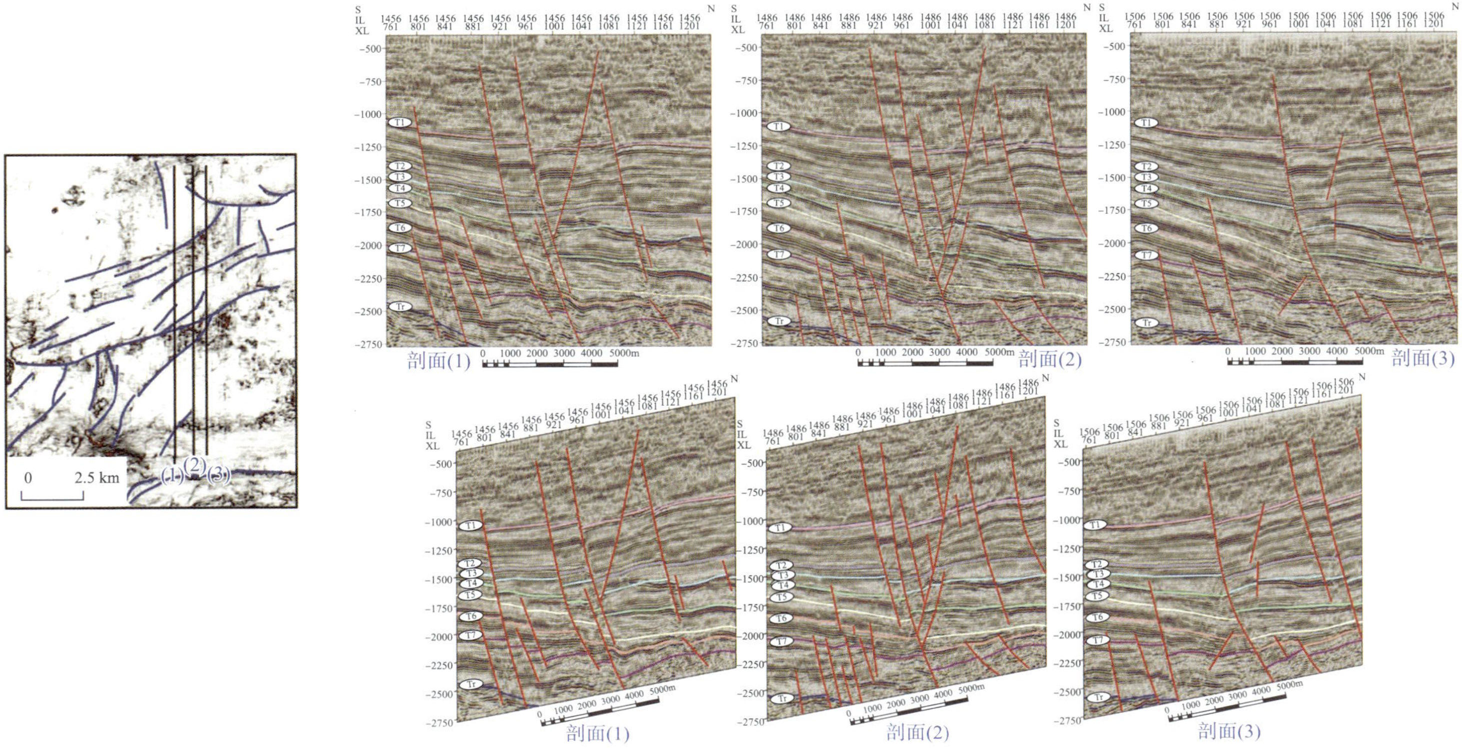

图 2－7　金家扭张构造带剖面解释图

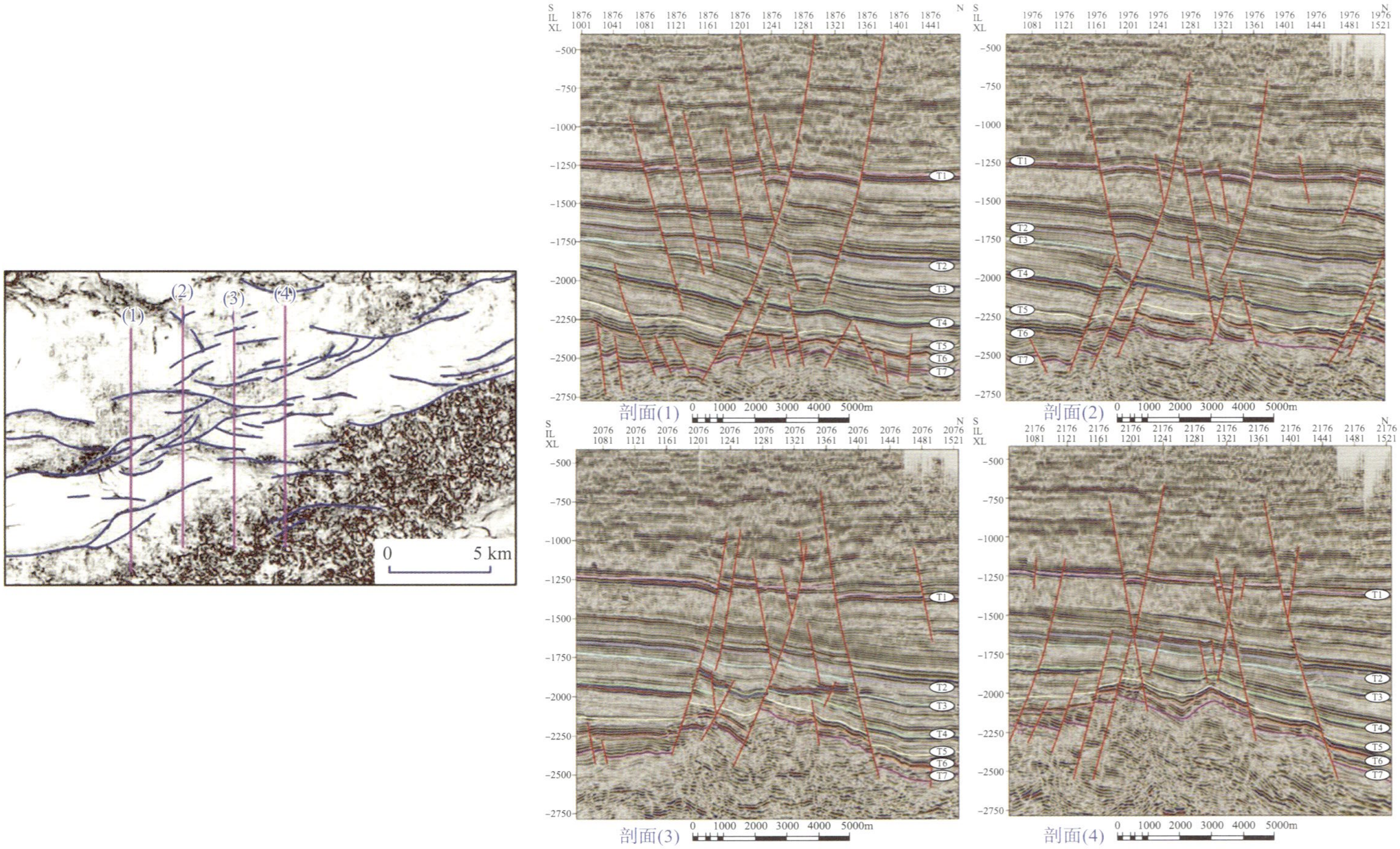

图2-9　石村-小营扭张构造带水平切片解释及测线位置

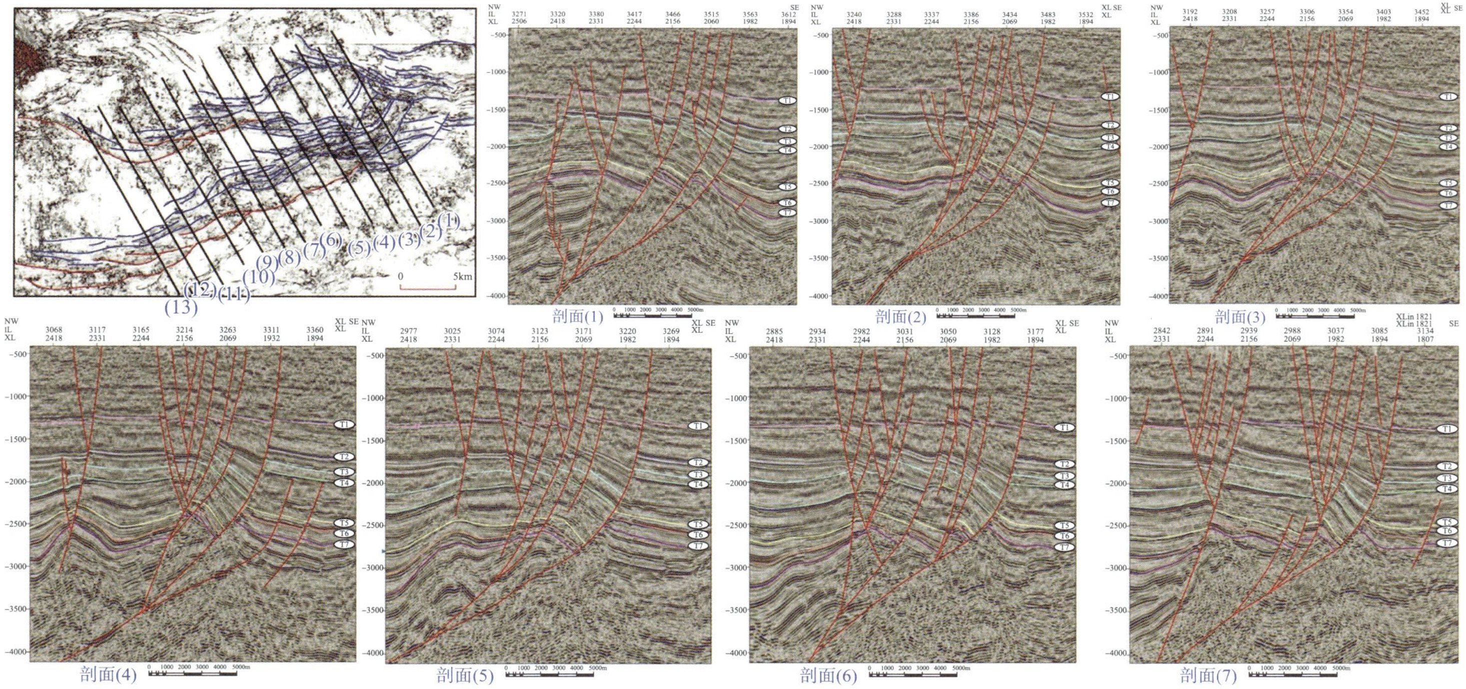

图 2－10　郝现扭张构造带剖面解释图(剖面 1－7)

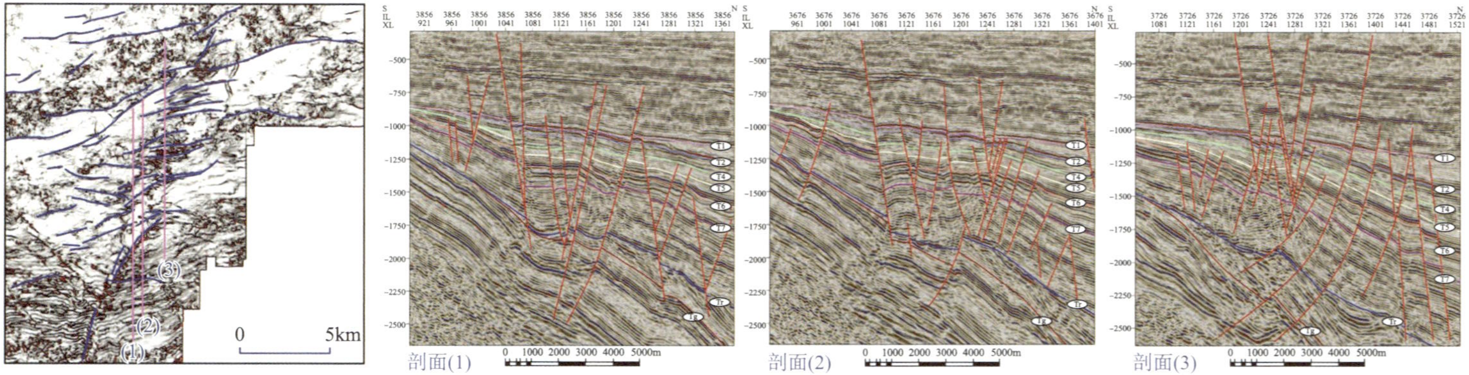

图 2－11　王家岗扭张构造带剖面解释图

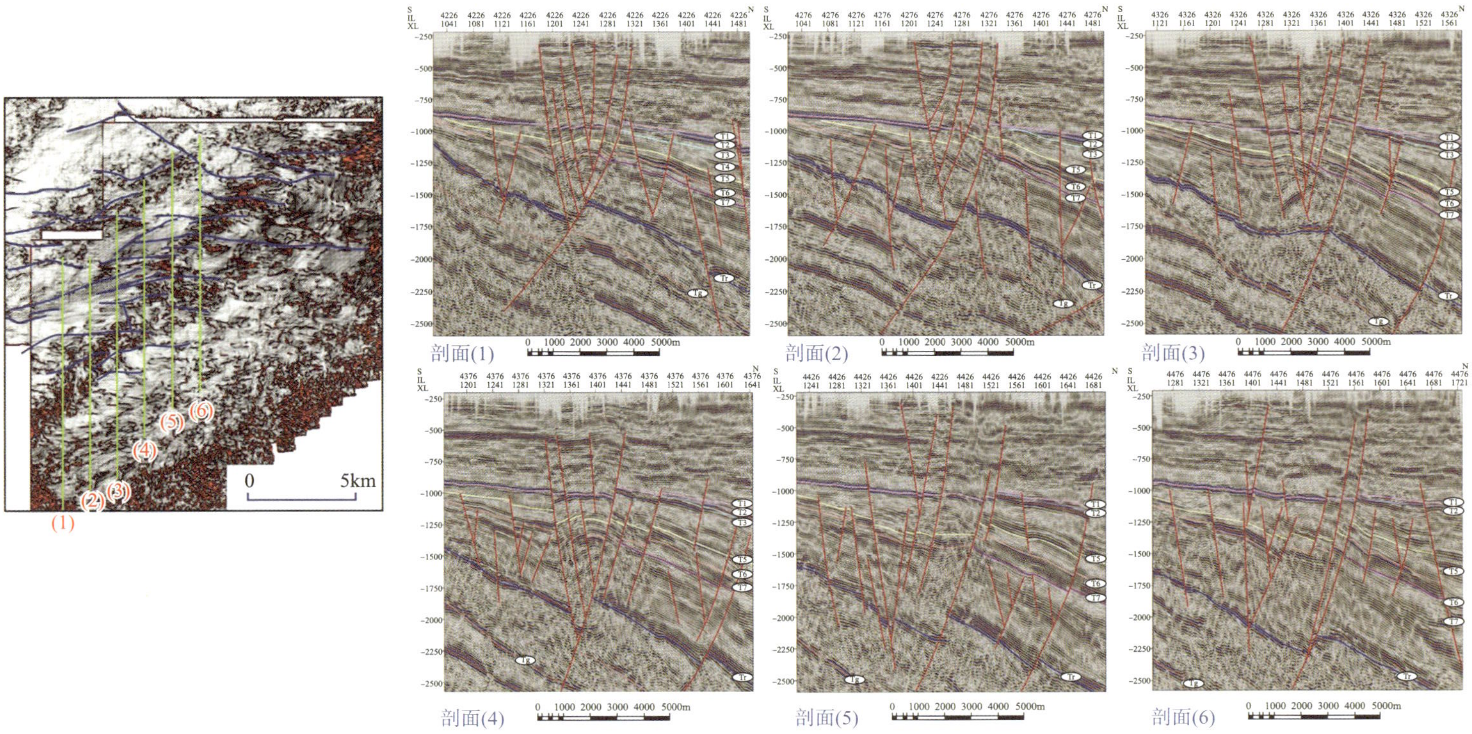

图 2－12　八面河扭张构造带水平切片解释及测线位置

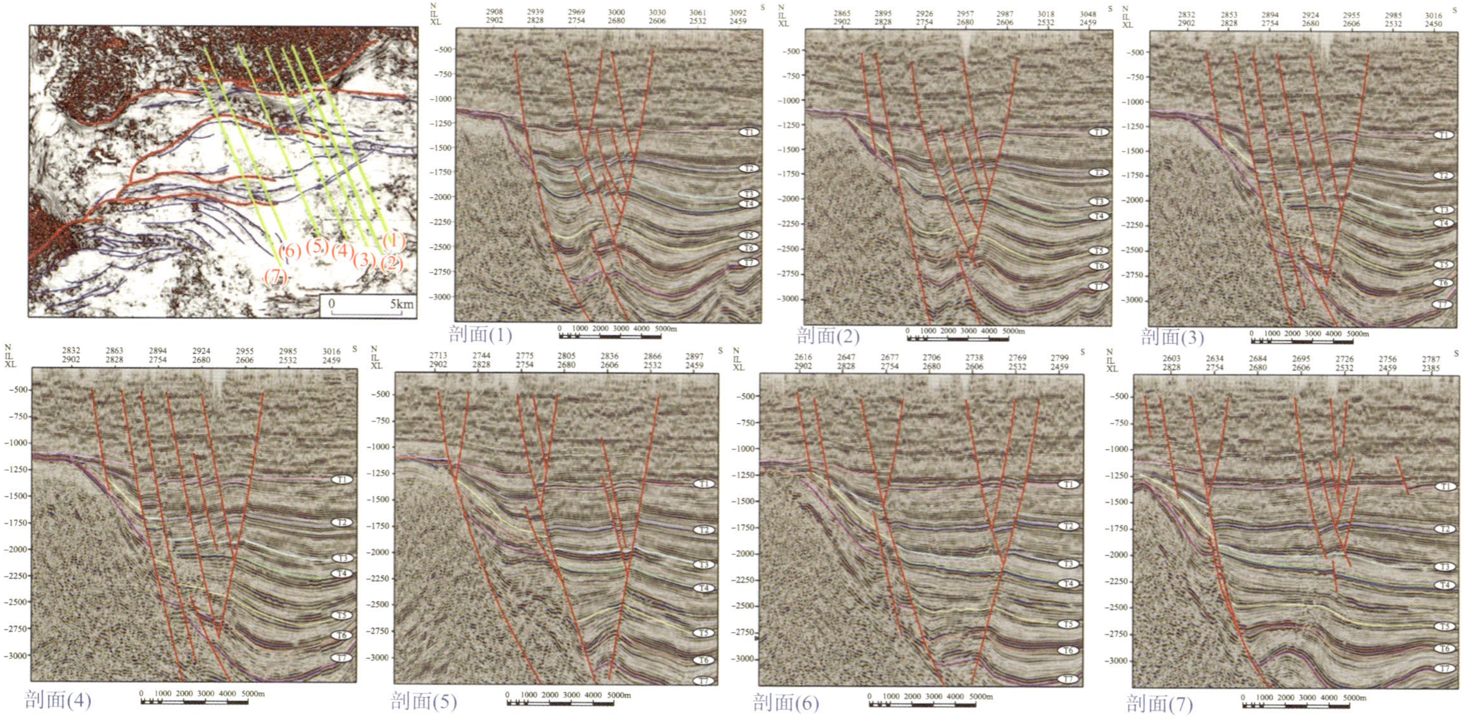

图 2－13　滨南－利津扭张构造带剖面解释图

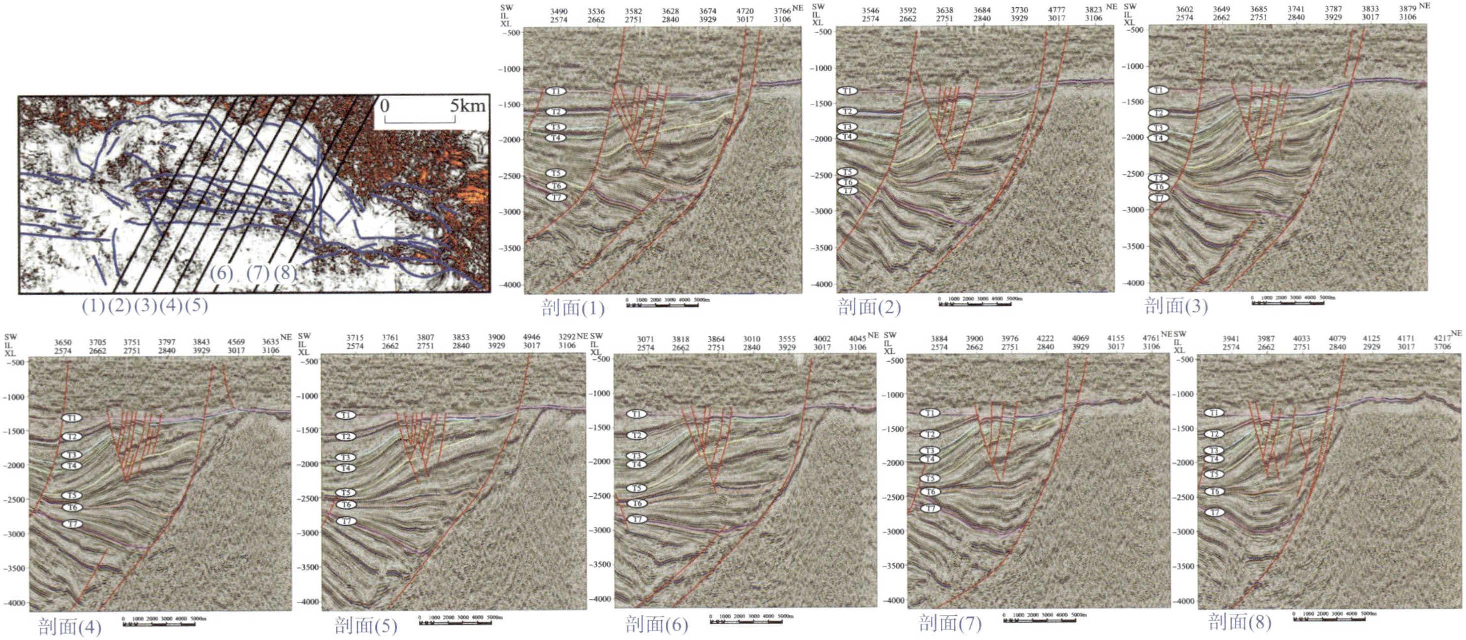

图 2-14 青西扭张构造带剖面解释图